KB272773

키워드로 풀어본
컴퓨터 구조

키워드로 풀어본
컴퓨터 구조

윤지현 지음

이담 Books

질문을 하는 것을 잘 들어 보면 그 사람이 생각하고 있는 것과 수준을 알수 있다. 아무나 질문을 잘할 수 있는 것은 아니다. 질문은 그 문제에 대해서 관심이 있고, 알아야 할 수 있는 것이다.

공자는 아주 쉬운 질문을 던져 보고 그 대답하는 것을 들으며 상대의 수준을 파악하고 그 뒤의 대화를 이어 갔다고 한다. 상대방이 똑똑하다고 말하는 것은 자신이 겸손하다는 것을 나타냄과 동시에 자신이 그 사람의 똑똑함을 알 정도는 된다는 것을 드러내는 것이다.

대화하는 상대의 수준이 상당하다면 굳이 모든 것을 처음부터 설명하려 하지 않는다.

굳이 말하지 않아도 아는 정도의 것들은 열거해 봐야 듣고 있는 사람에게는 시간 낭비이다. 그 이상의 것으로 상대방에게 영감을 불어넣을 만한 것을 제공해야 한다.

이미 아는 이야기를 장황하게 한다면 '그 이야기는 나도 안다. 그래서?'라고 말할 것이다. 결국 말하는 내용을 통해서 도출해 낼 수 있는 또 다른 에너지는 무엇인가라는 질문이다.

기술사 시험의 1교시는 바로 그 사람의 내공을 물어보는 것이다. 1교시 시험 문제는 우리가 생활 속에서도 들어 봤음 직한 키워드 하나로부터 시작된다.

바로 '대화'의 시작인 것이다.

필자의 시험 당시 1교시에 DMB라는 문제가 출제되었다. 그러면 무슨 얘기를 할 것인가?

대부분의 사람들은 '아~ DMB' 하며 '이동 중에도 방송을 볼 수 있는 기술로서 위성파와 지상파로 나뉘는데……' 이렇게 시작하며 대부분의 내용을 채웠을 것이다.

하지만 우리가 서로 대화를 한다고 상상을 해 보자. 누가 DMB 이야기를 꺼냈다고 하자. 지금 시대에 그 꺼낸 주제를 놓고 "그 DMB란 건 말이야 이런 것인데……" 하며 이야기를 했다면 어떤 말이 튀어나오는가? "그런 건 다 알지." 하며 더 이상 듣고 싶어 하지 않을 것이다.

대화에 있어서 왜 이러한 질문을 했는가에 대한 눈치와 듣고 싶게 만드는 것은 대단한 능력이다. 그 상대가 왜 'DMB'라는 얘기를 꺼냈는지 생각해 보자. DMB가 지상파와 위성파로 나뉘는지 모르고 그것이 궁금해서인가? 잠시 생각해 보자.

필자의 시험 당시에는 '수신제한 문제', '음영지역 문제'가 있었다. 지금은 무슨 문제가 있을까? 시대적 감각을 가지고 기술로 접근해야 한다는 것이다. 와이브로에 모바일TV가 실리면 DMB는 경쟁력을 유지할 수 있을 것인가 등할 얘기가 있을 것이다.

물론 전제로 하는 것은 DMB가 무엇인지 그 기본적인 것은 안다는 것이다. 그렇다면 기초적인 내용을 아는 것과 병행되어서 그 기술의 기술 포지션을 알아야 한다.

이 정도의 대화가 이루어지면 그 대화는 맛이 있다. 운동을 좋아하는 사람을 보면 그 상대가 어느 정도 자신과 레벨이 맞아야 카타르시스를 느끼며 재밌게 할 수 있을 것이다. 기술사 시험도 마찬가지이다. 문제를 보면서 한 문제 한 문제를 바라보며 그 출제자와 대화를 하듯 풀어 나가는 것이다. 눈빛만 보고도 공중에서 싸움을 벌이는 무림의 고수들처럼 말이다.

최근 문제 유형을 보면 정보관리나 조직응용에서 컴퓨터 구조에 대해서 직접적으로 묻는 문제는 기의 없다. 그래서 컴퓨터 구조는 속된말로 재껴 버리는 도메인이 될 수가 있다. 내용 또한 컴퓨터 내부의 구조보다 딱딱하고 어렵게 느껴질 수 있어서 기피되기도 한다.

하지만 컴퓨터 구조는 기술사 시험에 있어서 중요한 밑바탕이 되는 지식이라 생각한다. 기술사, 말 그대로 기술에 먹고 기술에 죽는 이름 아니겠는가? IT 기술이 무엇인가? 컴퓨터가 아니었던가? 컴퓨터 구조 한 문제는 안 풀어도 되겠지만, 컴퓨터 구조를 제대로 이해함으로써 얻게 되는 이득이 더 있다. 컴퓨터 구조에 대한 이해는 IT 서비스의 내부 흐름을 이해하는 데 도움을 준다. 어떠한 기술 서비스의 기능들을 손에 잡히듯 이해할 수 있는 것이 바로 컴퓨터 구조에 대한 이해도에 따라 좌우된다.

기술사 시험은 IT 도메인의 전문 지식을 갖추는 것을 기본으로 한다. 컴퓨터 구조에서 나오는 기술적 내용 표현 등을 서비스 문제 등에서 표현해 주고 녹여낼 수 있다면 답안이 훨씬 기술적으로 표현이 가능하게 된다.

컴퓨터 구조의 흐름은 먼저 컴퓨터 내의 하드웨어 구조에 대한 파악이 기본이다. CPU, 메모리, 디스크, 입출력장치로 구성과 이러한 하드웨어를 운영하기 위한 운영체제에 대한 이해가 기본이다. 그래서 컴퓨터 구조를 학습한다는 것은 크게 두 가지를 이해하는 것이다. 컴퓨터 내의 하드웨어 구성 그리고 운영체제에 대한 이해이다.

운영체제의 3대 기능은 CPU관리, 메모리관리, 디스크관리이다. 그리고 운영체제를 구동하다 보면 Thrashing, 메모리 인터리빙 등의 현상이 발생할 수도 있는 것이며 이렇게 전체의 구조 속에서 토픽에 대한 이해가 되는 것이 중요하다.

이 책의 목차의 진행 순서는 다음과 같다.

컴퓨터 구조(CPU, 메모리, 디스크) → 운영체제(UNIX, linux, Windows) → CPU관리, 메모리관리, 디스크관리 → IO → 플랫폼

진행과정은 한 토픽 한 토픽을 정확하게 이해하는 것도 중요하지만, 위와 같은 큰 흐름 가운데 부분이라는 것을 이해하고 하나의 그림으로 말할 수 있어야 한다.

부족한 부분이 많지만 이렇게 공유할 수 있게 되어 영광이며 조금이나마 도움이 되어서 좋은 결과 얻기를 진심으로 바란다.

끝으로 나와 언제나 함께하시는 사랑하는 주님, 항상 나를 웃게 해 주는 아내 고은이, 날 위해 늘 기도해 주시는 어머니 그리고 이 정리된 내용을 보며 코멘트해 준 윤수 팀장님께 감사를 드린다.

윤지현

Contents

　　CPU(Central Processing Unit)

● 컴퓨터의 핵심 CPU(Central Processing Unit)와 폰노이만 구조

컴퓨터 시스템을 이루는 3대 구성이 있다면 CPU, 메모리 그리고 디스크이다. 여기에 I/O까지 추가된다면 그것을 컴퓨터를 이루는 기본 골격이라고 할 수 있는데, 이것을 제안한 것이 폰노이만이다. 주요 특징은 명령어/데이터 로드/실행/저장을 순차적으로 수행하는 것과 데이터/프로그램 메모리를 하나의 버스로 접근하는 구조이다.

폰노이만 구조는 중앙처리장치라는 것이 있고 이 중앙처리장치를 통해서 연산을 수행하게 되는 구조이다. 이 CPU(중앙처리장치)는 각종 연산을 수행하고 기억장치에 기억되어 있는 명령어들을 수행하는 컴퓨터 시스템을 이루는 핵심 부품이다.

● CPU의 속도 헤르츠와 Clock

CPU는 수를 계산하는 칩으로 이해하면 되는데, 그 원리는 덧셈의 원리와 같다. 대개 컴퓨터의 성능을 CPU의 속도와 메모리의 용량으로 표현할 수 있는데, CPU의 속도의 단위가 헤르츠(Hz)이다. Hz라고 하면 통신 분야에서 사용되는 주파수와 같은 의미인데, 주파수라는 것이 1초에 몇 번이나 진동하는가라는 의미이다. 1헤르츠는 1초에 한 번 왕복 운동이 반복된다는 의미이다. 예를 들어 100Hz는 어떠한 현상이 1초에 100번을 반복 혹은 진동됐다는 의미이다. CPU가 일정한 속도로 동작하기 위해서는 일정한 간격으로 전기적 펄스를 공급하는데, 이 전기적 신호가 초당 CPU에 공급되는 횟수라는 개념에서 Hz라는 단위를 쓴다.

이 시스템 내의 CPU에 전기적으로 공급되는 신호를 Clock이라고 하는데,

이것은 주기적으로 일정한 시그널을 보내 주는 칩이다. Clock에서는 일정 볼트로 주기적으로 신호를 발생한다. 그러면 CPU는 이 신호를 받고 데이터를 주거나 받고 처리하게 된다. 이 신호 한 번에 의해서 CPU에서 한 개의 명령이 처리된다.

이 반복적인 신호가 들어올 때마다 명령어를 수행하기 때문에 빠르게 들어온다는 것은 결국 빠른 속도의 처리 능력을 갖는 시스템을 의미하는 것이다. CPU의 속도를 Hz로 나타내고 이 Hz가 높으면 속도가 빠른 성능의 CPU가 되는 것이다.

● CPU의 구성도

CPU의 내부 구성은 크게 산술/논리연산장치(ALU), 제어장치와 레지스터로 구성되어 있다. 산술은 덧셈을 수행하는 것이고, 제어장치는 시그널을 통해서 데이터 흐름을 통제하는 것이며 레지스터는 CPU 내부의 메모리이다.

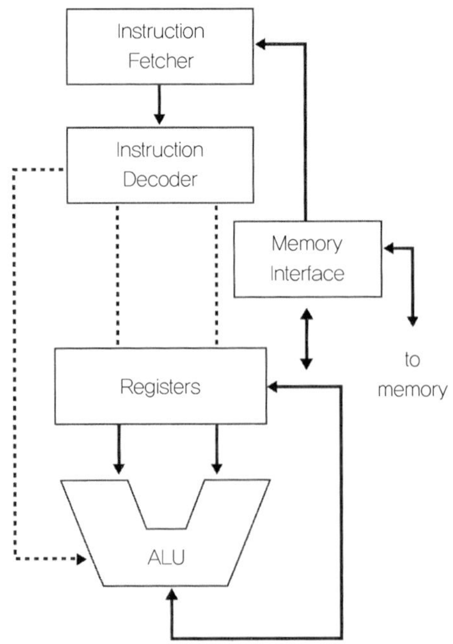

〈그림 1-1〉 CPU 내부의 기본 구조

- CPU의 내부 구성 산술 논리연산장치

산술논리연산장치(ALU: Arithmetic Logic Unit)는 산술적인 연산과 논리적인 연산을 담당하는 장치로 가산기, 보수기, 누산기, 기억 레지스터, 데이터 레지스터 등으로 구성된다.

캐시나 메모리로부터 읽어 온 데이터는 레지스터(Register)라는 CPU 전용의 기억 장소에 저장되며, ALU는 레지스터에 저장된 데이터를 이용하여 덧셈, 곱셈 등과 같은 산술 연산을 수행한다. 부동소수연산장치(FPU)와 정수연산장치, 논리연산(AND, OR 등)장치 등이 있다.

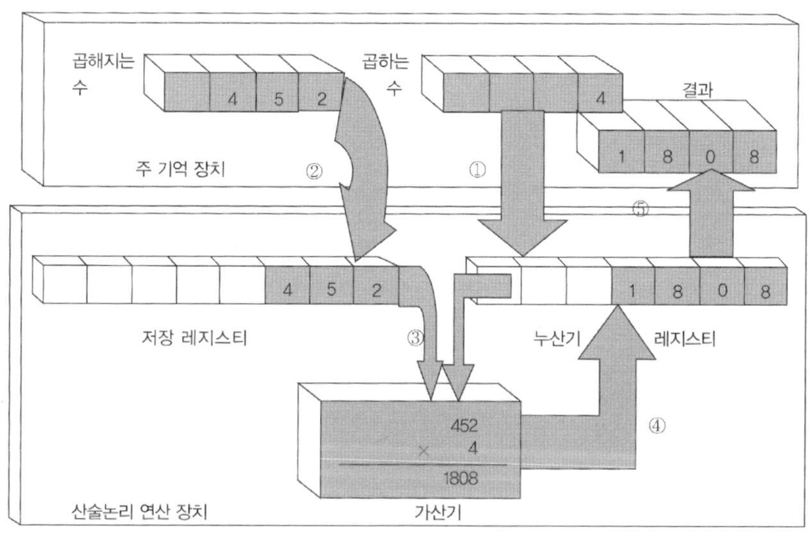

〈그림 1-2〉 ALU에서의 산술 연산 실행

CPU의 내부구성 요소 중 제어장치는 CPU가 자신 및 주변기기들을 컨트롤하는 장치로, 프로그램의 수행 순서를 제어하는 프로그램 계수기(program counter), 현재 수행 중인 명령어의 내용을 임시 기억하는 명령 레지스터(instruction register), 명령 레지스터에 수록된 명령을 해독하여 수행될 장치에 제어신호를 보내는 명령해독기(instruction decoder)로 이루어져 있다.

　제어장치 구현의 방식은 아래와 같이 Hardwired 방식과 Micro Program
방식이 있다.

〈표 1-1〉 제어장치 구현 방식의 종류

Hardwired(고정 배선 제어)	Micro Program
✓ 제어신호가 Hardwired Circuit에 의해서 생성되도록 하드웨어 구성 ✓ 상태계수기와 PLA(Programmable Logic Array) 회로로 구성 ✓ 고속 처리, 고가 ✓ RISC 시스템에 적용	✓ 발생 가능한 제어신호들의 조합을 미리 구성하여 ROM에 저장하였다가 필요 시 신호를 발생시키는 Software 방식 ✓ 하드웨어 방식에 비해 속도 낮고 가격 저렴함 ✓ CISC에 적용

● CPU의 내부 구성 레지스터

　레지스터(Register)는 중앙처리장치(CPU) 내부에 있는 기억장치이다. 주로 산술 연산 논리장치에 의해 사용되는 범용 레지스터(General-Purpose Register)와 PC 등 특수 목적에 사용되는 전용 레지스터(Dedicated-Purpose Register)로 구분할 수 있다. 아래는 16bit Machine의 레지스터 구조이다.

　레지스터의 종류는 IR(Instruction Register), PC(Program Counter),

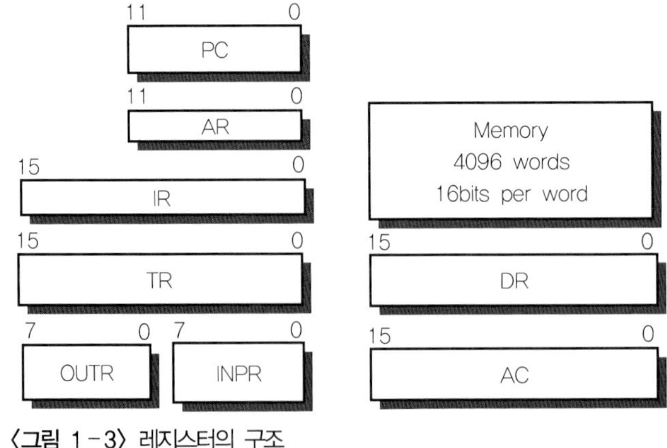

〈그림 1-3〉 레지스터의 구조

AC(Accumulator)가 있다. 각각 CPU 내의 메모리로 다음과 같이 사용된다.

〈표 1-2〉 레지스터의 종류

종류	사용
IR(Instruction Register)	현재 수행 중에 있는 명령어 부호를 저장하고 있는 레지스터
PC(Program Counter)	명령이 저장된 메모리의 주소를 가리키는 레지스터
AC(Accumulator)	산술 및 논리연산의 결과를 임시로 기억하는 레지스터

● 명령어 구조

명령어는 시스템이 특정 동작을 수행시키는 작은 단위이다. 명령어는 코드로 되어 있는데, 아래와 같이 동작코드(Op-code: Operational Code)와 오퍼랜드(Operand)로 구성되어 있다.

명령어(Instruction) = 동작 코드 + 오퍼랜드(Operand)

동작 코드(Op-code): 각 명령어의 실행 동작을 구분하여 표현

오퍼랜드(Operand): 명령어의 실행에 필요한 자료나 실제 자료의 저장 위치

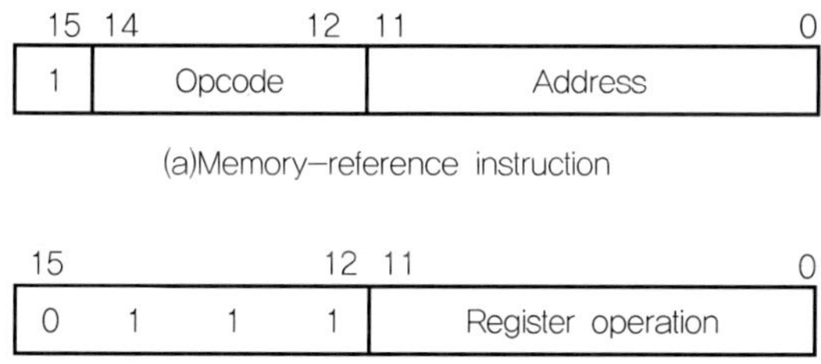

〈그림 1-4〉 명령어 구조

● 명령어 수행 과정

CPU가 하나의 명령(Operation)을 처리하는 과정은 다음과 같다.

(1) 읽기(Fetch Instruction): 메모리에서 명령을 가져온다.

(2) 해석(Decode Instruction): 명령을 해석한다.

(3) 실행(Execute Instruction): 명령을 수행한다.

(4) 기록(Write Back): 수행한 결과를 기록한다.

명령어를 수행하기 위해서 명령어를 가져오는데 이를 Fetch라 한다. Fetch 사이클은 아래와 같다.

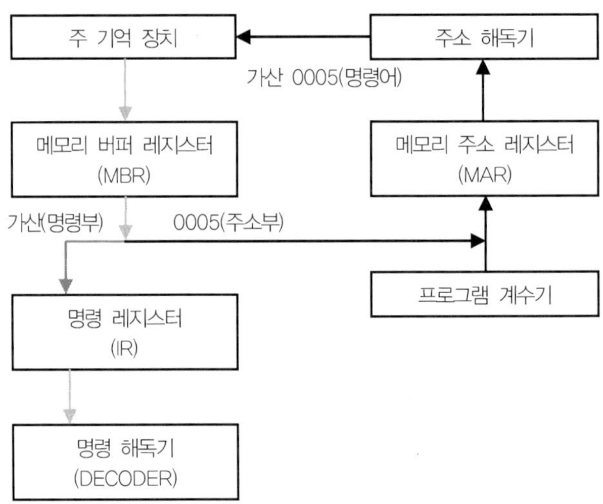

〈그림 1-5〉 명령어 호출 사이클(Fetch)

Program Counter(PC)는 Fetch할 다음의 명령어 주소를 갖고 있다. 프로세스는 PC가 가리키는 주소위치에서 명령어를 가져오면서 PC를 증가시키고 명령문은 Instruction Register(IR)에 Load된다.

Load된 명령어는 수행 과정이 진행되는데, 명령어를 수행하는 Execute Cycle Fetch과정에서 가져온 명령어를 실제 ALU(가산기)에서 처리하게 된다.

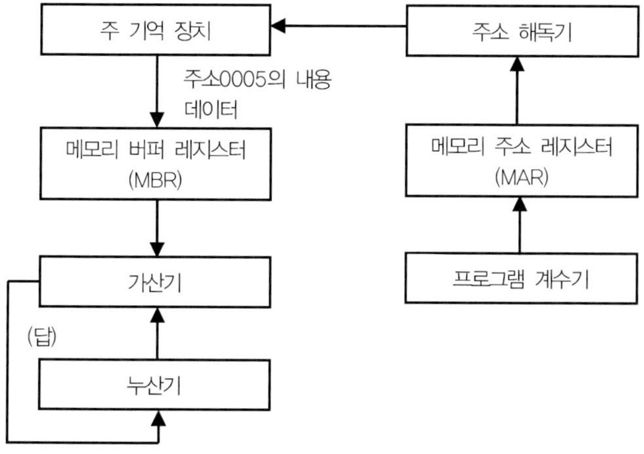

〈그림 1-6〉 명령어 수행 사이클(Execute)

● 명령어 처리 방식 RISC와 CISC

RISC(Reduced Instruction Set Computer)는 컴퓨터 내부적으로 사용하는 명령어 세트를 단순화시켜서 처리하는 형태의 구조이다. 단순한 명령을 조합해서 하나의 기능을 수행하게 된다. CISC(Complex Instruction Set Computer)는 하나의 기능에 해당하는 하나의 명령이 있는 개념이다.

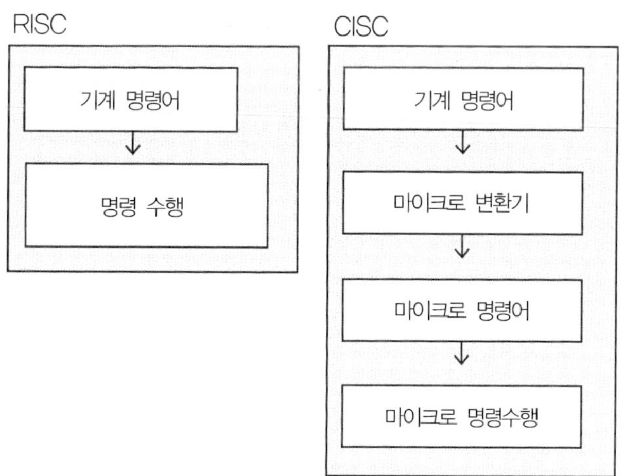

〈그림 1-7〉 RISC와 CISC의 구조에 따른 명령 처리 방식

RISC는 프로세스가 수행하는 시간을 결정하는 변수로는 명령어의 개수, 명령어당 평균 동작 단계의 수 그리고 평균 시간을 곱한 것으로 계산할 수 있다. 또한 파이프라인화하여 명령어를 동시 수행할 수 있는 장점을 갖는다.

실행시간=n * s * t

(n: Instruction 개수, s: Instruction당 평균 동작 단계의 수, t: 한 동작 단계의 수행시간)

CISC는 복잡하고 많은 명령어를 자체적으로 포함하는 내장 방식 프로세서로서 각 명령어마다 여러 Cycle에서 수행한다. 명령어 집합이 다양해짐에 따라서 프로세서 구조의 복잡도 증가하게 된다.

〈표 1-3〉 CISC와 RISC 비교

구분	CISC	RISC
사이클	여러 사이클로 명령어 처리	하나의 사이클로 명령어 수행
메모리	많은 명령어가 메모리 참조	메모리 Load/Store 명령만 처리
장점	파이프라이닝 사용이 어려움	파이프라이닝, 슈퍼스칼라 가능
컴파일러	복잡한 마이크로프로그램	복잡한 컴파일러 구조

CISC는 가능한 적은 수의 명령으로 작업을 수행하는 것이 목적이다. 예를 들어 살펴보면 다음과 같다.

MULT 5 : 7, 4 : 3

여기서 MULT라는 것이 복합 명령어(Complex Instruction)가 되는 것이다. 고수준의 언어와 비슷하고 사용자가 봐도 의미를 이해할 수 있다. 이것을 RISC로 접근할 경우 간단한 명령어들의 조합으로 구성할 수 있다. 'MULT'가 각각 'LOAD', 'PROD', 'STORE'로 분리되어 아래와 같이 처리된다.

LOAD A, 5 : 7

LOAD B, 4 : 3

PROD A, B

STORE 5 : 7, A

차이점은 MULT라는 명령어를 위해서는 내부적으로 여러 사이클의 수행을 하게 되고, RISC인 경우는 한 클록에 한 개의 명령을 수행할 수가 있다. 이렇게 단일 형태로 실행되기 때문에 파이프라이닝이나 슈퍼스칼라 방식의 처리가 가능하다. 파이프라인이나 슈퍼스칼라 방식에 대해서는 다음 장에서 다루어진다.

● RISC 한계를 극복하는 EPIC(Explicitly Parallel Instruction Computing)

RISC 기술은 여러 개의 명령어를 여러 개의 실행 유닛으로 동시에 실행하는 것이 핵심이다. 프로그램 코드의 수행은 선형으로 진행되고 실행 위치가 중간 조건에 따라 바뀌는 분기가 발생하는 문제가 빈번하고 이전의 실행 결과에 의해 다음 연산이 연계되어 진행되는 경우가 많다. RISC 방식은 한계가 존재하고 기존의 병렬 처리 기법에 프로세서에 의해서만 이루어지기 때문이다. 소프트웨어에서 미리 병렬 처리에 적합하도록 프로그램을 만들어 준다면 병렬 처리 효율을 극대화할 수 있게 되는 명시적인 병렬 처리 방식인 EPIC가 필요하다.

EPIC(Explicitly Parallel Instruction Computing)는 HP와 Intel이 공동으로 정의하고 설계한 64비트 마이크로프로세서용 명령어 셋이다. 32Bit CISC 및 RISC 마이크로프로세서 아키텍처의 32비트 레지스터, 분기 예측, 메모리 지연, 암시적 병렬 처리 등의 문제를 해결하기 위한 설계 방식으로 최대 128개의 일반 및 부동 소수점 단위 레지스터를 제공하고, 계산 작업을 수행하기 위하여 명시적인 병렬 처리를 제공 병렬 처리 과정이 소프트웨어를 기계어로 번역하는 과정에서 명확하게 지정된 병렬 처리 명령어를 사용한다. 즉 컴파일 시에 병렬 실행 가능한 명령어를 모아 실행 파일 생성 후 프로그램 생성 시 병렬 처리가 가능하다는 의미이다.

02 　병렬 처리

　병렬 처리는 명령어를 병렬로 동시에 처리하는 것을 의미한다. 실행할 수 있는 코어를 여러 개 두는 방법, 쓰레드를 여러 개 하는 방법 그리고 기본 명령어를 여러 개 수행시키는 방법이 있다. 최근 멀티코어 등이 더 중요해진 이유는 저전력－그린 IT와 발열문제 해결을 위함이다. 상대적으로 낮은 hz의 CPU Core 다수를 이용하므로 Throughput을 증가시키고 발열을 줄이는 개념이다. 병렬 처리에는 파이프라인, 슈퍼스칼라 등의 명령어 전달 방식 차이가 있고 병렬 컴퓨팅 방식으로 SMP, MMP, LCMP 등이 있다.

- 기본 명령어 수행과정에서의 한계

　CPU가 하나의 명령(Operation)을 처리하는 각각 하나의 클록을 소비하게 된다.

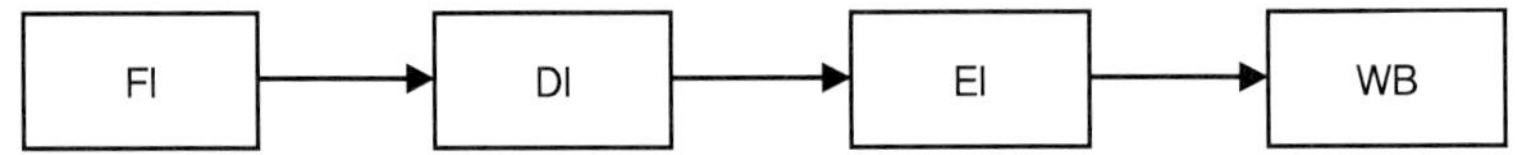

　하나의 명령을 수행하는 데는 4Clock이 필요하다. 하나의 명령을 수행하는 데 t만큼의 시간이 걸린다고 하면 하나의 명령을 처리하는 데는 다음과 같이 계산할 수 있다.

1 Operation / t

　단위 시간에 하나의 명령만 처리할 수 있다. 읽기(FI)에서 읽어 온 명령을 해석(DI)단계로 넘겨주면 읽기를 처리하는 유닛은 DI, EI, WB를 진행하는 동안 유휴상태가 된다. 그 시간 동안의 비효율성을 갖게 된다.

● 기본 명령어 한계 극복 파이프라인

파이프라인은 기본적인 구조에서 비효율적인 부분을 극복하기 위한 한 가지 방법을 제시한다. CPU에서 하나의 명령을 처리하는 과정에서 미리 다음에 실행할 명령을 가져오는 것이다. 한 명령어를 처리하는 기본 유닛들의 효율성을 높이는 방법으로 하나의 클록에 유닛의 동작을 중첩시키는 기술로서 아래의 그림과 같이 표현된다.

FI	DI	EI	WB			
	FI	DI	EI	WB		
		FI	DI	EI	WB	
			FI	DI	EI	WB

〈그림 2-1〉 파이프라인

최초의 FI에서 명령어를 읽어 들이고 나서 DI로 넘어갔을 때 다시 FI에서는 다른 명령어를 읽어 오는 과정을 바로 진행하는 방식이다. 이렇게 명령의 처리 단계를 나누고, 한 명령의 처리 시간 동안에 다른 명령들을 중첩시켜서 수행하는 것을 파이프라이닝이라고 한다.

〈표 2-1〉 Pipeline 성능을 높이는 방법

특징	설명
분기 예측 (Branch Prediction)	프로그램 실행도중 'GoTo'와 같은 분기 명령이 발생할 경우 메모리상의 분기할 곳을 추측하는 기능
추측 실행 (Speculative Execution)	메모리상의 분기된 곳으로 직접 이동하지 않고, 그곳에 있을 것을 예측하여 처리하고 계속 다른 명령을 실행하는 기능
다중 명령 스케줄링	다수개의 명령어 수행 시 사전예약에 의해 충돌을 회피하여 실행하는 기능

- 동시에 여러 명령 처리를 통한 효율화 슈퍼스칼라

스칼라라는 의미에는 양이라는 개념이 내포되어 있다. 슈퍼스칼라는 한 번에 처리하는 양 자체를 늘리는 개념이다. 슈퍼스칼라는 Processor 내에 파이프라인된 기능유닛(ALU)을 여러 개 포함시켜 Cycle마다 한 개 이상의 명령어들이 동시에 실행될 수 있도록 하는 기술이다. 슈퍼스칼라의 형태와 특징은 아래와 같다.

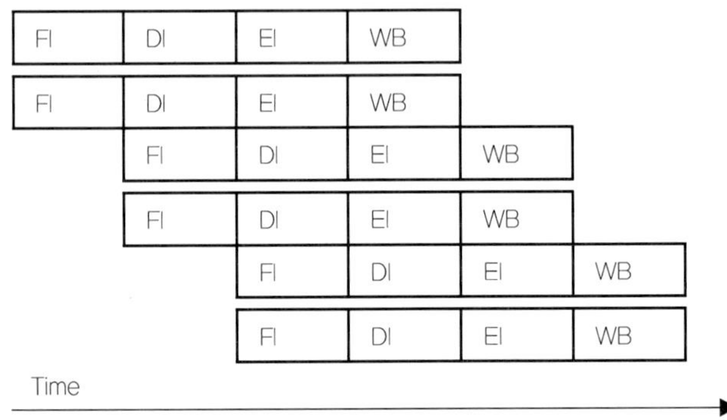

〈그림 2-2〉 2-Way 기능 유닛을 가진 슈퍼스칼라

- Clock Cycle 축소를 통한 효율화 슈퍼파이프라인

Pipeline의 단계를 세분화하여 Clock Cycle을 줄이는 방식으로 효과적인 병렬 처리를 위해 몇 가지 동작을 명령어 수행과정에서 각 단계를 엇갈리게 중첩하는 기술이다.

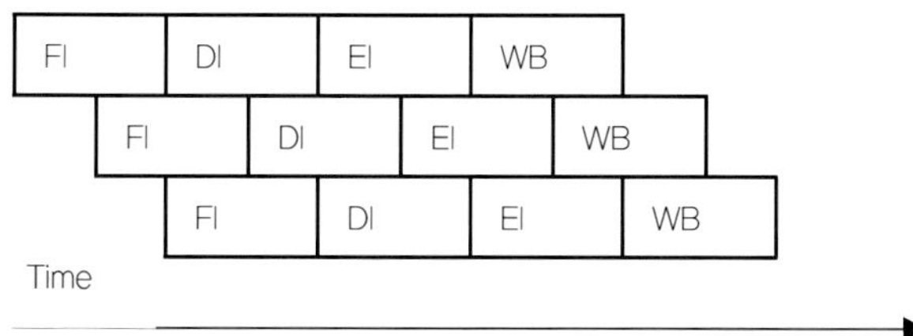

〈그림 2-3〉 슈퍼파이프라인 명령 방식

● 슈퍼스칼라＋슈퍼파이프라인＝슈퍼파이프라인드 슈퍼스칼라

이 방식은 슈퍼스칼라를 통해서 여러 개를 중첩하고 Clock Cycle 내에 명령어를 한 개 이상 처리함으로써 슈퍼파이프라인의 효율성을 동시에 갖는 방식이다.

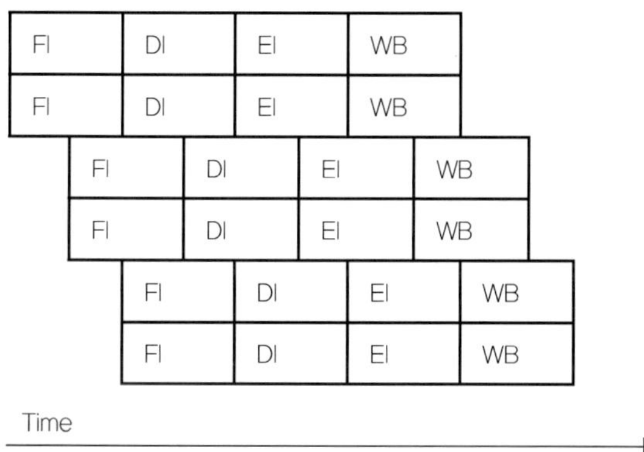

〈그림 2-4〉 2-Way 기능 유닛을 가진 슈퍼파이프라인드 슈퍼스칼라 방식

● 분산 실행을 통한 효율화 VLIW(Very Long Instruction Word)

동시에 수행될 수 있는 명령어들을 컴파일 수준에서 추출하여 하나의 명령어로 압축하고, 실행은 여러 개의 기능유닛(ALU)에 의해 분산되어 실행하는 방식이다.

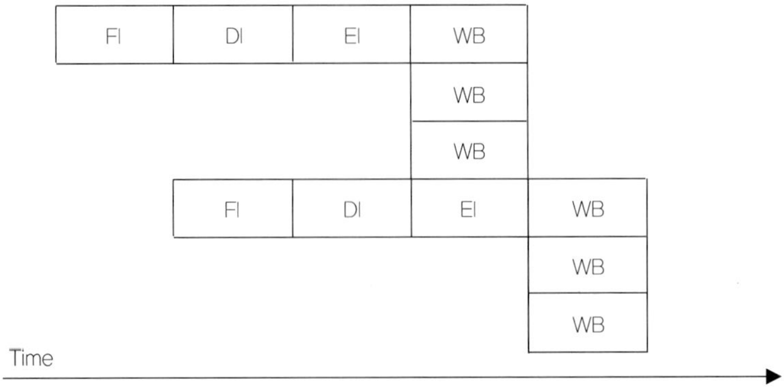

FI	DI	EI	WB
			WB
			WB

	FI	DI	EI	WB
				WB
				WB

Time

〈그림 2-5〉 3-Way 기능유닛을 가진 VLIW

VLIW 방식은 컴파일러가 동시실행 가능 명령어들을 검출해 하나의 명령어로 압축하여 동시 수행한다. 일정 크기의 VLIW 명령어로 압축되므로 기존 H/W, S/W와의 호환성 결여 발생이 가능하다. 예측이 상대적으로 쉬운 과학 계산 분야, 3차원 그래픽 처리, 멀티미디어 가속 등의 단순 자료의 반복처리에 활용된다. VLIW 프로세서는 덜 복잡하고 더 작고 높은 클록 속도를 낸다. VLIW 특징과 Superscalar의 비교는 아래와 같다.

〈표 2-2〉 Superscalar와 VLIW 비교

특징	Superscalar	VLIW
병렬성 검출	Run Time	Compile Time
호환성	호환성 높음	다른 시스템들과 Object Code 수준의 호환성 없음
프로그래밍	컴파일러가 지원 할당	프로세스 간 독립 수행

● 파이프라이닝 기법의 문제점과 보안책

Pipelining 기법의 문제점은 병렬수행의 동작이 서로 독립적이어야 한다는 점이다. 분기나 점프 명령어의 오동작 우려가 있고, 명령어 수행결과가 다음 명령어에 영향을 미칠 시 처리가 어렵다. 이러한 문제점에 대해서 아래와 같은 보완책이 있다.

<표 2-3> Pipelining 기법의 보완책

보완책	내용
하드웨어적 중복	프로그램 흐름상의 명령어를 모두 인출
분기 목적지 선인출	조건분기 명령어와 분기 목적지 명령어를 모두 인출
분기 예측	분기 발생빈도의 확률적인 추측에 의해 명령어 인출
지연 분기	분기 명령어를 지연시키는 방법
Cache 분리	메모리 참조시간을 줄이기 위해 명령어 Cache와 Data Cache 분리

- 병렬 처리 방식 비교 및 EPIC(Explicitly Parallel Instruction Computing)

<표 2-4> VLIW, Superpipeline, Superscalar 비교

구분	VLIW	Superpipeline	Superscalar
명령어의 해독	인출과 해독 하나의 회로	동시 인출 별개 해독	동시 인출 별개 해독
명령어 밀도	병렬성에 따라 좌우	클럭 주파수에 좌우	ALU 수에 좌우
병렬성 시기	컴파일 시에 검출	실행 시에 처리	실행 시에 처리

EPIC는 컴파일러가 소스 코드로부터 명시적 병렬성을 찾아 병렬 처리가 가능하도록 기계어 코드를 생성 병렬 수행된다.

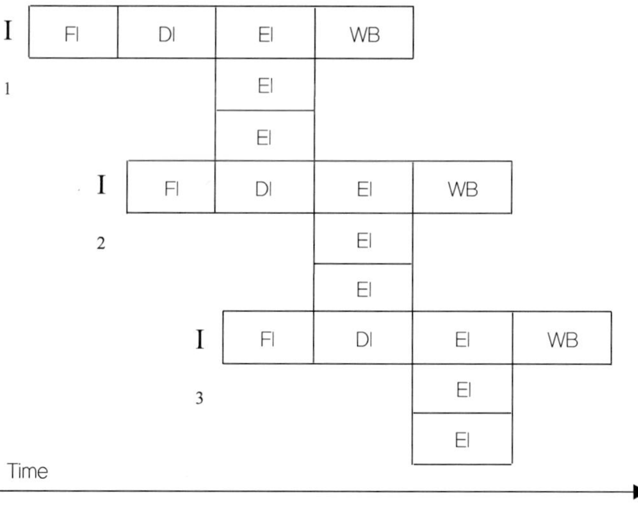

<그림 2-6> EPIC(Explicitly Parallel Instruction Computing)의 형태

대용량 처리 및 분산 컴퓨팅 환경이 계속해서 필요함에 따라서 적용이 되고 있고, 범용성 응용 분야에서의 연구가 되고 있다. 과학 계산의 분야에서는 좋은 성능을 발휘한다. 병렬 컴퓨터 기술의 핵심으로 프로세스 내 Pipeline 기능 세분화 다수의 동기화된 프로세서(Array Processor) 이용 기술은 계속 발전될 것이다.

● 하이퍼 스레딩(Hyper threading)의 개념

하이퍼 스레딩(Hyper threading)은 하나의 CPU 내에서 두 개의 CPU처럼 처리하는 가상 기술이다. Hyper threading은 그래픽 및 동영상 편집의 작업 시 타 작업의 병행처리 욕구가 증대되는 상황에 고가의 Core를 추가하는 방법이 아닌 적은 비용으로 유사한 효과를 이루기 위한 방법 중 하나이다. Clock 만 높이는 것이 아니라 CPU의 유휴자원을 최대한 활용하는 방식으로 인텔에서 발표한 것이다.

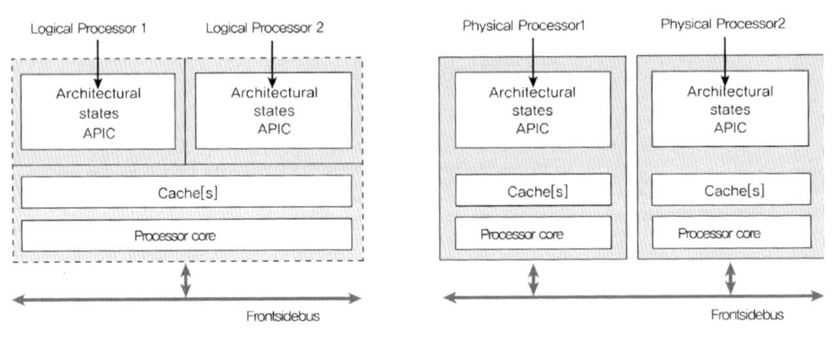

〈그림 2-7〉 하이퍼 스레딩(Hyper threading)의 논리 구성도

● 하이퍼 스레딩(Hyper threading)의 특징 및 향후 전망

프로세스의 논리적인 분할을 통해 자원 공유의 부하를 감소시키고 병렬 처리 및 다중 프로세싱을 통해서 CPU 능력이 향상된다. 프로세스 동기 제어

시 발생하는 Mutex 및 Context Switching 부하는 감소된다.

Hyper threading의 문제점은 발열량 및 전력소모가 증가되고 Dual Core에 이르는 수준은 아니나 소프트웨어 라이선스에 대한 이의 제기가 소규모 발생 일부 응용 영역(그래픽, 자료복사)에 국한된 성능 향상을 보인다.

Hyper threading 비교 및 향후 전망은 사실상 이 기술을 발표한 인텔에서 도 이제는 듀얼 코어나 코어2 듀오라는 방식의 실제 물리적 이중 또는 사중 코어로 발전하고 있어서 실용성 면에서는 큰 의미는 없다. CPU의 발전 과정 상에서 기억해야 할 정도이다.

〈표 2-5〉 병렬 처리 기법과 Hyper threading과의 비교

구분	특징
Array 기술	공간적 병렬 처리 방식 다수의 동기화된 Processor 이용
Dual Core	두 개의 Core를 갖는 CPU 개념
Hyper threading	실제 하나의 Core에서 가상으로 두 개의 Thread로 처리
Pipeline	시간적 병렬 처리를 통한 효율화 방식

● 병렬 컴퓨팅

다수 Processor들이 다수 프로그램 또는 단일 프로그램의 분할된 부분들을 분담하여 동시에 처리하는 컴퓨터를 말하며 대용량 고사양의 컴퓨터 프로세 싱의 요구에 따라서 발전되어 온 컴퓨팅 방식이다. 병렬 컴퓨터용으로 작성된 프로그램은 작업을 동시에 처리하는 복수의 처리장치에 골고루 분담시킴으로 써 처리 속도를 향상시키고 단위 시간당 작업량을 증가시킬 수 있다.

● 컴퓨터 분류별 특징

기본적인 명령 처리에서 병렬 처리까지 컴퓨터의 처리 형태에 따른 기준은 아래와 같이 나눌 수 있다.

〈표 2-6〉 병렬 컴퓨터의 분류별 사례-Flynn의 분류

분류	명령어 흐름	데이터 흐름	사례
SISD	1	1	전통적인 순차 컴퓨터로서 Von Neumann 구조 Pipeline 컴퓨터: Pentium Processor(Superscalar)
SIMD	1	다중	Array Processor, Super Computer
MISD	다중	1	적용 사례 없음
MIMD	다중	다중	Multi Processor: SMP, MPP, LCMP(Cluster)

1) SISD(Single Instruction Single Data)

고전의 폰노이만 방식 구조로 한 번에 한 개씩 명령어와 데이터를 순차처리
한다. 실행과정을 여러 단계로 나누어 중첩시켜서 실행속도를 높이는 Pipelining
기법을 사용한다. 파이프라인, 슈퍼스칼라 등의 명령어의 병렬 처리를 통해서
효율성을 높인다.

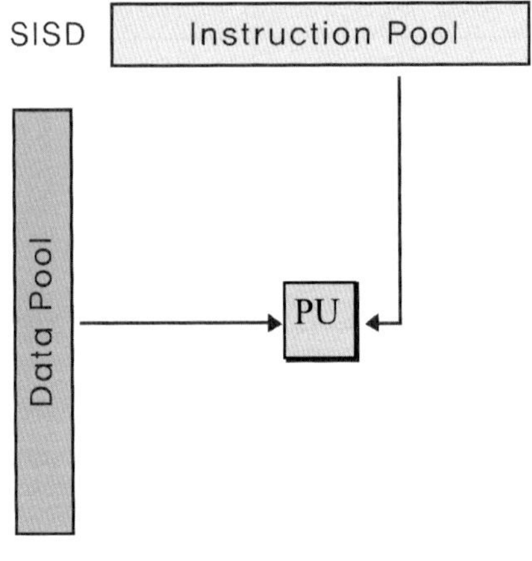

〈그림 2-8〉 SISD 구조

2) SIMD(Single Instruction Multi Data)

단일 CPU와 다중 ALU를 갖춘 구조이다. 다수의 ALU로 구성되고 이들은
모두 하나의 제어장치가 통제되고 명령어 실행과정에서 서로 다른 Data를

---

1) PU: Processing unit

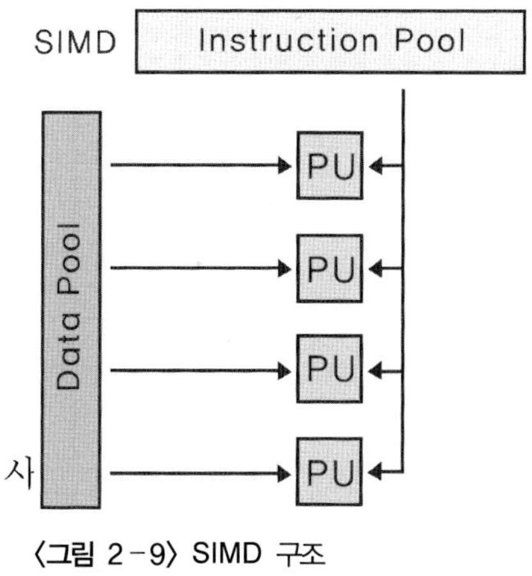

〈그림 2-9〉 SIMD 구조

용한다. 벡터 컴퓨터, 어레이 컴퓨터라고도 한다.

3) MISD(Multiple Instruction stream Single Data stream)

여러 개의 처리기가 하나의 데이터 스트림에 대하여 서로 다른 명령어를 실행하는 구조인데, 현실적으로 구현되기 어렵고 적용 사례도 없는 구조이다.

4) MIMD(Multiple Instruction Multiple Data)

다중 프로세서로 구성, 서로 다른 명령어와 데이터를 처리한다. 프로세서 간 연결 방법에 따라 SMP, MPP, LCMP 등이 있다. 약결합 방식과 강결합 방식으로 나뉜다.

약결합 방식은 각각의 처리기가 각각의 local memory를 가진 독립적인 구조이다. 처리기 사이의 데이터 교환이 많지 않을 경우에 사용한다. 강결합 방식은 각각의 처리기가 하나의 공유 메모리를 사용하는 구조로서 처리기 사이의 데이터 교환이 빈번하게 발생할 때 유리한 구조이다.

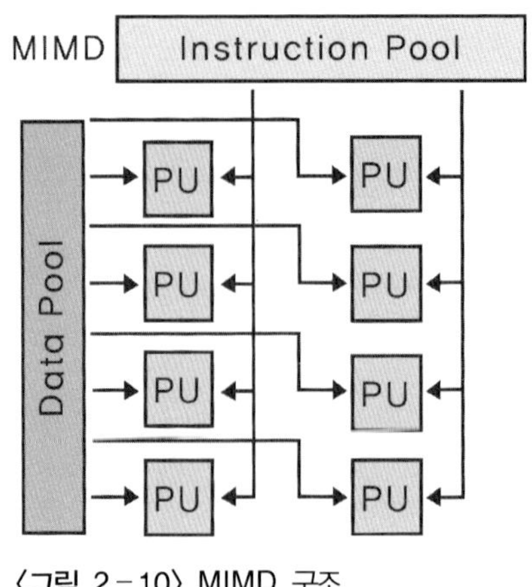

〈그림 2-10〉 MIMD 구조

● MIMD 방식의 종류

1) SMP(Symmetric Multi Processing)

SMP는 단일처리기 시스템에서 나타나는 성능의 한계를 극복하기 위해 여러 개의 처리기를 공유 버스[2]나 상호 연결망에 연결시켜 놓은 시스템이라고 할 수 있다. 단일 OS와 단일 Memory로 구성된 완전 공유 구조이다. 모든 CPU가 모든 시스템자원을 공유하며, CPU 간 데이터 정합성 작업이 필요하다. 각 CPU가 데이터를 공유하므로 대용량 OLTP 환경에 적합하다.

SMP 시스템의 최대 장점은 프로그래밍 인터페이스가 기존 단일처리기 시스템과 동일하다는 점이다. 즉 SMP 시스템의 구조가 프로그래머에게는 투명하기 때문에 프로그램을 하는 데 별도의 노력을 필요로 하지 않는다.

SMP 시스템은 캐시에 의한 버스 트래픽 증가 등의 이유로 공유 버스에 많은 부하가 발생하기 때문에 확장성이 큰 단점이다. 따라서 업계와 학계에서는

---

2) 버스의 개념

메모리에 있는 값들을 CPU의 레지스터로 불러들이거나 기록하는 등의 데이터 이동이 필요한데, 이 값들을 주고받는 통로를 버스라고 한다. 버스의 종류에는 어드레스버스와 데이터버스가 있다. 어드레스버스는 주소에 대한 값을 전달하게 되고 데이터버스에는 실제 값을 보내게 된다. 명령어는 처리를 하다 보면 그 명령어의 위치를 알아야 하고 그 명령어가 처리하려는 값이 필요하다. 이것에 대해서 그 주소는 어드레스버스에 그리고 값은 데이터버스를 통해서 전달하게 된다.

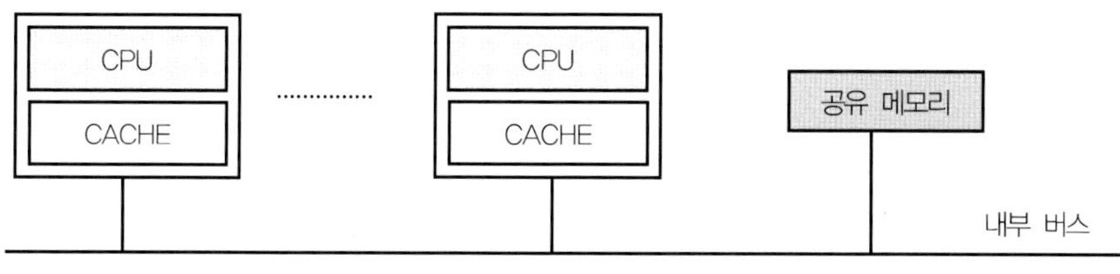

〈그림 2-11〉 SMP의 형태

SMP 시스템의 확장성을 향상시키기 위해 다음과 같은 기법들이 연구 또는 구현되고 있다.

2) MPP(Massively Parallel Processing)

MPP는 노드별 각각의 CPU와 전용 메모리로 구성되어 메모리를 공유하지 않는 구조이다. 다수의 CPU들이 서로 독립적으로 작동하여 최고의 성능을 발휘하도록 하는 구성된 방식으로 프로세스와 메모리, 운영체제로 구성된 각각의 노드로 작동하여 시스템 확장 시에도 성능의 감소가 없다.

주로 과학계산용 Application이나 노드 간 통신이 적은 분야에 사용한다. 확장성이 뛰어나고, 대용량의 DB를 지원, 개발비용이 저렴하며, 많은 수의 프로세서 연결이 가능한 장점이 있다. 프로그램이 복잡하여 Application 개발, 이식 및 운용이 어렵고, 적용되는 시스템 소프트웨어가 많지 않은 단점이 있다.

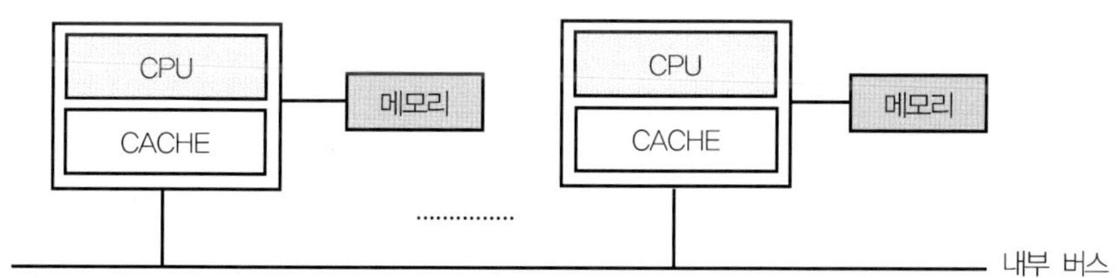

〈그림 2-12〉 MPP의 형태

3) NUMA(Non-Uniform Memory Access)

NUMA는 멀티 프로세싱 시스템에서 지역적으로는 메모리를 공유하며, 성능을 향상시키고, 시스템 확장성이 있도록 마이크로프로세서 클러스터를 구성하기 위한 방법이다. NUMA는 SMP 시스템에서 사용된다.

SMP 시스템은 서로 밀접하게 결합되어, 모든 것을 공유하는 시스템으로서, 다중 프로세서들이 하나의 단일 운영체제하에서 공통의 버스를 통해 각자의 메모리를 액세스한다. SMP의 한계는 마이크로프로세서가 추가됨에 따라, 공유 버스나 데이터 경로가 과중한 부하가 생기게 되어, 성능에 병목현상이 일어나는 데 있다. NUMA는 몇 개의 마이크로프로세서들 간에 중간 단계의 공유메모리를 추가함으로써, 모든 데이터 액세스가 주 버스상에서 움직이지 않아도 되도록 한다.

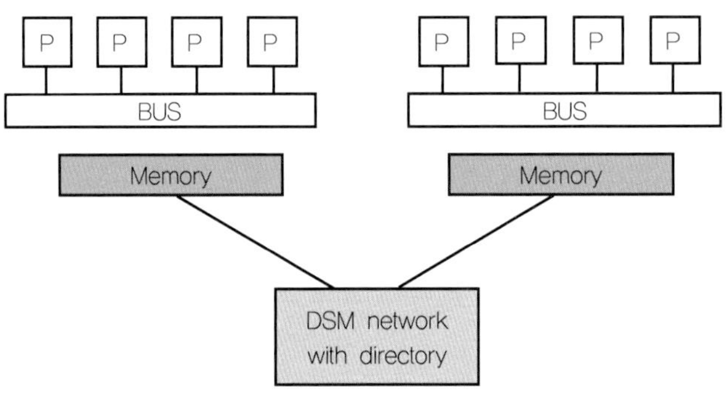

〈그림 2-13〉 NUMA의 연결 방식

NUMA 시스템은 MPP의 Node와 유사한 하나 이상의 Quad로 구성된다. CC(Cache Coherent)-NUMA: 하나의 운영체제가 탑재되는 단일 노드 개념으로 캐시 Coherence를 하드웨어적으로 구현하여 메모리 접근 지연 시간을 단축시킬 수 있다. 분산된 메모리들이 결합하여 하나의 메모리를 구성하므로 데이터나 페이지의 복사본이 메모리들 사이에 존재하지 않는 구조이다.

4) RMC(Reflective Memory Cluster)

RMC 방식은 Quad마다 하나의 운영체제 복사본을 갖는 다수 Quad로 구성된다. Quad 사이에 데이터의 복사나 이동 메커니즘이 있으며, Lock Traffic 연결망을 갖는 클러스터 시스템, 메모리 이동은 소프트웨어적인 일관성 기법을 이용하며, 운영체제의 간섭 없이 데이터가 전송되어 메모리 접근 시간이 빠르다.

5) COMA(Cache-Only Memory Architecture)

CC-NUMA 구조처럼 단일 노드 개념에 하드웨어적 캐시 일치성을 갖지만 각 보드 내에 메모리를 갖지 않고 단지 큰 캐시로 구성된다. 장점은 확장성이 뛰어나고 1개 이상의 Quad로 구성된 NUMA 시스템을 대상으로 Clustering 기법을 적용하여 수평적으로 확장이 가능하다는 것이다. 반면에 지원되는 Application 및 시스템 소프트웨어가 적다는 단점을 가지고 있다.

● MIMD 방식에서의 메모리 공유 방식의 비교

〈표 2-7〉 SMP, MPP, NUMA 형태의 비교

비교항목	SMP	MPP	NUMA
구조	프로세스, 메모리, I/O 등의 시스템 자원을 균등하게 공유	개별 프로세스, 메모리, I/O 등의 시스템 자원을 가지는 노드들을 독점된 상호 연결	복수개의 CPU 보드를 연결하여 통합된 멀티 프로세서 시스템 구조
운영 형태	하나의 OS 커널이 존재 표준 개방형 OS 지원	각 노드별로 OS 커널 존재 표준 개방형 OS 지원 안 함	표준의 개방형 OS 지원
연결 방식	멀티 프로세싱, 멀티 쓰레드, 메모리 공유 프로그래밍/통신 방식	데이터 병렬 처리 또는 메시지 패싱 프로그래밍 방식	글로벌 메모리 공유 방식
데이터 전달방식	공유 메모리에 직접 접근	명시적인 메시지 전달	공유 메모리 접근 및 로컬 캐시 메모리 사용
프로그래밍	프로그래밍 용이 표준화된 개발 툴 다양	프로그래밍이 난해 불완전한 병렬 SW 제공	프로그래밍이 용이
확장성	업무량 증가 또는 추가 시 단위 SMP 내에서 CPU, 메모리 등을 증설 가능	일정 규모까지 시스템 노드 내에서 증설 가능 또는 시스템 노드를 증가	일정 규모까지 시스템 노드 내에서 증설 가능 또는 시스템 노드 증가

03 메모리(Memory)

● 기억 소자로 구성된 메모리

일반적으로 메모리라고 하면 기억이라는 개념이다. 컴퓨터에서 말하는 메모리는 기억 소자, 즉 반도체를 의미한다. 반도체는 특성상 전류를 흐르게도 하고 흐르지 않게도 하는 특징이 있다. 이를 이용해서 임시적인 내용들을 기억하게 만드는 것이다. 컴퓨터는 이진 1과 0으로 값을 저장하기 때문에 기억 소자는 상태가 ON인지 OFF인지 수준으로 기억을 하게 되는 것이다.

반도체 기억장치의 기본 요소는 기억 소자(memory cell)이다. 모든 반도체 기억 소자들이 갖는 공통적인 성질이 있다. 두 개의 안정된 상태를 갖는다. 1과 0이다. 상태를 세트할 수 있도록 쓰일 수 있다. 상태를 감지할 수 있도록 읽힐 수 있다. 쓰는 동작인 경우는 기억 소자의 상태를 1 또는 0으로 만들어 준다는 의미이고 읽기 동작이라는 것은 그 소자가 갖는 현재 상태가 어떠한 상태인지를 알아 오는 개념이다.

기억 장소라는 개념에서 확장하면 저장 장소라는 개념의 하드디스크, CD/DVD, USB 저장장치와 같은 보조 기억장치까지를 의미한다. 메모리가 이런 저장장치와 다른점은 휘발성이라는 특징이다. 시스템이 활성화된 상태에서 그 값을

〈그림 3-1〉 기억 소자의 동작 쓰기와 읽기

기억하고 있다가 다시 시스템의 shutdown과 함께 지워지게 된다. 그리고 저장/읽기 속도 면에서 현저하게 차이가 난다.

CPU와 가장 가까이 있는 레지스터 메모리, 캐시 메모리, 주기억장치, 보조기억장치는 각각 아래와 같이 그 특성이 차이가 있다.

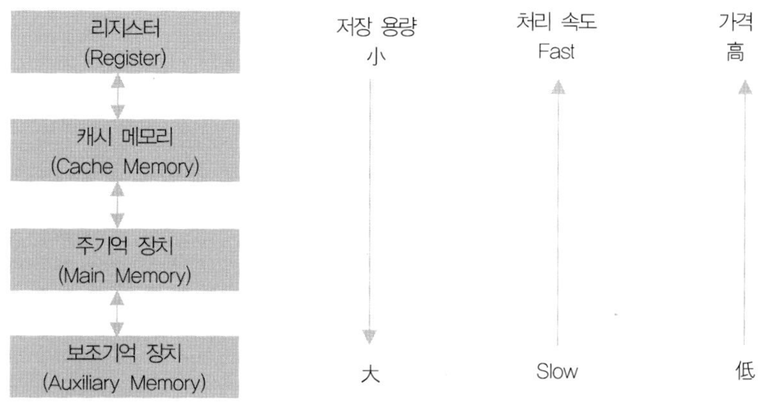

● 메모리 동작

메모리는 정보에 대해서 1 또는 0으로 저장이 되는데, 이 정보를 유지하기 위해서는 전기적으로 연속으로 재충전이 되어야 한다. 이를 메모리 리프래시라 하고 메모리 타이밍이라고도 한다.

메모리는 정보를 저장(write)하거나 저장된 정보를 읽기(read) 위하여 바둑판과 같이 열(raw, 가로줄)과 행(column, 세로줄)으로 구성된 matrix(행렬) 구조의 주소(address)를 가지고 있다. 이를 두고 CAS(Column Address Strobe)와 RAS(Row Address Strobe)라 부르는데 프로세서가 메모리에 있는 정보를 읽거나 메모리에 정보를 기록할 때는 먼저 가로줄에 신호(RAS)를 보내고 나서 세로줄에 신호(CAS)를 보내어 주소를 확인한다. 어떤 주소에 데이터가 들어 있는지 아니면 비어 있는지는 CAS가 담당하며 CAS 신호가 없어지면 그 주소에 다시 새로운 정보를 저장한다.

- ● 메모리 동작 과정

메모리의 동작 과정은 다음과 같다.

① CPU가 메인보드 칩셋에 데이터를 요청하면 메인보드 칩셋은 그 데이터
   가 있는 곳의 행(세로줄, 가로줄) 주소를 메모리로 보낸다. 이것을 하는
   데는 각각 1사이클(Hz)이 걸린다.

② 행 주소가 메모리의 행 주소 버퍼로 들어오면 센스 앰프(sense amp)가
   그 행에 들어 있는 모든 셀을 읽어 낸다. 이렇게 행 부분을 읽는 신호
   는 RAS(row address strobe, 행 주소 스트로브)라고 부르고, 읽는 데
   걸리는 시간은 RAS‑to‑CAS delay(RAS와 CAS 사이의 지연 시간)
   라고 한다. 이 과정은 2～3사이클이 걸린다.

③ 행 주소만으로는 필요한 데이터가 어디 있는지 알 수 없으니 이번에는
   열(세로줄) 주소를 받는다. 그러면 CAS(column address strobe, 열 주
   소 스트로브) 신호가 일어나 정확한 열을 찾아낸다. 이때 걸리는 시간을
   CAS latency(CAS 지연 시간)라고 한다. 이것을 하는 데도 역시 2～3
   사이클이 걸린다.

④ 정확한 행과 열을 찾았으니 필요한 데이터를 찾은 셈이다. 메모리 셀에
   있는 내용이 출력 버퍼(output buffer)로 옮겨진다. 이것을 하는 데는 1
   사이클이 걸린다.

⑤ 마지막으로 메인보드 칩셋이 출력 버퍼의 내용을 읽고 CPU로 전달한
   다. 이때 각각 1사이클씩 모두 2사이클이 걸린다.

- ● 메모리 성능

메모리의 속도는 메모리가 CPU와 데이터를 주고받는 시간을 말한다. 이를
액세스라 부르며 단위는 ns(nano‑secode)‑10억분의 1초로서 메모리 속도
의 기준이 된다.

✓ 리프레시 시간

메모리는 일정 시간마다 재충전을 해 줘야 하는데, 그렇지 않으면 정보는 사라지게 된다. 이 일정 기간을 리프레시 시간이라고 한다. 이는 메모리에서 한 번 읽고 나서 다시 읽을 수 있는 사이 시간을 말한다.

✓ 메모리 액세스 시간

메모리 액세스 시간은 데이터를 읽어 오라는 명령을 받고 데이터를 읽기 시작하기까지의 시간을 말한다. CPU에서 명령어를 처리할 때 명령어가 갖는 주소인 CAS, RAS 데이터를 보낸다. CPU에 그 주소에 해당하는 값을 가져오게 되는 데 걸리는 시간이 액세스 시간이다.

✓ 사이클 시간

사이클 시간은 메모리 작업이 완료와 동시에 대기 신호를 내놓은 후 다음 신호를 받을 준비가 되었다는 신호를 주기까지의 시간이다.

사이클 시간 = 메모리 액세스 시간 + 리프레시 시간

● 메모리 분류

RAM(Random Access Memory)은 주기억장치에서 사용되며 자료 저장 방식, 형태별, 사용처에 따라서 메모리를 분류할 수 있다.

1) 자료 저장 방식에 따른 분류

자료 저장 방식에 따른 분류로 정적인 방식과 동적인 방식으로 나눌 수 있다. 이는 SRAM(Static RAM)과 DRAM(Dynamic RAM)으로 나뉘는데, DRAM은 커패시터에 전하를 충전하는 방식으로 데이터를 저장하는 기억 소자들로 이루어진 것이고 저장 내용을 기억하기 위해서는 주기적인 재충전이 필요한 방식이다. 정적인 방식은 플리플롭을 이용한 방식으로 고정된 값을 기억하는 방식으로 재충전이 필요하지 않은 방식이다.

⟨표 3-1⟩ SRAM과 DRAM의 비교

방식	SRAM	DRAM
데이터 보존 방식	플리플롭(FLIP-FLOP)을 이용한 저장 방식	주기적 신호로 Refresh가 필요
속도 및 가격	상대적으로 빠르며 소비전력이 높으며 고가	액세스가 쉽고 소비전력이 낮으며 저가

2) 형태에 따른 분류

램 모듈의 형태상에 따라서 램의 소켓과 접촉하는 면의 핀 수에 따라서 30 핀, 72핀, 168핀, 184핀으로 나뉜다. 그리고 내부적인 선이나 형태에 따라서 구분이 된다.

⟨표 3-2⟩ 메모리 형태에 따른 분류

분류	설 명
DIP	메모리를 소켓에 하나씩 설치하는 방식으로 예전의 286용 메인보드에 주로 사용하던 방식
SIMM(Single In line Memory Module)	PCB 양면의 접점이 같은 신호선을 사용한다는 의미로서 8~16비트 데이터 대역폭을 가지며 주로 286~486에서 30핀, 72핀으로 사용하던 방식
DIMM(Dual In line Memory Module)	PCB 양면의 접점이 다른 신호선을 사용한다는 의미인데, 이것은 양면의 SIMM이라고 볼 수 있으며 양면 램이라고 한다. 64비트 데이터 대역폭을 가지며 데이터버스 조절과 부분적인 비트 에러를 체크하는 패리티 포함하면 72비트이다. 64비트의 데이터버스를 지원 데스크톱과 서버 시스템에서 채택하고 양면의 SIMM으로 메모리 모듈의 밀도를 증가시킨 것이다. 노트북에는 SO(Small-Out line) DIMM(144핀) 사용하고 현재는 168핀 DIMM이 가장 보편적으로 많이 쓰이고 있는 램의 형태이다.
RIMM(Rambus In line Memory Module)	Rambus DRAM을 모듈화한 제품으로 DIMM보다 고속이며 앞으로 많이 사용될 제품이다. 시스템을 종료시키지 않고도 RAM을 교체할 수 있는 특징을 가지고 있다.

3) 사용처에 따른 분류

⟨표 3-3⟩ 메모리 사용에 따른 분류

분류	설명
ROM BIOS(Programmable ROM)	70년 후반에 Texas Instrument에서 개발되었으며 단 한 번만 기록할 수 있는 ROM이다.
EPROM(Erasable Programmable ROM)	기록한 자료를 수정할 수 있는 ROM으로 자외선을 사용한다.
EEPROM(Electrical Erasable Programmable ROM)	전기 신호를 사용하여 자료를 기록하고 수정할 수 있는 ROM이다.
Flash Memory	EEPROM을 변형한 것으로 전원 공급이 없어도 기록된 내용을 보존하는 ROM의 특성과 기록된 내용을 자유롭게 수정할 수 있는 RAM의 특성을 가지고 있다. EEPROM보다는 속도가 느리고, PC카드(PCMCIA)로서 하드디스크 대용으로 사용되기도 한다. SSD(Solid State Disk) 개념의 하드디스크로서의 형태로 제품화가 되고 있다.
FPM(Fast Page Mode) DRAM	페이지(16KB) 단위로 데이터를 입출력하며 작동주기는 3사이클, 486 이전의 CPU에서 30핀 SIMM, 72핀 SIMM 형태로 메인보드에 설치되었다.
EDO(Exchange Data Output) DRAM	기본구조는 FPM DRAM과 비슷하며 작동주기는 2사이클, 효율적으로 대처할 수 있는 CPU의 최고 클록 속도는 66MHz 정도이며 보통 72핀 SIMM 형태이다.
BEDO(Burst Extended Data Output) DRAM	매 클록 사이클마다 RAM 메모리 주소에서 프로세서로 정보를 전달하는 특별한 형태의 EDO RAM, 데이터를 큰 덩어리 형태로 전달하고 이것을 잘게 나누어 연속적으로 폭발하듯이 처리하는 기술이다.

● DRAM의 종류

1) 동기식 DRAM(Synchronous DRAM)

가장 널리 사용되고 있는 DRAM의 형태는 동기식 DRAM(Synchronous DRAM)이다. 전통적인 DRAM과는 달리 외부 클록 신호와 동기화되어 대기 상태 없이 프로세스/기억장치 버스의 전속력으로 실행되고 있는 프로세서와 데이터를 교환한다.

전통적인 DRAM의 경우 프로세서는 주소와 제어신호를 기억장치로 보내어서 읽히거나 쓰일 데이터를 가리킨다. 액세스 시간만큼 지연된 후 DRAM은 데이터를 쓰거나 읽는다. 하지만 동기식 액세스는 시스템 클록의 제어하에 데이터를 받고 내보내게 된다.

2) Rambus DRAM

인텔이 펜티엄과 이타늄 프로세서를 위해 채택하였다. RDRAM은 비동기식 블록 지향 프로토콜(asynchronous block-oriented protocol)을 이용하여 주소와 제어 정보를 전달한다. 기존에 사용되었던 RAS, CAS, R/W 신호에 의해서 제어되지 않고, 고속버스(high-speed bus)를 통하여 기억장치 요구를 받는다. 이를 통해서 기존 DRAM보다 상대적으로 속도가 향상된다.

3) 인텔의 터보 메모리

최근에 노트북에 많이 도입되는 터보 메모리라는 이름으로 인텔에서 메모리를 만들었다. 랜덤 액세스 성능이 하드디스크보다 우수한 NAND 플래시 메모리를 별도의 캐시 영역으로 할당하여, 데스크톱과 비교해 느린 속도인 노트북 하드디스크의 퍼포먼스를 향상시키고, 노트북의 사용 환경에 맞는 서비스를 제공하기 위한 목적으로 개발됐다.

윈도우 비스타의 핵심 기능인 Ready Boost와 Ready Drive와 연동되는 것으로 그 이하 OS에서는 사용할 수 없다. SSD 같은 형태의 디스크로의 도입과 더불어서 중간단계에서 메모리 형태로의 전환을 통해서 메모리를 통한 전체 시스템 성능을 높여 가고 있다.

● 유비쿼터스 환경에서의 메모리 역할

실생활의 환경들이 유비쿼터스라는 이름으로 네트워크화됨에 따라서 정보의 집중, 전달, 저장 개념이 늘어나고 있는 추세이다. 디지털로의 전환 그리고 디지털 콘텐츠 등의 증가, 디지털 정보 등의 흐름 속에서 메모리의 역할은 빼놓을 수 없다. 그래서 유비쿼터스 환경을 이루는 요소 기술이라 할 수 있다.

04   캐쉬 메모리(Cache Memory)

Cache Memory는 메인 메모리와 CPU 간의 데이터 속도 향상을 위한 중간 버퍼 역할을 하는 CPU 내 또는 외에 존재하는 메모리이다. 전체 시스템의 성능을 개선시킬 수 있는 메모리이다.

● 데이터의 임시 보관소 Cache Memory

‘Cache’라는 의미는 보관이나 저장의 의미이다. Cache Memory라 하면 이러한 역할을 하는 물리적 장치, 즉 메모리를 말한다. CPU와 메인 메모리 사이에 존재한다고 말할 수 있는데, CPU 내에 존재할 수도 있고 역할이나 성능에 따라서는 CPU 밖에 존재할 수도 있다. 빠른 CPU의 처리속도와 상대적으로 느린 메인 메모리에서의 속도의 차이를 극복하는 중간 버퍼 역할을 한다. 쉽게 표현하면 CPU는 빠르게 일을 진행하고 있는데, 메모리에서 데이터를 가져오고 가져가는 것이 느려서 중간에 미리 CPU에 전달될 데이터를 들고 서 있는 형태라고 말할 수 있다.

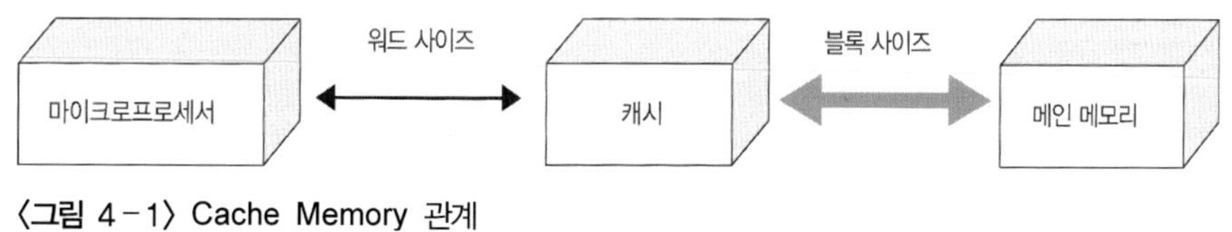

〈그림 4-1〉 Cache Memory 관계

● Cache Memory의 성능

Cache Memory는 메인 메모리의 일정 블록사이즈의 데이터를 담아 두었다가 CPU에 워드사이즈만큼의 데이터를 전송하게 된다. 이때 이 사이즈들이 캐시의 성능에 영향을 미치게 된다. 블록사이즈나 워드사이즈가 상대적으로 크다면 그만큼 Cache의 Hit율이 높아지기 때문이다.

〈표 4-1〉 Cache Memory 성능 결정 요소

요소	내용
Cache 크기	Cache Memory의 Size의 크기가 크면 Hit율과 반비례 관계
인출 방식 (Fetch Algorithm)	요구 인출(Demand Fetch): 필요시 요구하여 인출하는 방식 선 인출(Pre-Fetch): 예상되는 데이터를 미리 인출하는 방식
쓰기 정책 (Write Policy)	Write-Through: 주기억장치와 캐시에 동시에 쓰는 방식 Write-Back: 데이터 변경만 캐시에 기록
교체(Replace) 알고리즘	Cache Miss 발생 시 기존 메모리와 교체하는 방식 FIFO, LRU, LFU, Random, Optimal Belady's MIN(향후 가장 참조되지 않을 블록을 교체)
사상(Mapping) 기법	주기억장치의 블록을 적재할 캐시 내의 위치를 지정하는 방법 직접 사상, 완전 연관 사상, 집합 연관 사상

CPU에서 필요로 하는 데이터가 캐시 메모리에 있어서 참고할 수 있느냐는 것이 Cache Memory의 성능이 된다. 이때 CPU가 필요한 데이터가 Cache Memory 내에 들어와 있으면 'Cache Hit'라 하고 접근하고자 하는 데이터가 없을 경우에는 'Cache Miss'라 한다. 원하는 데이터가 있을 수도 있고 없을 수도 있는데, 이때 원하는 데이터가 Cache에 있을 확률을 'Hit Ratio'라 한다.

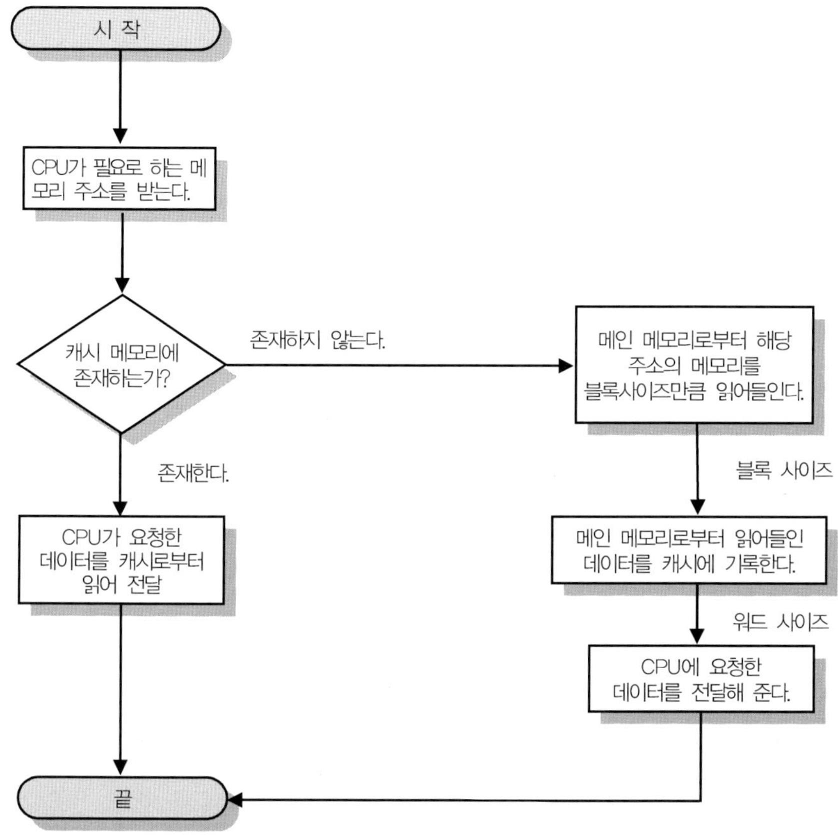

〈그림 4-2〉 Cache Memory 동작 순서

● Cache Memory의 지역성(Locality)

CPU에서 명령어를 수행하면서 매번 Cache Memory를 참조하게 되는데, 이때 Hit율이 지역성을 갖는다. 지역성(Locality Of Reference)이라는 것은 프로세스들이 기억장치 내의 정보를 균일하게 액세스하는 것이 아니라 어느 순간에 특정부분을 집중적으로 참조하는 것을 말한다. 지역성은 메모리의 위치와 접근 시간에 따라서 공간적, 시간적인 특성을 보인다.

1) Cache Memory의 공간적 지역성(Locality)

공간적 지역성(spatial locality of reference)이라는 것은 한 번 참조한 메모리의 옆에 있는 메모리를 다시 참조하게 되는 성질을 말한다. 프로그램에 대해서 접해 본 사람들은 배열(Array)이라는 개념에 대해서 이해할 것이다. 이 Array는 일정한 메모리 공간을 순차적으로 할당받아 사용하는 것인데, 공간할당을 연속적으로 받게 된다. 이 연속적으로 받게 된 메모리가 사용될 때 연속적으로 사용될 가능성이 높다. C 프로그램 언어에서 예를 들면 int a[10]이라고 선언을 한다면 프로그램 중간에서 a[0] 사용 후 인접한 a[1]이 사용될 확률이 높다는 것이다.

2) Cache Memory의 시간적 지역성(Locality)

시간적 지역성(temporal locality of reference)이란 한 번 참조된 주소의 내용은 곧 다음에 다시 참조된다는 특성을 말한다. 시간적 지역성의 대표적인 예는 반복문(for, while)을 연상해 볼 수 있다. 반복문을 수행하면 특정 메모리 값으로 선언된 부분을 반복하여서 접근하게 된다. 이렇게 방금 전에 접근했던 메모리를 다시 참고하게 될 확률이 높아지는 것이 시간적 지역성이다.

지역성의 특성은 블록사이즈의 크기와 연관이 있다. 블록사이즈가 커지면 캐시의 Hit율도 올라간다. 그렇다고 해서 무작정 블록사이즈를 키우는 것만으로는 그 효율성을 높일 수는 없다. 이에 따라 몇 가지 요소를 고려하여 설계해야 한다. 설계의 목표는 Hit율을 높이고 최소의 시간에 데이터를 전달하는 것이다. Hit 실패 시에 다음 동작을 처리하는 데 있어서 시간을 최소화하는 것이 중요하며 데이터의 일관성을 유지해서 이에 따른 오버헤드를 최소화해야 한다.

● Cache Memory의 쓰기 정책

CPU에서 메모리에 읽기 요청을 하게 되면 먼저 캐시에 그 해당 데이터가 있는지 확인한다. 이 과정에서 그 데이터가 있는 경우 Hit했다고 하여 그 해당 데이터를 가져오게 된다. 이 Hit를 위해서 언제 어떤 방식으로 어떤 데이터를 Cache Memory에 적재해 둘 것인가가 Hit율을 좌우하고 성능의 관심사가 된다. 이를 위해서 Write Throught, Write Back 정책이 주로 사용된다.

1) Write Through 정책

프로세서에서 메모리에 쓰기 요청을 할 때마다 캐시의 내용과 메인 메모리의 내용을 같이 바꾸는 방식이다. 이 방식은 구조가 단순하다는 장점을 가지고 있지만 데이터에 대한 쓰기 요청을 할 때마다 항상 메인 메모리에 접근해야 하므로 캐시에 의한 접근 시간의 개선이 없어지게 되며, 따라서 쓰기 시의 접근 시간은 주 메모리의 접근 시간과 같게 되는 단점을 가지게 된다. 하지만 실제 프로그램에서 메모리 참조 시 쓰기에 대한 작업은 통계적으로 $10 \sim 15\%$에 불과하며 따라서 그 구조가 단순하고, 메모리와 캐시의 데이터를 동일하게 유지하는 데 별도의 신경을 쓰지 않아도 되므로 많이 사용되는 방식이다.

2) Write Back 정책

이 방식은 CPU에서 메모리에 대한 쓰기 작업 요청 시 캐시에서만 쓰기 작업을 하고 그 변경 사실을 확인할 수 있는 표시를 하여 놓은 후 캐시로부터 해당 블록의 내용이 제거될 때 그 블록을 메인 메모리에 복사함으로써 메인 메모리와 캐시의 내용을 동일하게 유지하는 방식이다. 이 방식은 동일한 블록 내에 여러 번 쓰기를 실행하는 경우 캐시에만 여러 번 쓰기를 하고 메인 메모리에는 한 번만 쓰게 되므로 이 경우에 매우 효율적으로 동작하게 된다.

정책	내용
Write - Through	쓰기 동작 시 Cache Memory와 메인 메모리에 동일 내용을 동시에 쓰는 방식 Cache와 메모리의 내용이 항상 일치하며 구성 방법이 단순함
Write - Back	데이터 변경은 Cache에서만 발생하고, Data 블록 교체 시에 변경된 블록에 대해서만 메모리에서 갱신하는 방식으로 구성 방법이 복잡함

● Cache Memory의 주소 매핑 방식

캐시 메모리는 실제 메인 메모리에 비해 그 크기가 매우 작아서 메인 메모리와 1 : 1 매칭되는 동일한 주소 체계를 가질 수 없다. 그래서 메인 메모리와 다른 형태의 주소 매핑 방식을 사용하고 있다. 일반적으로 direct mapping, associative mapping, set associative mapping과 같은 방법이 있다.

1) 직접 매핑(direct mapping)

이 매핑 방식은 메인 메모리를 일정한 크기의 블록으로 나누고 각각의 블록을 캐시의 정해진 위치에 매핑하는 방식으로 세 가지 매핑 방법 중 가장 간단하며 구현도 가장 쉬운 방식이다.

예를 들어 16MByte의 메인 메모리를 가지는 시스템에 대하여 64KByte의 캐시 메모리가 있다고 가정하면 직접 매핑 방식은 다음과 같다.

우선 전체의 메인 메모리에 대하여 캐시 사이즈 단위로 나누게 되고 이렇게 나뉜 각각의 블록들에 대하여 태그(Tag) 값을 매기게 된다. 즉 아래 예의 경우 64KByte의 캐시 사이즈를 가지므로 64KByte 단위로 블록을 나누고, 각각의 블록들은 하나의 태그 값으로 나타내게 되므로 메인 메모리 주소 0~0x00FFFF까지는 태그 값 00, 메인 메모리 주소 0x010000~0x01FFFF까지는 태그 값 01과 같은 식이 되는 것이다.

2) 어소시에이티브 매핑(associative mapping)

직접 매핑이 동일한 라인 번호의 주소를 매핑할 수 없다는 단점은 캐시의 성능을 매우 저하시킬 수 있으며 이에 대한 개선으로 캐시의 태그 필드를 확장하여 캐시의 어떤 라인과도 무관하게 매핑시킬 수 있는 매핑 방법이 바로 어소시에이티브 매핑(associative mapping) 방식이다.

3) 셋 어소시에이티브 매핑(set associative mapping)

어소시에이티브 매핑 방식이 어떤 주소든지 동시에 매핑시킬 수 있어 높은 히트율을 가질 수 있다는 장점을 가지고 있으나 그에 준하는 단점 또한 가지고 있어 이들의 장점을 취하고, 단점을 줄이기 위한 절충안으로 나온 것이 셋 어소시에이티브 매핑(set associative mapping) 방식이며, 많은 마이크로프로세서들이 이 방식을 택하고 있다.

〈표 4-3〉 매핑 방식 세 가지 기법 정리

구분	내용
직접 사상 (Direct Mapping)	주기억장치 블록과 캐시 블록을 지정된 한 개의 블록에 직접 사상하는 가장 간단한 방법으로 각 그룹의 모든 블록을 미리 지정하는 방식 구현이 간단하나 동일한 그룹에 속한 블록들이 빈번히 액세스될 경우 캐시의 실패율이 높아짐 미리 약속에 의해 2bit Slot 검토로 어느 block인지 확인 주소＝tag(2bit)＋block(2bit)＋word
완전 연관 사상 (Fully Associative Mapping)	주기억장치의 모든 블록들이 Cache의 어떤 슬롯에도 저장이 가능 유연성이 우수하나 모든 Cache 슬롯들의 태그번호들을 고속으로 검색하기 위해서는 복잡한 회로가 필요 주소＝tag(4bit)＋word
집합 연관 사상 (Set Associative Mapping)	직접 사상과 완전 사상의 절충으로 같은 블록들 중에서 두 개 이상이 동시에 Cache에 저장 동일한 태그를 가진 블록들이 저장되는 Cache 슬롯 그룹을 집합으로 관리 주소＝tag(2bit)＋set(2bit)＋word

● Cache 일관성 문제를 해결하기 위한 프로토콜

공유 메모리 구조에서는 다중 프로세스가 메모리 사용 시 그 성능을 개선하기 위해서 Cache Memory에 저장하게 되는 이때 공유 메모리 간에 데이터의 불일치가 발생된다. 캐시 일관성 문제는 주로 변경 가능한 데이터 공유, 프로세스의 이주, 출력 동작 시에 발생된다.

1) 공유 Cache를 사용하는 방법

모든 프로세스들이 하나의 Cache를 사용하는 방법으로 구조가 간단하나 프로세스 간 충돌이 심하다. 지역참조 성격을 위반한다.

2) 버스 감시 메커니즘을 이용

스누피 제어기와 같이 변경에 대한 자신의 캐시 블록 상태를 제어하는 방식으로 Write Through 방식의 캐시 블록 상태와 Write Back 방식의 캐시 블록 상태를 감시하는 방식이다.

3) 디렉터리 기반 캐시 일관성 유지 방법

캐시 정보 상태를 디렉터리에 저장하여 데이터 일관성을 유지하고 중앙 집중식(주기억장치 내) 디렉터리에 기억하는 방식이다.

- Cache Memory의 교체 알고리즘

캐시에 빈 공간이 없는 상태에서 새로운 내용이 메인 메모리로부터 캐시 메모리에 복사되어야 하는 상황에서 기존 적재되어 있던 내용 중 어떤 것을 내릴 것인가 결정하는 것이 필요하다. 이 또한 Cache의 성능과 관계가 있다. 이 교체 알고리즘이 필요한데, 이 교체 알고리즘에는 FIFO, LRU, LFU 등이 있다.

<표 4-4> Cache Memory 교체 알고리즘

기법	내용
FIFO (First In First Out)	먼저 저장되어 있던 블록이 먼저 나가는 방식 캐시 내에 가장 오래 있었던 블록을 교체
LRU (Least Recently Used)	사용되지 않은 채로 가장 오래 있었던 블록이 대상 가장 효과적인 방법
LFU (Least Frequently Used)	각 슬롯에 카운터를 설치함으로써 구현 사용빈도수가 가장 적은 블록이 대상
임의(Random) 교체 방식	후보 슬롯 중에서 한 슬롯을 임의로 선택하는 것
OPTIMAL 방식	향후 가장 참조되지 않을 블록이 대상, 실현 불가능

이 교체에 있어서 지역성을 고려해서 최근에 가장 많이 사용하지 않았던 내용을 내리는 것이 효율적인데, 이러한 방식을 LRU(Least Recently Used)라 한다. 이 방식의 구현을 위하여 각각의 라인에 추가적인 비트를 두고 각 라인에 대한 데이터 참조 시 그 발생하는 시점을 기록함으로써 이 방식을 실현하고 있다.

● 커널(Kernel)이란

커널(Kernel)은 운영체제의 일부로서 하드웨어와 프로세스의 운용을 위한 소프트웨어이다. 운영체제의 복잡한 하드웨어 내부를 일관되고 추상적으로 볼 수 있도록 인터페이스를 제공한다. 이 하드웨어 추상화는 프로그래머가 여러 장비에서 작동하는 프로그램을 개발하는 것을 돕는다. 하드웨어 추상화 계층 HAL(Hardware Abstract Layer)은 제조사의 장비 규격에 대한 특정한 명령어를 제공하는 소프트웨어 드라이버에 의지한다.

커널이라고 하면 운영체제를 말하기도 하고 응용 프로그램들의 실행 환경을 이루고 운용하는 것을 말하기도 한다. 시스템의 자원은 제한되어 있지만 동작되고 있는 프로그램은 많기 때문에 커널은 한 프로그램이 언제 얼마만큼 자원을 써야 할지 결정하고 운영시켜야 한다. CPU를 얼만큼씩 어떠한 일에 쓸 것인가 등의 스케줄링을 하게 된다.

● 커널(Kernel)의 특징 및 기능

커널은 디스크에 파일로 존재하는 프로그램이며 시스템이 기동될 때 boot 프로그램에 의해 구동되며 메모리에 상주된다. 기본적으로 프로세스와 파일 관리이며 그 밖에 입출력장치관리, 메모리관리 및 시스템 호출 인터페이스기능을 수행한다.

커널은 메모리, 디스크, 네트워크 카드, 비디오 카드 등과 같은 모든 하드웨어를 관리한다. 그리고 응용 프로그램이 이러한 하드웨어를 접근하는 것을 가능하게 해 주는 통로가 된다. 응용프로그램의 요청을 받아서 하드웨어 수행을 하고 그 결과를 다시 응용프로그램이 받게 된다.

- 커널(kernel)의 분류

1) 모노리딕 커널(monolithic kernel)

모노리딕 커널은 하드웨어 위에 높은 수준의 가상 계층을 정의하는 것이다. 높은 수준의 가상 계층은 기본 연산 집합과 관리자 모드에 작동하는 모듈인 프로세스관리, 동시성, 메모리관리 등의 운영체제 서비스를 구현하기 위한 시스템 콜로 되어 있다.

이 연산들을 제공하는 모든 모듈이 같은 주소 공간에서 실행된다. 코드의 집적도는 매우 높고 수정하기 어렵고 한 모듈의 버그는 시스템 전반에 영향을 미치게 된다.

마이크로소프트 윈도 NT 시리즈(NT, 2000, XP, 2003, 비스타)는 초창기에는 하이브리드 커널이었으나 후기 버전은 모노리딕 커널로 변경되었다. 전통적인 유닉스 커널, 리눅스 커널, 솔라리스 커널, 윈도우즈 NT 커널, 벨로나 2 커널, AIX 커널, AGNIX와 같은 교육용 커널이 있다.

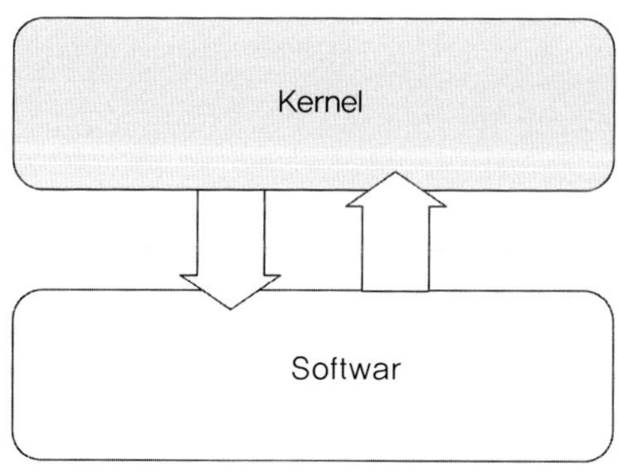

2) 마이크로 커널(micro kernel)

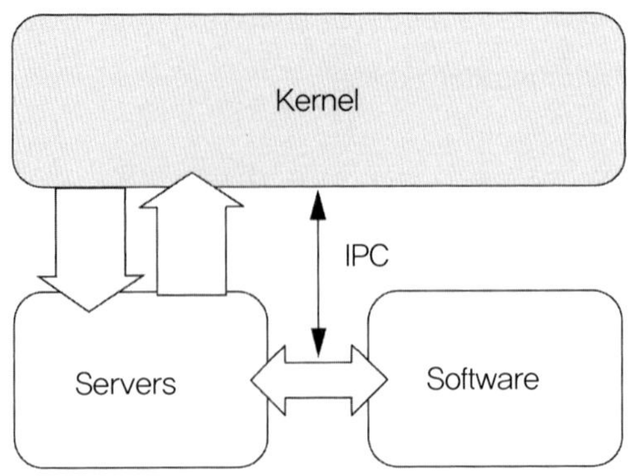

마이크로 커널은 하드웨어 위에 매우 간결한 추상화를 정의한다. 기본 연산 집합과 운영체제 서비스를 구현한 쓰레드 관리, 주소 공간, 프로세스 간 통신의 작은 시스템 콜로 이루어져 있다.

일반적으로 커널이 제공하는 네트워킹과 같은 다른 서비스들은 사용자 공간 프로그램인 서버로 구현한다.

이기종 간 이식성(Portability)을 위해서 C나 C++ 등의 하드웨어 독립적인 언어로 개발하여 기계종속적인 요소를 최대한 배제하여야 한다.

Micro Kernel의 주요 기능은 자원관리(CPU, 메모리, 프로세스, 쓰레드), 최소한의 디바이스관리, IPC(Interprocess Communication)와의 동기화 및 시스템 운영 중 발생하는 각종 인터럽트 처리이다.

커널 내에서 모든 기능을 수행했던 것과 달리 분리가 되어서 컴파일 요소나 시스템 안정성을 높일 수가 있다. 예를 들면 커널에 네트워크 서비스가 있다면 그것으로 인해 발생될 수 있는 문제를 포함하고 수행되어야 하지만 마이크로 커널은 그것들을 분리하여서 처리한 것이다. 하지만 마이크로 커널은 기존의 시스템보다 문맥교환 서버 간의 자료 교환에 문제가 생길 수 있다. 마이크로 커널의 예로서는 AmigaOS, Amoeba, L4 마이크로 커널, Mach - GNU 허드, Symbian OS를 들 수 있다.

3) 하이브리드 커널(hybrid kernel)

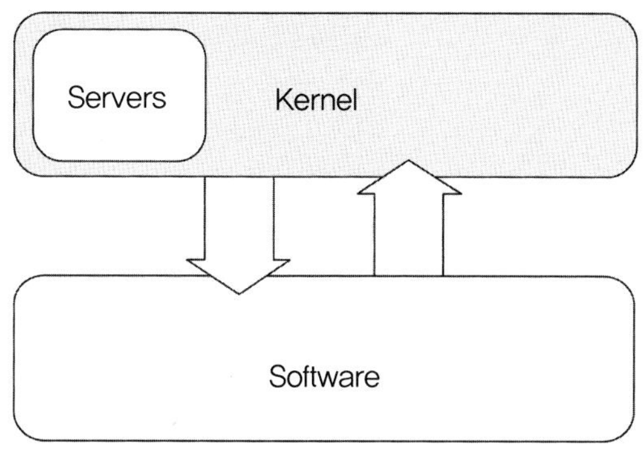

성능 향상을 위해 추가적인 코드를 커널 공간에 넣은 점을 제외하면 많은 부분은 순수 마이크로 커널과 비슷하다. 수정 마이크로 커널이라고도 한다.

이는 다양한 운영체제 개발자들이 마이크로 커널 기반의 설계를 받아들이던 시점에 순수한 마이크로 커널의 성능상의 한계를 인식하고 타협한 결과이다.

예를 들어, Mac os 10의 커널인 XNU는 Mach 커널 3.0 마이크로 커널에 기반을 두고 있지만, 전통적인 마이크로 커널 설계의 지연 현상을 줄이기 위해 BSD 커널의 일부 코드들을 들여와 동일한 주소 영역에서 실행하고 있다.

하이브리드 커널로는 ReactOS, BeOS 커널, Netware 커널 등이 있다.

하이브리드 커널은 모노리딕 커널과 마이크로 커널 양쪽의 설계 모두를 받아들인 부분이 있다. 메시지 전달과 중요하지 않은 코드는 사용자 공간에 들어가는 반면 어떤 코드는 성능의 이유로 커널 공간에 포함되어 있다.

4) 엑소커널(exokernel)

낮은 수준의 하드웨어 접근을 위한 최소한의 추상화를 제공한다. 전형적으로 엑소커널 시스템에서는 커널이 아닌 라이브러리가 모노리딕 커널 수준의 추상을 제공한다.

엑소커널은 기능이 보호를 보장하는 것과 자원을 분배하는 것만 하기에 매

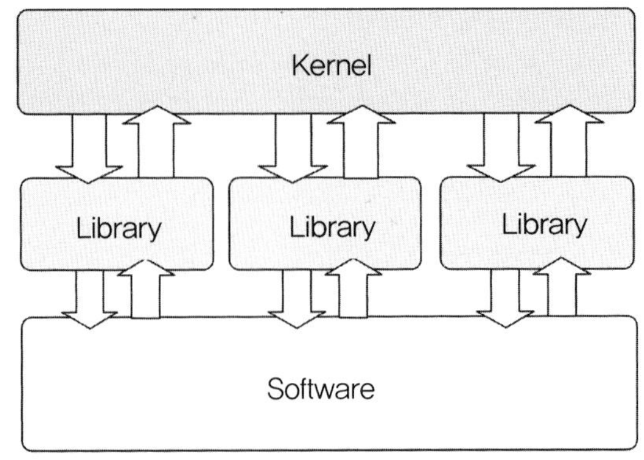

우 작아 편익보다 단순함을 제공한다.

이런 특성은 오히려 모든 사용자가 각기 실제 호스트 컴퓨터의 자원을 모방한 컴퓨터를 받는 VM/370 운영체제와 비슷하다.

엑소커널은 추상화를 제공하는 라이브러리 운영체제(libOSes)를 이용한다. 라이브러리 운영체제는 응용 소프트웨어 프로그래머에게 고수준, 전통적인 운영체제 추상화, 맞춤 추상화 구현에 의한 더 유동적인 방법을 제공한다. 이론적으로 엑소커널 체제는 하나의 엑소커널 아래에 윈도우즈나 유닉스와 같은 다양한 운영체제를 구동할 수 있다.

● Linux 커널

Linux는 가장 유명한 오픈 소스 OS이다. Linux는 한 사람의 프로젝트에서 수천 명의 개발자들이 포함된 전 세계적인 개발 프로젝트로 진화했다. Linux에 대한 가장 중요한 결정들 중 하나는 GNU General Public License(GPL)의 채택이었다. GPL하에서 Linux 커널은 상업적인 이용으로부터 보호되고, GNU 프로젝트 사용자 공간 개발로부터 혜택을 받고 있다. 이로써 GNU Compiler Collection(GCC) 같은 유용한 애플리케이션들과 다양한 쉘 지원이 가능하다.

- Linux의 커널의 내부 구조

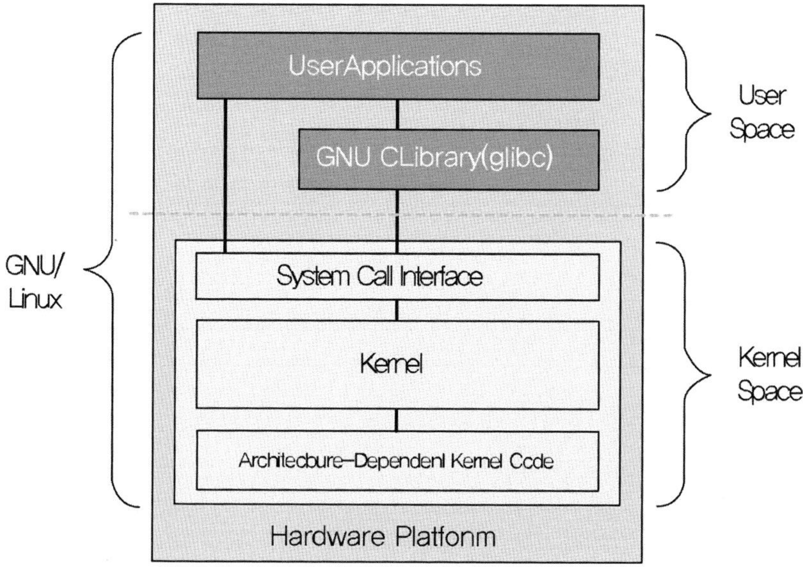

〈그림 5-1〉 Linux 내부 구조

GNU/Linux OS 아키텍처를 자세히 살펴보도록 하자. 아래 <그림 5-1> Linux 내부구조 그림과 같이 User 공간과 Kernel 공간으로 나눌수 있다.

맨 위에 User Applications, 즉 사용자 또는 애플리케이션 공간이 있다. 여기에서는 사용자 애플리케이션들이 실행된다. 그리고 GNU C Library(glibc)도 있다. 이것은 커널로 연결하는 시스템 호출 인터페이스를 제공하고 사용자 공간 애플리케이션과 커널 간 이동하는 메커니즘을 제공한다. 커널과 사용자 애플리케이션이 다른 주소 공간들을 사용한다. 각 사용자 공간 프로세스는 고유의 가상 주소 공간을 차지하지만, 커널은 하나의 주소 공간을 차지한다. Linux의 커널의 주요 하위 시스템은 시스템 호출 인터페이스, 커널 코드, 아키텍처 의존 코드 BSP(Board Support Package)의 세 개의 큰 레벨로 나뉜다.

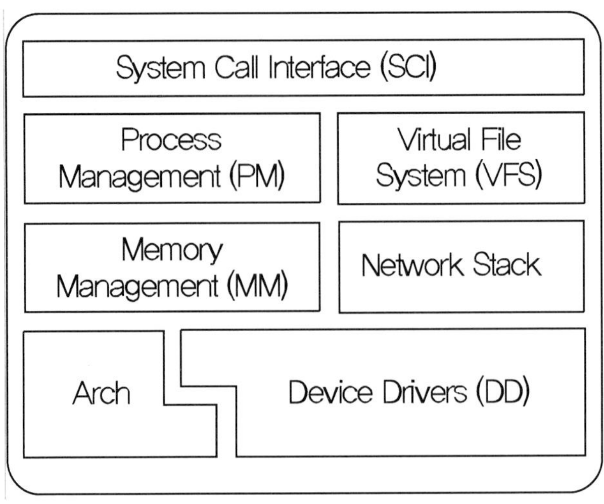

1) 시스템 호출 인터페이스(SCI)

SCI는 사용자 공간에서 커널로 함수 호출을 수행하는 수단을 제공하는 씬(thin) 레이어이다.

2) 프로세스관리(PM)

프로세스관리는 프로세스의 실행을 관리하는 것이다. 커널에서는 보통 이를 쓰레드라고 하고, 프로세스의 수행을 맡게 된다.

사용자 공간에서는 일반적으로 프로세스라는 말이 사용된다. 프로세서는 쓰레드 코드, 데이터, 스택, CPU 레지스터를 포함하고 있다.

Linux 환경에서는 쓰레드와 프로세스를 구분하지 않는다. 커널은 SCI를 통해 API를 제공하여 새로운 프로세스를 만들고(fork, exec, Portable Operating System Interface [POSIX] 함수), 프로세스를 중지하고(kill, exit), 이들 간 통신을 수행하고 동기화한다(signal 또는 POSIX).

3) 메모리관리(MM)

커널에 의해 관리되는 또 하나의 리소스는 메모리이다. 하드웨어는 가상메모리를 관리하고, 메모리는 페이지(page)라고 하는 곳에서 관리된다. 다중 메모리 사용자를 지원할 때, 가용 메모리가 차게 되면 디스크로 옮겨야 하는 경우가 생긴다. 이 페이지는 메모리에서 하드디스크로 교환(swap)하게 된다. 이러한 것을 페이지 교체(swapping)라고 한다.

4) 가상 파일 시스템(VFS)

가상 파일 시스템(VFS)은 Linux 커널에 있어서 파일 시스템을 위한 공통의 인터페이스 추상화를 제공한다. VFS는 SCI와 커널에서 지원되는 파일 시스템들 사이에 스위칭(switching) 레이어를 제공한다. VFS는 사용자와 파일 시스템들 간 스위칭 패브릭을 제공한다. VFS의 맨 위에는 open, close, read, write 같은 함수들의 공통 API 추상화가 있다. VFS의 맨 아래에는 사용자 레이어 함수들이 구현되는 방법을 정의한 파일 시스템 추상화가 있다. 이들은 해당 파일 시스템용 플러그인들이다.

5) 네트워크 스택(NS)

네트워크 스택 디자인은 프로토콜을 모델링한 레이어드 아키텍처를 따르고 있다. Internet Protocol(IP)이 코어 네트워크 레이어 프로토콜로서, 전송 프로토콜(Transmission Control Protocol 또는 TCP) 밑에 있다. TCP 위에는 소켓 레이어가 있는데, 이것은 SCI를 통해 호출된다.

이 소켓 레이어는 네트워킹 하위 시스템에 대한 표준 API이고, 다양한 네트워킹 프로토콜에 사용자 인터페이스를 제공한다. IP protocol data units(PDU)로의 미가공 프레임 액세스부터 TCP와 User Datagram Protocol(UDP)까지, 소켓 레이어는 커넥션을 관리하고 엔드포인트들 간 데이터를 이동하는 표준화 방식을 제공한다.

6) 장치 드라이버(DD)

Linux 커널에 있는 대부분의 소스 코드는 장치 드라이버에 존재한다. 이곳에서 특정 하드웨어 장치를 사용할 수 있다. Linux 소스 트리는 드라이버 하위 디렉터리를 제공하고, 이것은 Bluetooth, I2C, serial 같은 다양한 장치들로 나뉜다.

06 　운영체제

폰노이만이 제시한 컴퓨터 모델에 따르면 컴퓨터 시스템은 크게 CPU, 메모리, 디스크로 구성되어 있다고 볼 수 있다. 이 각각의 하드웨어를 연결했다고 해서 우리가 원하는 프로그램을 수행할 수 있는 것은 아니다. 하드웨어는 단지 그 하드웨어의 특정 기능을 수행할 뿐이다. 예를 들면 CPU는 연산을, 메모리는 순간 기억을, 디스크는 저장하는 역할을 물리적으로 하게 된다.

이 컴퓨터라는 하드웨어상에 어플리케이션들이 동작되려면 이 하드웨어들과 적절하게 데이터를 주고받으며 논리적인 일들을 해야 하는데, 이러한 응용 프로그램들을 수행하기 위해서 하드웨어와 인터페이스하는 기본 프로그램을 '운영체제'라고 한다.

운영체제는 CPU의 수행 시간을 나누는 '프로세스관리'와 서로 다른 어플리케이션이 메모리를 사용할수 있도록 해 주는 '메모리관리' 그리고 파일 입출력을 처리하는 '디스크관리'라고 하는 3대 기능을 가지고 있다.

● 운영체제의 기능 'CPU 관리'

쓰레드는 각 프로세스에 한 개 이상 존재하고 그 프로세스가 포함하고 있는 수행부를 한 개씩 수행하는 역할을 한다. 운영체제상에서 쓰레드의 개수는 프로세스가 개수 이상이 된다. 여러 개의 쓰레드가 동시에 CPU를 사용하려고 요청하는데, 이에 대한 우선순위는 정리하고 효율적으로 CPU를 사용할 필요가 있다. 이를 프로세스/쓰레드 관리 혹은 CPU관리라 한다.

프로그램이 수행된다는 의미는 디스크에 있는 파일이 메모리상으로 로드가 되고 CPU가 그 명령어를 수행하는 것을 의미한다. 컴퓨터에서는 기본적으로 여러 개의 프로세스가 실행되고 있다. 프로세스가 실행이 된다는 의미는 해당 명령어가 CPU에 의해서 수행이 된다는 것인데, 이를 수행해 주는 역할을 하는 객체가 '쓰레드'이다.

여러 개의 쓰레드가 동시에 수행이 되는데 엄밀히 말하면 동시가 아니라 순차적으로 수행이 되는데, 기존에 수행되고 있던 것은 수행을 멈추고 다음 쓰레드에 CPU 사용권을 넘겨줘야 한다. 이를 위해서 현재 수행되고 있는 레지스트리나 CPU 내의 값의 정보를 남겨 둬야 하는데, 이 상태를 '컨텍스트'라고 하고 이것을 남기고 다음 환경으로 복원하는 과정을 '문맥교환(Context Switching)'이라고 한다.

● 동시 수행을 위한 멀티 쓰레드

프로세스는 반드시 하나 이상의 쓰레드를 가지고 동작을 수행한다. 이때 2개 이상도 갖게 되는데 그 목적은 프로그램 내에 동시에 수행이 되어야 할 필요가 있거나 그러한 목적으로 사용하게 된다. 이러한 것을 멀티 쓰레드라 할수 있다.

멀티태스크 운영체제일 경우에 여러 개의 어플리케이션이 마치 동시에 동작되는 것처럼 보이게 하는 원리가 무엇일까? 그것은 프로세스/쓰레드라 불리는 것에 의해 수행되고 있는 것을 시분할로 조금씩 번갈아 가며 CPU가 수행을 해 주기 때문이다.

멀티 쓰레드 프로그램은 쓰레드를 2개 이상 가지며 동시에 기능을 처리할 수 있다. 동시 수행이라는 용어를 사용했지만, 여전히 엄밀히 말하면 멀티 쓰레드라고 해서 동시 수행은 아니다. 물론 최근 듀얼 코어라고 하면 동시에 명령어를 2개 수행할 수 있기 때문에 동시라는 말이 성립이 된다. 하지만 여기서 말하는 멀티 쓰레드를 말하는 개념은 여러 개의 쓰레드를 하나의 프로세스 내에서 수행한다는 의미이다.

- 우선순위 스케줄링

여러 개의 어플리케이션이 동시에 CPU의 사용을 요구할 때 어떻게 할 것인지를 반영하여 적절하게 CPU 사용을 할 수 있도록 시간을 배분해 주는 것이 '스케줄링'이다.

이때 중요한 개념이 두 가지가 있다. 어떤 어플리케이션을 먼저 수행할 것인가? 그리고 어떻게 효율적으로 적은 자원과 시간으로 수행 중인 어플리케이션을 중지시키고 다음 어플리케이션을 수행할 수 있을 것인가? 윈도우OS의 쓰레드 스케줄링 구조는 아래와 같다.

현재 윈도우가 사용하고 있는 스케줄링 방식은 '라운드-로빈' 방식이다. 선점형 우선순위 방식인데, 이는 수행 중인 쓰레드보다 우선순위가 높은 쓰레드가 오면 그 수행을 멈추고 CPU 사용권한을 내어주는 방식이다. 생존 경쟁의 원리가 운영체제상에도 존재하는 것이다. 이러한 방식이 자원을 가장 효율적으로 사용하게 된다.

우선순위는 프로세스와 쓰레드가 갖게 된다. 태생부터가 우선순위가 높은 것이 있는가 하면 수행도중 그 우선순위를 일시적으로 높게 바꿀 수도 있다. 하지만 수행 중에는 바꿀 수 있는 범위가 한계가 있다. 즉 태생이 높은 것을 일시적으로 바꿔서 더 높아지기는 어렵다는 의미이다.

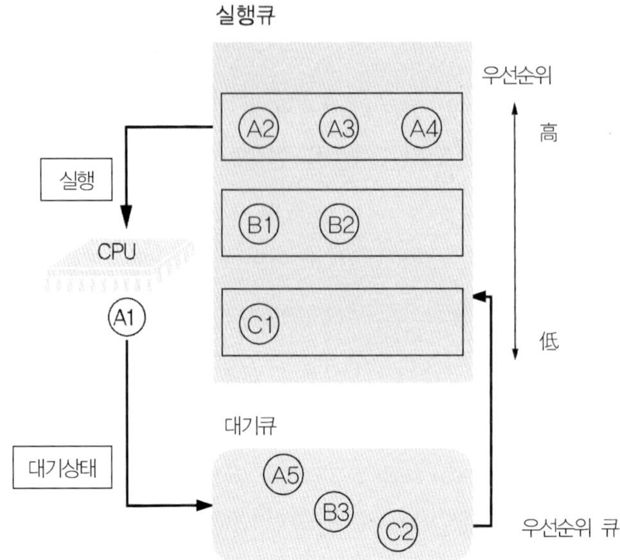

〈그림 6 - 1〉 윈도우 쓰레드 스케줄링 구조

윈도우는 기본적으로 쓰레드가 CPU 사용을 대기하고 있고, 그 줄은 여러 줄로 서 있는데, 그 줄의 의미는 우선순위이다. 이 우선순위에 따라서 CPU가 수행을 하게 된다. 이때 수행이 계속 안 되는 현상이 생길 수 있는데, 이를 '기아현상(Starvation)'이라고 부른다.

● 디스크를 메모리처럼 사용하는 '가상메모리'

프로그램은 수행되는 동안 프로그램의 일부 모듈이 메모리에 적재된다. 메모리는 CPU에 가까울수록 그 단가와 함께 속도가 높아진다. 이러한 상태에서 메모리는 한계를 가지게 되는데, 그 메모리의 용량을 좀 더 크게 사용할 필요가 있다.

이것이 가능한 이유는 프로그램에서 바라보는 메모리의 주소가 가상 주소로 지정이 되기 때문이다. 이는 프로그램 바라볼 때는 가상(논리) 주소로 보

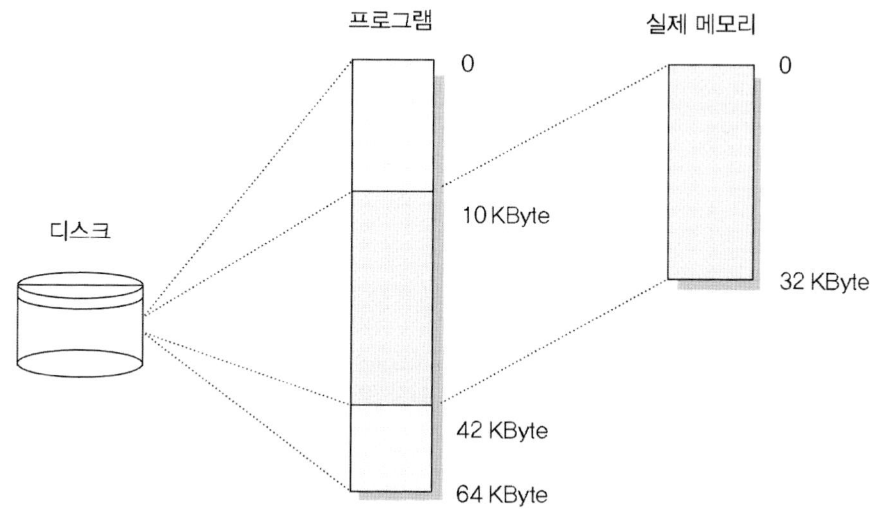

〈그림 6-2〉 가상메모리의 구조

고 실제메모리를 접근할 때에는 실제 주소로 대응을 하게 된다.

실제메모리 이상의 메모리를 사용하려고 할 때 가상메모리를 사용하게 된다. 가상메모리는 디스크의 일부를 메모리로 사용하는 것이다. 실제메모리를 사용하다가 사용하지 않는 데이터를 디스크에 저장하게 되고 수행을 할 때에는 실제메모리로 로드하게 된다. 이러한 동작의 반복은 하드웨어와 운영체제 간의 동작이며 어플리케이션 측면에서는 메모리를 사용하는 것과 동일한 상태로 보인다.

● 운영체제 3대 기능 중 '디스크관리'

하드디스크는 외부 기억장치로서 시스템을 구성하는 요소 중 하나가 된다. CPU와 메모리 디스크로 구성이 될 때 메모리는 수행 상태에서의 데이터 저장 및 사용이라면 디스크는 전원이 꺼진 상태에도 내용이 유지되는 저장장치이다.

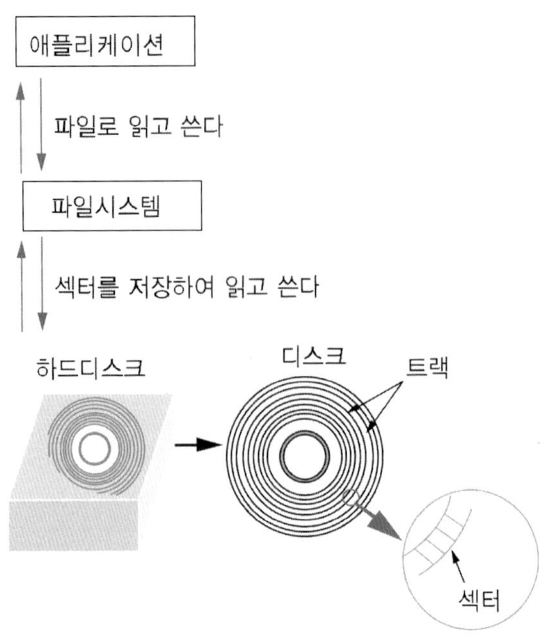

〈그림 6 - 3〉 디스크관리

하드디스크의 기본 단위는 '섹터'라는 단위의 집합체로서 섹터 번호를 지정하여 데이터를 읽고 쓰게 된다. 운영체제는 이를 파일이라는 논리적 단위로 제공하여 데이터를 읽거나 쓸 수 있도록 제공한다. 이것이 '파일 시스템'이다. 파일 시스템은 전체의 시스템에 신뢰성과 성능에 크게 영향을 주게 된다. 운영체제의 종류에 따라서 지원하는 파일의 형태가 달라진다. 윈도우 시스템은 FAT시스템(FAT FS)과 NTFS(NT File System)의 종류가 있다.

● 구조가 간단한 FAT FS

MS - DOS에서 처음 채용된 파일 시스템으로 윈도우 초기에서 사용되었고, 현재도 사용되고 있다. FAT FS(File System)는 여러 개의 섹터를 모아 '클러스터'라는 단위로 디스크를 관리한다. 클러스터를 파일 할당 테이블에서 관리한다고 해서 FAT(File Allocation Table)라고 한다.

FAT는 파일 데이터가 여러 개의 클러스터에 걸쳐 있는 경우에 그 순서를 저장한다. FAT에는 파티션에 포함된 클러스터 수만큼의 엔트리가 있으며, 각 엔트리에는 '다음 번 데이터'가 저장된 클러스터 번호가 들어 있다. 이러한 방식으로 파일 내 모든 데이터를 접근할 수 있다. 파일명은 확장자를 포함해 문자 11개로 제한되며, 크기 필드가 32비트이므로 4G 이상의 파일을 지원할 수 없다.

● 파일을 유연하게 다룰 수 있는 NTFS

FAT 구조가 단순한 반면에 보안이나 장애 발생 시에 회복 기능이 없는 문제가 있다. 이러한 부분을 보완하여 윈도우 NT 전용 파일 시스템으로 나온 것이 NTFS(New Technologr File System)이다.

NTFS는 마스터 파일 테이블이 존재하며 여기에는 각 파일의 정보를 포함한 고정길이 레코드의 모임이며, NTFS가 관리하는 디스크에 있는 모든 파일과 일대일로 대응된다. 각 레코드는 그 파일에 관한 '속성' 집합으로 구성된다. 파일의 데이터 그 자체도 속성으로 다루어진다는 것이 특징이다. 파일 크기가 작을 경우는 데이터 전체를 레코드 내에 넣는 방법으로 고속 처리를 할 수 있다.

MFT(Master File Table)레코드에는 윈도우 NT에서 사용하는 다양한 속성을 담을 수 있다. 대표적으로 보안이 그것이다. 이를 통해서 파일 시스템 접근 권한을 설정할 수 있다. 이 외에도 파일 속성을 이용한 파일 압축이나 암호와도 지원한다. 파일 크기 속성 값이 64비트이므로 4G 이상의 파일도 다룰 수 있다.

- 윈도우에서의 어플리케이션 실행 순서

윈도우OS에서 어플리케이션 실행 시 수행을 위한 내부 동작 순서가 있다. 수행이 된다는 의미는 파일로 저장되어 있는 프로그램의 일부가 메모리상으로 올라가게 되고 CPU는 그 메모리에 올라간 명령을 실행한다는 의미이다. 이것은 프로그램 형태로 있던 파일이 프로세스가 되었다고 볼 수 있다.

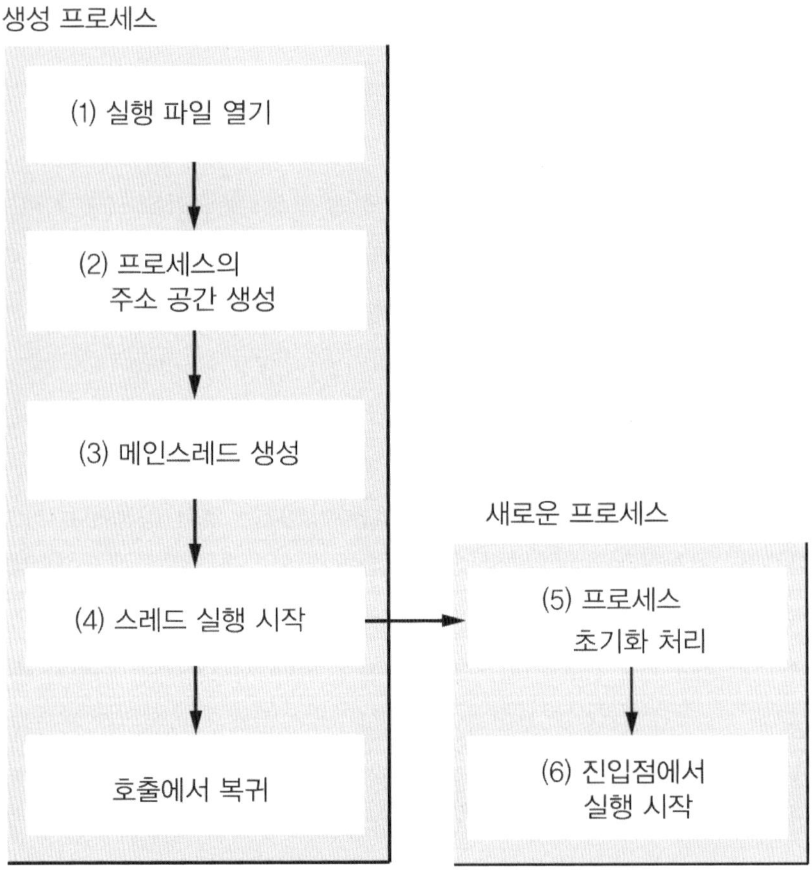

생성 프로세스

(1) 실행 파일 열기

(2) 프로세스의
주소 공간 생성

(3) 메인스레드 생성

(4) 스레드 실행 시작

호출에서 복귀

새로운 프로세스

(5) 프로세스
초기화 처리

(6) 진입점에서
실행 시작

〈그림 6-4〉 어플리케이션 실행 순서

1) 실행 파일 열기

대개 사용자들에 의해서 프로그램이 수행되는 경우는 탐색기에서 .exe와 같은 실행 파일을 더블클릭을 하거나 엔터를 쳐서 실행을 하게 된다.

2) 프로세서의 주소 공간 생성

프로세스의 고유 페이지 디렉터리와 페이지 테이블을 준비한다. 운영체제의 일부 영역이나 다른 프로세스가 사용하지 않고 있는 영역을 할당받는다.

3) 메인 쓰레드 생성

프로세스의 메인 쓰레드를 생성한다. 일단 지금 만든 프로세스 주소 공간 내 실행 파일이 설정된 크기에 따라서 메인 쓰레드용 스택을 생성한다. 다음은 컨텍스트 정보를 보존할 영역을 초기화한다. 이때 쓰레드 전환 후의 실행 시작 주소는 실행 파일의 진입점이 아니라 윈도우에서 준비한 쓰레드 초기화용 함수 주소로 설정한다.

4) 쓰레드 실행 시작

쓰레드 생성이 완료되면 윈도우의 모래시계 커서를 표시하고 쓰레드를 실행한다.

5) 프로세스 초기화 처리

초기화용 함수가 커널모드에서 실행된다. 이때 쓰레드 로컬 스토리지, 크리티컬 섹션 등을 초기화한다. 필요한 DLL을 로드하고, 각각의 진입점을 호출해서 DLL 초기화 함수를 처리한다.

6) 진입점에서 실행 시작

이제 쓰레드를 현재 커널모드에서 사용자 모드로 전환한다. 메모리의 스택 영역에 소프트웨어 인터럽트로부터 복귀하기 위한 정보로 실행 파일의 진입점 주소를 넣고, 사용자 모드를 설정한다. 실행 파일의 진입점에서부터 실행을 시작한다.

● 윈도우에서의 API 호출 처리 순서

윈도우상에 프로그램이 수행된다는 의미는 하드웨어가 소프트웨어에서 요구하는 동작을 하고 있다는 의미이다. 이때 소프트웨어, 즉 어플리케이션에서는 하드웨어에 요구하는 것을 API 함수 등을 통해서 운영체제인 윈도우에 전달하게 된다. 어플리케이션에서 API를 호출하게 되면 운영체제 영역에 있는 특정 DLL 내의 함수가 동작되게 된다. 특정 DLL은 Kernel32.dll, User32.dll, Gdi32.dll이 있다.

하나의 함수가 호출되는 경우에 윈도우상의 특정 DLL의 의미가 호출되게 된다.

예를 들면 파일에 데이터를 기록한다고 할 때 프로그램상에서는 Write를 하게 되면 윈도우 내부적으로 WriteFile API를 호출하게 되는 순서는 다음과 같이 표현할 수 있다.

윈도우에서의 API 호출 처리 순서
어플리케이션내 수행코드-> Kernel32.dll의 WriteFile API -> Ntdll.dll의 NtWriteFile 함수 -> Ntoskrnl.exe

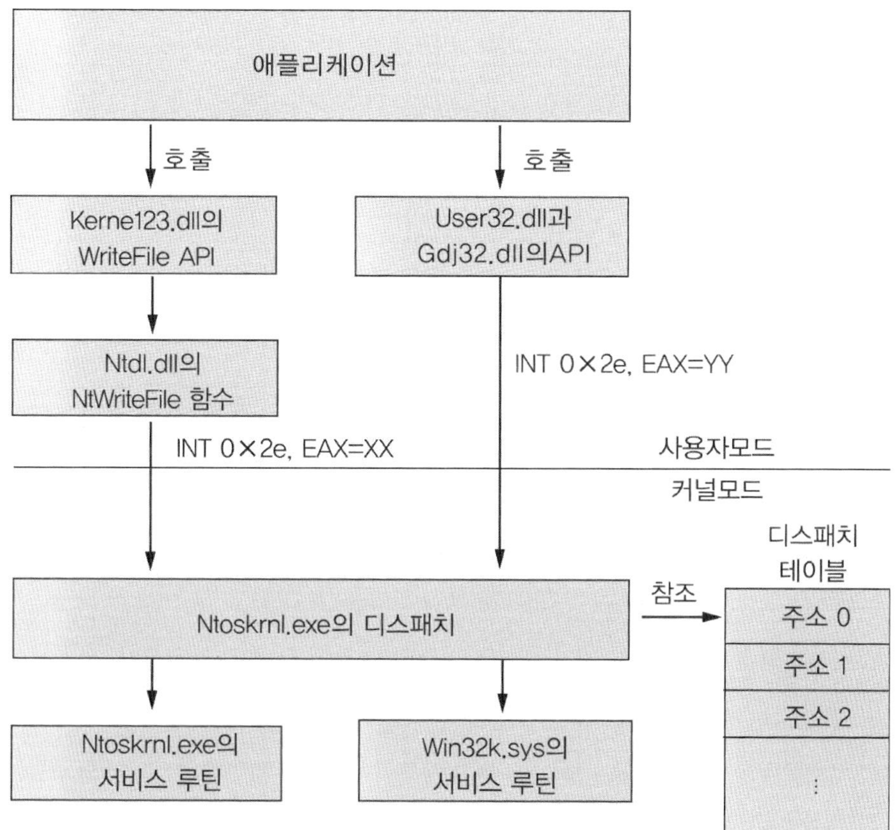

〈그림 6-5〉 윈도우 API 호출 처리 순서

- 어플리케이션 측면에서의 하드웨어 제어

  'API(Application Programming Interface)'

어플리케이션에서 하드웨어를 제어하는 방식은 인터페이스를 통하는 것이다. 그 인터페이스를 갖고 있는 것이 운영체제인데, 운영체제는 프로그램들에 공통의 인터페이스를 제공한다. 이를 API(Application Programming Interface)라고 한다.

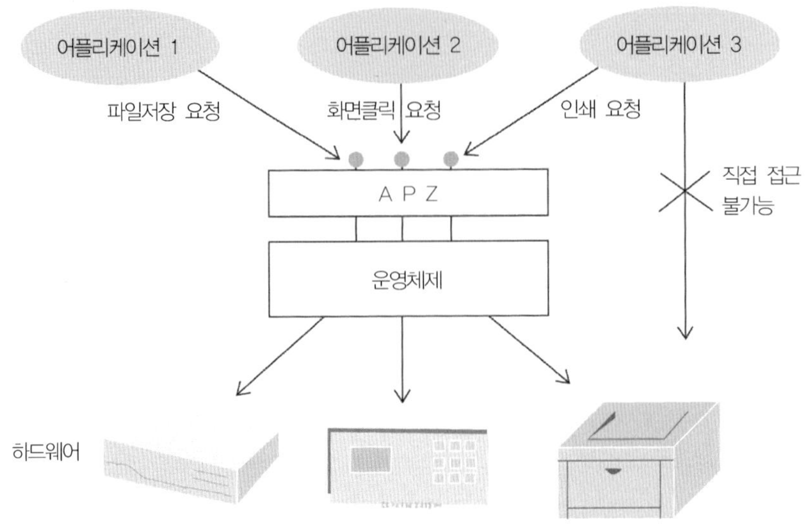

〈그림 6-6〉 어플리케이션, 운영체제, 하드웨어의 관계

운영체제는 어플리케이션이 하드웨어를 이용할 때 반드시 **API**를 경유하도록 함으로써 하드웨어에 대한 조정을 한다. **API**라고 하면 개발자들이 사용하는 라이브러리로 생각할 수도 있다. **API**를 사용해서 제어를 하고 프로그램을 개발하게 되면 그 운영체제가 가지고 있는 수행 코드부가 수행된다. 윈도우에서 사용하는 것이 'Win32 API'이다.

● 운영체제가 동작하는 '특권레벨(Privilege Level)'

어플리케이션이 하드웨어를 직접 접근하는 것을 윈도우, 리눅스 같은 운영체제에서는 막고 있다. 불가능하게 한 것이 아니라 관리를 위해서 통제를 하는 것이다. 이를 운영체제가 중간에서 처리해 주고 어플리케이션에 알려 주게 된다.

운영체제는 이러한 하드웨어를 제어할 수 있도록 특별한 권한을 갖게 되는데 이를 특권레벨이라 한다. 특권레벨에 의해서 특별한 권한을 부여받게 되면 **CPU**가 수행할 수 있는 명령어의 종류가 많아지고, 메모리에 접근할 수 있는 범위가 넓어지게 된다. 특권레벨이라는 상태로 되면 CPU의 정지(HLT), 메모리에 대해서도 특별한 영역으로 접근할 수 있게 된다. 이러한 레벨에서만 수행이 가능한 명령을 '특권명령'이라고 한다. 이러한 특권레벨에서의 특권명령을 통해서 하드웨어를 제어할 수 있게 된다.

● 메모리 운용을 위한 단위 '세그먼트'

여러 개의 어플리케이션이 동시에 메모리를 사용하게 된다. 물론 동시라는 의미가 엄밀히 따지면 순서가 있는 접근이지만 메모리를 쓰고 있는 프로그램이 다수라고 볼 때는 동시에 사용한다고 얘기할 수 있다. 이때 동시에 쓰기 때문에 메모리 특성상 보호와 관리가 필요하다.

메모리에 데이터를 쓰고 읽을 때 그것의 크기 단위를 '세그먼트'라고 한다. 세그먼트는 커다란 메모리의 전체 영역을 나누어서 일정 크기로 데이터를 저장하고 읽을 때 기준 크기로 사용하게 된다.

세그먼트는 메모리의 작은 단위이다. 이와 관련되어 디스크립터 테이블이라는 것이 존재한다. 디스크립터 테이블은 각 세그먼트의 정보를 기술한 '세그먼트 디스크립터'를 세그먼트 수만큼 나열한 것이다. 세그먼트 디스크립터의 크기는 8바이트이며, 그 안에 세그먼트가 정한 메모리 영역의 선두 주소, 세그먼트 크기, 세그먼트 속성을 설정한다. 세그먼트 디스크립터 테이블을 통해서 세그먼트를 지정하게 된다.

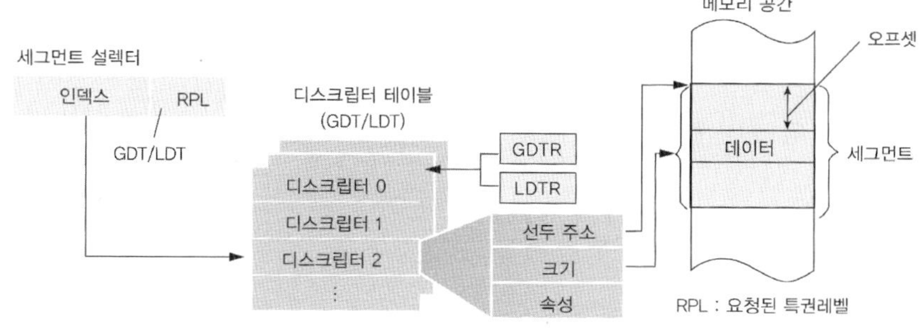

〈그림 6-7〉 세그먼트 정의 구조

임베디드라는 의미는 무엇 안에 포함된다는 의미이다. 임베디드 시스템이라고 하면 컴퓨터, 서버 등을 제외한 장비에 들어가는 시스템을 의미한다. 공장 자동화 장비에서부터 TV 셋톱박스, 휴대폰, 핸드헬드 컴퓨터에 이르기까지 다양한 제품들을 포괄한다. 임베디드 시스템은 저전력, 저비용, 특정 기능 수행에 적합하도록 만든다.

● 임베디드 시스템의 정의

임베디드 시스템(Embedded System)이란 마이크로프로세서나 마이크로컨트롤러를 내장하고 미리 정해진 특정 기능을 수행하기 위해 컴퓨터의 하드웨어와 소프트웨어가 조합된 전자 제어 시스템을 말하며, 필요에 따라서는 일부 기계(mechanical parts)가 포함될 수 있다.

우리 생활에서 쓰이는 각종 전자기기, 가전제품, 제어장치는 단순히 회로로만 구성된 것이 아니라 마이크로프로세서가 내장되어 있고, 그 마이크로프로세서를 구동하여 특정한 기능을 수행하도록 프로그램이 내장되어 있는 시스템을 가리키는 것이다.

● 임베디드 시스템의 제한

1) 배터리의 제한

임베디드 시스템의 특성 중 하나로 볼 수 있는 것이 이동성이다. 임베디드 시스템이라고 하면 디지털 멀티미디어 기기가 많이 포함되어 있다. 이 같은 경우에는 배터리로 인한 에너지의 제한점이 특징이자 문제점이라 할 수 있다.

제한된 배터리에 대해서 해결 방법은 하드웨어적으로 배터리 용량을 늘리거나, CPU 유휴 모드를 두는 방법 그리고 메모리 저전력 설계 등이 있으며, 소프트웨어적으로는 저전력으로 운영될 수 있는 운영체제와 저전력에 맞게 특화된 컴파일러를 사용하는 방법이 있다.

2) 저전력을 위한 CPU 구조

가변적인 전력 기술(variable－voltage mechanism)로 CPU의 동작이 활발할 때와 유휴 상태에 따라서 전력을 동적으로 사용하는 방법이다. 요즘 PDA 등에 많이 쓰이는 암(ARM) CPU의 경우, 7개의 모드를 갖는다.

3) 저전력을 위한 메모리 설계

메모리와 CPU의 데이터 전송 시에 소비되는 전력 낭비를 줄이기 위한 방안들이 연구되고 있다. 메모리와 CPU 간의 데이터 전송을 줄이기 위해 비트의 수를 줄이는 방법이 있다. 또한 성능 향상을 위해 만들어진 캐시의 설계를 전력 소비를 줄이기 위한 설계를 시도하고 있다.

4) 저전력을 위한 컴파일러 최적화

소프트웨어 실행 시에 전력의 소비를 최소화하기도 한다. 이를 위해서 최적화된 컴파일러를 제시한다. 이것은 프로그램 개발자가 코딩할 때와 컴파일할 때에 코드 수준의 최적화를 하는 것이다.

5) 저전력을 위한 운영체제 구조

저전력을 위한 운영체제의 구조는 하드웨어를 어떻게 조작할 것인지에 대한 접근방식이다. CPU의 모드 중 전력을 덜 소비하는 모드를 정하려면 저전력을 위한 프로세스 스케줄링 등이 필요하다.

6) 저장 매체의 제한

DA나 휴대폰에는 보통 대용량의 하드디스크 대신 플래시 메모리를 장착한다. 플래시 메모리를 장착하는 이유가 속도 문제도 있지만, 하드디스크에 비해서 충격에 강하고 무게도 덜 나가기 때문이다. 소음도 메모리가 작다.

7) 크기의 제한

이동성을 중시하는 휴대용 기기는 소형화가 되는 추세이다. 하지만 소형화에 따라서 압박이 되는 부분은 배터리라고 볼 수 있다.

● 임베디드 시스템의 특징

1) 기기 자체로서의 목적과 기능을 갖는다

범용적으로 만들어진 프로세서와 메모리의 경우에는 어떤 애플리케이션이 수행될지 정확히 알지 못하므로 일반적인 모든 프로그램이 빠르게 실행될 수 있도록 구조화된다. 임베디드 시스템은 개발 초기 단계에 하드웨어와 소프트웨어가 함께 구성되는 설계를 하고 최적화되어 기능이 분할하고 특화된 소프트웨어와 하드웨어로 구현한다.

2) 실시간 처리가 기본이다

임베디드 시스템은 냉장고, 세탁기, 휴대전화기, MP3 재생기, 카메라, 자동차에 이르기까지 다양하다. 이들 임베디드 제품들은 특정 목적을 위해 주어진 자원을 최대한 이용하여 일정한 처리 기한 안에 수행되는 것을 목적으로 한다. 전기적이거나 기계적인 동작을 제어할 수 있도록 정해진 시간 안에 동작하도록 개발되는 경우가 대부분이므로 처리해야 할 작업에 대해 제한 시간 안에 처리를 마칠 수 있는 작업 간의 조정 메커니즘이 필수적이다.

3) 제품군으로 생산된다

임베디드 시스템은 같은 제품을 다양한 모델로 대량 생산하는 형태를 띠고 있다. 구체적으로 MP3 재생기, 휴대용 전화기 등은 유사한 기능을 공통적으로 갖고 차별화된 다양한 서비스를 갖는 여러 개의 제품군으로 제품의 대량 생산이 이루어지고 있다.

● 임베디드 시스템 개발 환경

임베디드 시스템을 개발하기 위해선 기본적으로 아래 그림과 같은 요소들이 갖춰져 있어야 한다. '호스트'는 임베디드 시스템 개발을 위한 컴퓨터를 말하며, '타깃'은 실제 임베디드 시스템이 설치된 개발하고자 하는 하드웨어를 말한다.
호스트에는 개발을 위한 개발 툴, 개발된 응용 프로그램을 임시로 수행해

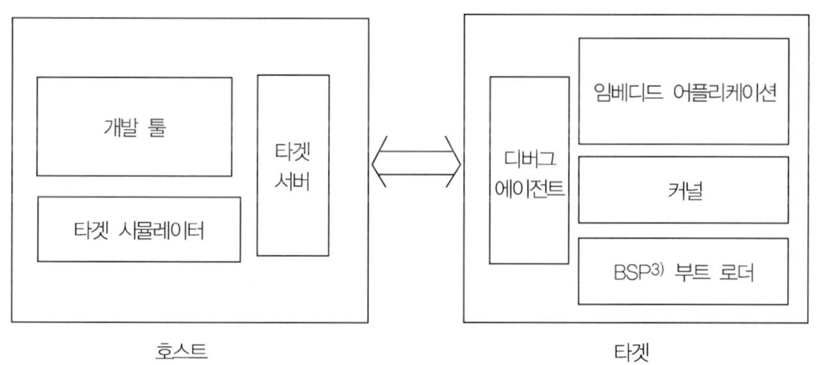

〈그림 7-1〉 임베디드 시스템 개발 환경

---

3) BSP (Board Suppont package)는 특정 하드웨어와의 인터페이스를 할수 있도록 하는 HAL과 같은 모듈 (Hardware Adaphon laper).

볼 수 있는 타깃 시뮬레이터, 타깃과 연결되어 타깃에 개발된 이미지를 업로드하거나 타깃에 반응하는 디버그 에이전트를 통해 원격 디버깅을 할 수 있게 하는 타깃 서버가 설치돼 있다.

또한 타깃에는 호스트에서 만들어져서 설치된 여러 컴포넌트가 존재하는데 타깃을 부팅하기 위한 부트 로더와 커널 그리고 임베디드 응용 프로그램이 존재하게 된다. 호스트에 설치된 개발 툴에는 타깃에서 수행될 수 있는 바이너리를 생성하는 크로스 컴파일러가 존재하며 그 밖에 오류를 검색해 주는 디버거 등으로 이루어져 있다.

● 임베디드 OS(Operating System)의 정의

임베디드 시스템에 사용하는 운용체제로 마이크로프로세서가 내장된 제한된 하드웨어를 가지고 정해진 목적을 수행하기 위해 특정 시스템에 최적화되어 있는 운용체제이다. RTOS는 임베디드 시스템이 가지는 특성 중 실시간적인 요소를 충족하기 위해서 나온 운영체제라고 할 수 있다. 즉 RTOS는 임베디드 시스템의 근간이 되는 운영체제이다.

초기 임베디드 시스템은 간단한 스케줄러 기반의 특정 기능만 수행하도록 설계시스템이 비교적 단순하여 특별한 운영체제가 불필요했다. 임베디드 시스템의 대형화 및 네트워크와 멀티미디어 기능을 장착한 시스템에 대한 처리 요구량 과다로 시스템의 복잡화 경향이 나타나고, 복잡한 시스템을 체계적으로 관리하기 위한 운영체제의 필요성이 대두되고 있다.

- ● 임베디드 OS의 기능

〈표 7-1〉 임베디드 OS의 기능

기능	설명
실시간 처리	제한된 시간 이내에 요구사항 처리를 위한 응답성 요구태스크 실시간 스케줄링, 비동기적 이벤트의 효율적 처리 요구
스케줄러	복수개의 태스크가 동시에 수행되며 스케줄러에 의해 태스크 선택 우선순위에 기반을 둔 스케줄링 알고리즘 사용
태스크 통신	멀티태스킹 지원 시 태스크 간 통신이나 동기화 메커니즘 제공되어 서로 통신
선점형 커널	우선순위가 높은 태스크로 전환 가능
사용자 개발도구 지원	사용자가 별도의 개발 시스템을 이용하여 응용 소프트웨어를 개발하고 임베디드 시스템에 이미지 설치 및 구동 가능한 편리한 개발도구 지원

〈표 7-2〉 임베디드 OS의 기술

기술	설명
실시간 지원 멀티태스킹	각종 제어, 방범, 방재 및 정보가전용 기기 등 다양한 응용에 안정적이고 성능이 우수한 기본 실시간 지원 멀티태스킹 기술
경량 커널	임베디드 시스템의 특성에 따른 제한된 자원을 가지고 특정한 응용을 대상으로 하는 시스템에 적합한 솔루션을 제공하기 위한 커널 기본 지원 기술
전력 관리	휴대용 정보가전 기기를 포함한 각종 소형 배터리를 이용하는 임베디드 시스템을 위한 전력 관리 기술
초소형 커널	유비쿼터스 환경의 센서 네트워크와 같이 초소형/초저자원 임베디드 시스템을 지원하기 위한 기본 지원 기술

- ● 임베디드 OS vs RT(Real Time)

실시간 운영체제(Real-Time OS)와 임베디드 OS는 다른 개념이지만 포함 관계로 말할 수 있다. 임베디드 시스템이 실시간적인 요소가 있기 때문에 임베디드 시스템 자체를 실시간 시스템이라고 생각해도 맞는 얘기이다. 그러나 좀 더 정확히 이야기하자면 실시간 시스템이 임베디드 시스템에 포함된다고 볼 수 있다. 실시간 시스템도 Hard Real-Time System과 Soft Real-Time System 두 가지로 나뉜다.

임베디스 시스템 ⊃ 실시간 시스템(Hard Read Time, Soft Real Time)

실시간 시스템은 정해진 시간 내에 시스템이 결과를 출력하는 시스템을 말하고 있다. 이 말은 주어진 작업을 빨리 처리하는 것이 아니고 정해진 시간을 넘겨서는 안 된다는 것이다.

Hard Read Time의 경우는 정해진 시간 내에 작업의 결과가 절대적으로 출력되어야 하는 시스템이다. 간단한 예를 들면 전투기의 비행 제어 시스템이라든지 핵발전소의 제어 시스템, 인공위성의 제어 시스템 등으로 정확한 응답 시간을 요하는 것이다.

Soft Real Time은 정해진 시간 내에 작업의 결과가 출력되지 않아도 크게 문제되지 않는 방식이다. 정해진 범위를 넘는 시간 지연이 발생하더라도 그것이 시스템 에러가 되지 않는다.

- RTOS(Real Time Operation System)와 일반 OS

실시간 운영체제라고 하면 일반적으로 말하는 운영체제(윈도우, 리눅스, 유닉스)의 수행 기능과 동일하게 운영체제의 역할을 하는 것이다. 태스크 스케줄링, 태스크 간의 통신, 메모리관리, I/O, 인터럽트 등을 RTOS도 같이 지원한다. 일반 OS와의 차이점은 시간제약, 신뢰성, 범용성과 특수성 정도이다.

RTOS 환경하에서 실행되는 작업들은 정해진 시간이 큰 문제가 될 수 있다. 더군다나 그 시스템이 응답이 없거나 흔히 이야기하는 다운된다든가 하면 그 피해는 막심할 것이다. 따라서 임베디드 시스템이 가지는 정해진 시간 내에 수행하는 능력, 신뢰성은 일반 OS보다 가혹하게 지켜져야 하는 규약과도 같은 것이다.

부연적으로 이야기를 하면 임베디드 OS와 RTOS와는 어느 정도 구별이 필요하다. 임베디드 시스템이 실시간적인 요소를 가지는 것은 사실이지만 모든 임베디드 OS가 RTOS인 것은 아니다. 가장 적당한 예로 PDA에 들어가는 OS가 적절할 것이다. 다시 이야기하면 임베디드 OS 내에 RTOS가 포함된다고 보는 편이 좋을 것이다.

- 임베디드 OS의 필요성

1) 생산 비용을 고려한 운영체제

최소의 자원만을 사용하는 시스템 구성을 통해 최저의 생산비용을 유지, 임베디드 시스템마다 그 특성에 따라 최적의 운영체제가 필요하다.

2) 오류에 견고한 실시간 시스템

인공위성, 미사일 제어 시스템은 RTOS와 같은 임베디드 OS 사용이 바람직하다.

3) 응용 소프트웨어 개발의 용이성

임베디드 OS는 작고 빠른 우선순위 기반의 스케줄링 기능이 포함된 실시간 커널응용 소프트웨어 개발기간 단축을 위한 라이브러리 및 미들웨어 통합 개발 환경, 원격디버거, 시스템 이벤트 모니터링 도구 등의 응용 소프트웨어 개발도구로 구성된다.

- 임베디드 OS의 분류

임베디드 시스템에 대한 OS 솔루션 시장은 OS의 기능과 크기를 기준으로 3가지 정도로 분류해 볼 수 있다.

〈표 7-3〉 임베디드 OS의 분류

분류	종류	설명
General Purpose OS	High-end급으로서 WinCE, Linux, Symbian	소프트 리얼타임 성능 기반으로 GUI를 포함한 다양한 미들웨어를 갖추어서 모바일 기기 등의 여러 멀티미디어 기기 적용
Hard real time	VxWorks, QNX, Nucleus 산업용 기기, 로봇 등에 주로 적용되는 OS	현재는 멀티미디어 기기와 가전 기기들로 적용을 확대
소규모 OS	가전 기기용 소형 OS	uC/OS-Ⅱ, Tron 등과 같은 가전 기기

● RTOS의 정의

할당된 작업을 정해진 시간 안에 수행할 수 있는 환경을 제공하는 운영체제이다. 시스템의 수행결과가 기능적으로 정확해야 할 뿐만 아니라 결과가 도출되는 시간 역시 주어진 제약조건을 만족시켜야 하는 시스템의 개발, 운영에 사용되는 운영체제이다.

OS가 RTOS라고 불리기 위해서는 선점형(preemptive)이면서 결정적(Deterministic)일 필요가 있다. '선점형'이라는 것은 우선순위가 높은 태스크가 먼저 수행되도록 관리하는 것이다. '결정적'이란 태스크의 교체, 인터럽트 처리 등이 항상 미리 정의된 시간 내에 행해지는 것을 의미한다. RTOS 성능에 있어서 중요한 측정 기준의 하나는 그러한 처리를 어느 정도 빠르게 실행할 수 있느냐 하는 것이다.

● RTOS의 특징

〈표 7-4〉 RTOS의 특징

특징	내용
Real Time	주어진 시간 안에 작업이 완료되어 결과가 주어져야 한다는 것
Multi Tasking	마치 여러 개의 Task가 수행되는 것처럼 보이는 것
Scheduler(Dispatcher)	Ready 상태에 있는 여러 개의 Task 중에 다음에 어떤 Task를 수행시킬 것 결정하는 역할

특징	내용
Context Switch (Task Switch)	수행 중이던 상태의 Task가 사용하던 Context를 메모리 특정 영역에 저장한 후 새로 수행될 Task의 Context를 TCB 또는 Stack에서 CPU의 레지스터 영역으로 복사하여 새로운 Task가 수행되도록 하는 작업
선점형 커널 (Preemptive Kernel)	어떤 한 Task가 수행되고 있는 도중에도 커널이 그 Task의 수행을 중지시키고 다른 Task(중지되는 Task보다 Priority가 높은)를 수행시킬 수 있는 능력을 가지고 있는 커널
Mutual Exclusion	하나의 Task가 공유 자원을 사용하고 있는 동안은 다른 Task가 이 자원을 사용하지 않는다는 것을 보장하는 개념
Semaphore	공유자원을 접근하기 위해서는 Key를 먼저 얻어야 하고 접근이 끝나면 다른 Task가 사용할 수 있도록 그 Key를 반환하는 기술
Priority Inversion	높은 Priority의 Task가 낮은 Priority의 Task의 수행이 끝날 때까지 기다리는 상황
Priority Inheritance	Priority Inversion을 해결하기 위하여 높은 Priority가 대기 상태인 동안 그 Task를 기다리게 만든 Task의 Priority를 높은 Task Priority 레벨로 올리는 방법

● RTOS의 종류

〈표 7-5〉 RTOS의 종류

형태	특징	사례
Hard RTOS	시스템이 주어진 종료 시한을 만족시키지 못한 경우에 막대한 피해를 주는 경우	제어장치
Soft RTOS	시간적 제약조건을 만족시키지 못하더라도 영향이 작은 경우로 OLTP(온라인 트랜잭션)가 대표적인 사례임	OLTP
Firm RTOS	Hard와 SOft의 중간 형태로 종료시한을 넘겨 수행을 마치는 것은 무의미한 경우를 의미하며 손실이 치명적이지 않은 경우	

● RTOS의 기술 발전 요인

임베디드 시스템에 대한 RTOS의 기술 발전에는 여러 가지 요인들이 작용하고 있다.

첫째는 임베디드 시스템에 사용되는 CPU의 컴퓨팅 성능이 비약적으로 발전한 점이다. 이에 따라 임베디드 시스템은 더 많은 기능을 동시에 수행할 수 있게 되었고, 이러한 사용 환경에서는 시스템 자원의 획득보다는 관리, 즉 자원의 집중보다는 효율적 분배가 더욱 중요해지게 되었다.

둘째는 다양한 디지털 기기의 등장으로 인해 임베디드 시스템의 응용 영역이 확대된 점이다. 모바일 제품을 위한 SOC 솔루션의 응용 분야에서와 같이 모바일 폰의 경우 단순한 기능의 전화기(Feature phone)에서 PDA, GPS, Game, Phone, E - Dictionary 등의 기능을 포함하는 모바일 멀티미디어 기기로 변화하고 있는 것이다. 이러한 응용 영역의 복잡화 및 다변화는 OS에 좀 더 많은 기능을 요구하게 되었고, 이에 따라 OS에 다양한 미들웨어들이 탑재되고 있다.

셋째는 SOC 기술의 발전에 따른 임베디드 시스템용 CPU 아키텍처의 변화이다. 즉 대칭형 또는 비대칭형의 멀티코어 CPU 아키텍처가 임베디드 시스템에 도입된 것이다. 이러한 경우 새로운 응용 프레임워크(Application framework)의 구성이 필요하고 RTOS에서는 새로운 자원 관리기법이 필요하게 되었다.

임베디드 시스템의 환경 변화에 대해 RTOS는 멀티태스킹이라는 본연의 목적을 지원하는 단계로부터 실시간 성능의 향상, 신뢰성(Reliability)을 고려한 아키텍처, 새로운 설계 방법(Design methodology)의 제시, 개발 환경의 다양화 및 자동화 등의 여러 가지 방향으로 발전하고 있다.

〈표 7-6〉 Multi Thread 모델과 Multi Process 모델 비교

Multi Thread 모델	Multi Process 모델
✓ OS 커널과 Application이 합쳐져서 서로 구분이 없는 하나의 큰 프로그램이 되어 작동하는 구조 ✓ OS의 크기가 작고, 비교적 작은 크기의 시스템에서 구현이 쉽고 빠르다는 장점 ✓ 커널과 Application이 하나의 프로그램으로 동작하기 때문에 사소한 Bug가 시스템 전체를 파괴하는 단점 ✓ 비교적 작고, 복잡하지 않은 기능의 시스템 개발에 사용	✓ OS 커널이나 각 Application들이 모두 독립적인 프로그램으로 동작하도록 설계 ✓ 각 Application은 서로의 Memory가 보호되어 있기 때문에 모듈 단위의 Application 개발이나 모듈(기능)의 추가, 변경이 쉽고 안정된 시스템의 개발이 가능 ✓ RTOS의 크기가 Multi Thread 모델에 비해 크기 때문에 작은 시스템의 개발에는 오히려 부담이 되는 단점 ✓ 의료기기와 같은 대규모의 복잡한 시스템 개발에 사용

• 임베디드 운영체제의 종류

몇 가지 임베디드 OS는 RTOS와는 달리 임베디드 시스템이 가지는 실시간적인 요소를 그다지 충족하지 못하는 OS들이다. 하지만 이들 OS들은 나름대로의 장점을 가지고 실시간적인 요소가 그다지 필요 없는 임베디드 시스템에

탑재되어 있다. 대표적인 OS가 윈도우 CE, 임베디드 리눅스, 임베디드 Java/
퍼스널Java 등이다.

1) 윈도우 CE

기존의 윈도우 인터페이스에 모빌네트워크 기능을 강화하여, 가전제품, PDA,
자동차 셋톱박스 등에 탑재되는 임베디드 OS이다. 차세대 가전제품에 Windows
CE를 이용하여 하나의 윈도우 호환 환경에서 홈오토메이션, 카 내비게이션
등을 고려함으로써 한때 하드웨어 업체들의 강력한 지원을 받기도 하였다.

개발 환경은 다른 상용 OS에 비해서 훨씬 편리한 것을 알 수 있다. 문제는
완전한 리얼타임 OS가 아니라는 점이고, 이러한 단점으로 인해서, 산업용, 정
밀용으로는 신중히 생각해야 한다는 것이다. 물론 윈도우 98이나 NT에 비해
서 상당히 안정적인 편이다.

2) 임베디드 리눅스

임베디드 리눅스가 그 비중이 커지고 사람들이 많이 다루는 이유는 오픈
소스에 라이선스 비용이 없다는 것이 임베디드 리눅스가 가지는 큰 장점이기
때문이다. 그렇지만 분명 Real-Time 기능이 떨어지기 때문에 Hard-Real
Time System에서는 쓰기 힘들고, 커널의 크기를 줄여서 PDA 같은 임베디드
시스템으로 사용이 가능하다. 이러한 임베디드 리눅스에 실시간 제어의 요소
를 가미한 것이 RT-Linux이다.

3) RT-리눅스

리눅스는 커널 자체가 Real-Time 기능이 떨어지기 때문에 이를 대신할 리
얼타임 커널을 만들었다. 리얼타임 커널은 리얼타임 태스크를 생성, 스케줄링
해서 실행하고, 기존의 리눅스 커널은 자신의 태스크를 관리하고 자신의 인터
럽트를 처리한다. 리얼타임 커널의 스케줄링은 선점형 스케줄러로서 태스크에

우선순위를 두고 스케줄링을 실시한다. 따라서 커널이 선점형 커널이 되어야
하므로, 기존의 리눅스 커널이 제공하는 시스템 콜을 리얼타임 태스크나 인터
럽트가 이용하지 못하게 함으로써 이를 해결하고 있다.

4) Embedded Java System

Java 임베디드 시스템은 다른 시스템에 대해서 이식성이 매우 높다. 하지만
전자제품과 같은 임베디드 시스템에서는 쓰이지 못하고, 인터넷 프로그래밍으
로 발전했다. 인터넷 프로그램으로만 쓰이다가 Java가 임베디드 시스템에서
사용될 수 있도록 한 것 중 대표적인 것이 SUN의 임베디드 Java와 퍼스널
Java이다.

Java의 가장 큰 장점은 어떠한 시스템에도 Java API와 JVM(Java Visual
Machine)만 있으면 자바코드가 이식이 가능하다는 것이다. Java API와 JVM
이 내장하고 있는 임베디드 Java와 퍼스널 Java는 기존의 상용 RTOS와 연계
되어 사용 가능하다는 것이다. RTOS가 포팅된 타깃 시스템에 임베디드 Java
나 퍼스널 Java에 연계되어 그 위에 Application으로 Java 코드나 Java 애플
릿이 실행 가능하다.

5) Java Chip

Java 코드를 마이크로프로세서에서 직접 실행해서 프로그램의 수행속도를
빠르게 하기 위해 만든 프로세서가 Java Chip으로 picoJava, microJava,
UltraJava 등이 있다. picoJava는 PDA, 스마트폰, 저전력 가전 디바이스에,
microJava는 저가 네트워크 디바이스, PDA, 전기 통신 기기, 게임기에,
UltraJava는 웹 PC등의 테스크탑 환경의 시스템에 각각 사용된다.

- 임베디드 운영체제의 적용 분야

1) 공장 자동화

공장 자동화는 미리 작성된 소프트웨어를 통해 사람의 개입 없이도 제품의 설계, 제조, 조립, 검사 등의 생산 공정을 거쳐 창고로부터 제품이 출하되는 일체의 생산 과정을 자동적으로 관리하는 시스템이다.

공장 자동화의 이점은 생산량의 증대, 생산비의 절감, 품질의 향상, 생산 기간의 단축, 기능공 부족 해소, 위험한 작업의 대신 수행을 들 수 있다. 공장 자동화에 들어가는 자동화 장비와 설비들이 바로 임베디드 시스템의 한 부분이다. 이 장비와 설비들은 목적에 따라 하드웨어로 구성되어 있다. 확장성, 업그레이드, 기능 수정을 위해 소프트웨어를 조합하여 구축하기도 한다.

2) 가정 자동화

가정 자동화(HA: Home Automation)란 주택을 단순한 주거 개념으로 보지 않고 컴퓨터와 통신 및 반도체 기술을 응용하여 일상생활을 자동화시킨 가정을 의미한다. 컴퓨터 통신망을 이용하여 생활정보, 문화정보, 홈뱅킹, 홈쇼핑, 학습 정보, 진료 등 많은 정보를 얻음으로써 사용자들이 시간과 공간의 제약에서 자유로워지는 데 목적이 있다.

무선제어 기술에서는 기기들에 장착될 무선 모듈의 표준화 문제가 있다. 표준 공용 무선 프로토콜인 스왑(SWAP: Shared Wireless Access Protocol)에 맞춰 제품들이 생산되고 있다.

3) Tablet PC 및 스마트폰

Tablet PC는 노트북보다 훨씬 작은 소형 컴퓨터이며 전자수첩보다 강력한 컴퓨팅 파워를 갖고 있다. 전체 크기가 작기 때문에 디스플레이 장치(LCD)의 크기가 제한되며, 터치방식의 입력을 기본으로 하고 있다.

웹서빙, 이메일, 일정관리, 주소록, 메모장 같은 프로그램을 기본으로 제공하며, PC와 연결하여 자유롭게 데이터를 주고받을 수 있다. 또한 기본으로 제공되는 프로그램 외에 새로운 프로그램을 설치하여 사용할 수 있다. 임베디드 OS가 여러 가지 형태로 탑재되어서 그 기능성이 우수해지고 있다.

스마트폰은 핸드폰이 소형컴퓨터 수준의 기능과 수행능력을 보여주고 있다.

프로세스는 프로그램이 실행 중인 상태로 특정 메모리 공간에 프로그램의 코드가 적재되고 CPU가 해당 명령어를 하나씩 수행하고 있는 상태를 의미한다. 운영체제에서는 프로세스를 사용하여 프로그램을 수행한다. 쓰레드는 운영체제에서 프로세서 시간을 할당하는 기본 단위로 하나 이상의 쓰레드가 해당 프로세스 내에서 코드를 실행한다.

● 프로세스 구성 요소

프로세스의 구조체에는 프로세스마다 독립적으로 관리해야 하는 유저 메모리 영역이나 프로세스가 사용하는 각종 객체들의 포인터를 관리하는 핸들 테이블을 가지고 있다.

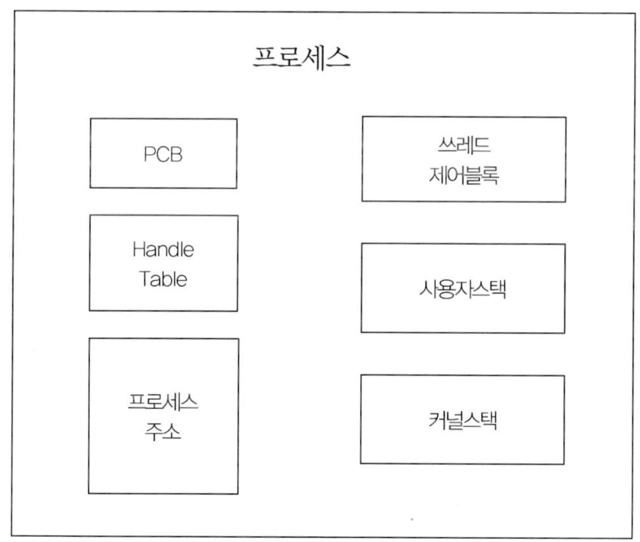

〈그림 8-1〉 프로세스 내부 구조

1) 유저 메모리 영역 관리(Virtual Address Descriptors)

프로세스별로 독립된 영역을 가지게 되는 곳은 유저 메모리 공간이다. 커널 메모리 공간의 경우 모든 프로세스가 공유하여 사용하고 있다. 프로세스별로 독립적인 유저 메모리 영역을 관리하기 위해서 VAD(Virtual Address Descriptors)라는 관리 테이블이 존재한다.

VAD에는 프로세스에서 버추얼 메모리 할당 함수로 할당한 메모리나 파일을 매핑함으로써 생성한 메모리 등과 같은 모든 유저 메모리의 할당 정보를 바이너리 트리 형태로 가지고 있다.

2) 핸들 테이블(Handle Table)

핸들 테이블은 프로세스에서 사용하는 모든 핸들들에 대한 커널 객체 포인터 정보를 배열 형태로 가지고 있는 공간이다. 프로세스가 종료하게 될 때 이 테이블의 정보를 참고하여 이 프로세서에서 사용하고 있는 모든 커널 객체를 자동으로 반환하고 있다.

3) 독립적인 메모리 공간

프로세스 단위로 관리되는 자원 중 가장 중요한 구별점은 가상메모리이다. 페이징기법을 이용하여 프로세스마다 별도의 고유한 메모리를 사용할 수 있게 하고 있다(윈도우 경우).

● 프로세스의 특징

1) 자원 소유의 단위

각각의 프로세스는 자신의 실행 이미지 로드와 실행에 필요한 추가적인 메모리 공간을 가지고 있어야 한다. 이것은 각 프로세스마다 구별되어야 하며 해당 프로세스가 접근하고자 하는 파일, I/O장치들에 대해서 또한 프로세서 단위로 할당받아 관리되어야 한다.

2) 디스패칭의 단위

프로세스는 하나의 프로그램이 운영체제로부터 CPU의 자원을 일정 기간 동안 할당받아 명령어를 실행하는 것이며, 운영체제는 여러 개의 프로세스가 병렬적으로 실행되게 하기 위해서 CPU의 사용 시간을 각각의 프로세스에 골고루 나누어 주어야 한다. 하나의 프로세스에서 여러 개의 디스패칭 단위가 실행될 수 있도록 하고 있으며, 이러한 디스패칭 단위를 쓰레드라 부른다.

● 프로세스의 상태

1) 실행(Run) 상태: 프로세스가 프로세서를 차지하여 서비스를 받고 있는 상태
2) 준비(Ready) 상태: 실행될 수 있도록 준비되는 상태
3) 대기(Waiting) 상태: CPU의 사용이 아니라 입출력의 사건을 기다리는 상태

● 프로세스 제어 블록(Process Control Block)

한 프로세스에 관련된 정보를 포함하는 데이터 블록이나 레코드를 말한다. 포함되는 정보는 아래와 같은 것들이 있다.

〈표 8-1〉 PCB 구조도

포인터	프로그램 카운터
프로세스 번호	
프로세스 상태	
CPU 레지스터들	
CPU 스케줄러들	
회계 정보	
I/O 상태 정보	
Swapping 상태 정보	

● 쓰레드의 개념

쓰레드는 '명령어가 CPU를 통해서 수행되는 객체의 단위'이다. 운영체제는 하나의 프로세스에서 여러 개의 쓰레드가 수행될 수 있도록 한다. 이러한 쓰레드는 같은 프로세스에 있는 자원과 상태를 공유한다.

같은 프로세스 내에 있는 쓰레드는 같은 주소 공간에 존재하게 되며 동일한 데이터에 접근할 수 있고 하나의 쓰레드가 수정한 메모리는 같은 메모리를 참조하는 쓰레드에 영향을 미치게 된다. 예를 들어 하나의 쓰레드에서 오픈한 파일을 다른 쓰레드가 사용할 수 있다. 프로세스가 종료되면 거기에 속해 있던 쓰레드도 함께 종료된다.

쓰레드에서는 예외 처리기와 스케줄링 우선순위, 시스템에서 일정을 잡을 때까지 쓰레드 컨텍스트를 저장하는 데 사용되는 구조 집합을 유지 관리한다. 쓰레드 컨텍스트는 쓰레드의 CPU 레지스터와 스택 집합을 비롯하여 실행을 다시 시작하기 위해 쓰레드에서 필요한 모든 정보를 쓰레드 호스트 프로세스의 주소 공간에 포함한다.

● 쓰레드의 필요성

하나의 프로세스 안에서 여러 개의 루틴을 동시에 수행하여서 수행 능력을 향상시키려고 할 때 쓰레드를 사용하게 된다. 독립적으로 수행하여서 처리하려고 할 때 사용하며 서로 상관이 있는 경우는 사용하면 동기화 문제가 생길 수 있다. 이때 동기화 문제를 해결하기 위해서 동기화 객체를 사용하기도 한다.

- ● 쓰레드의 구성 요소

〈표 8-2〉 쓰레드의 구성 요소

요소	내용
가상 CPU	인터프리터, 컴파일러에 의해 내부적으로 처리되는 가상 코드
수행 코드	Thread Class에 구현되어 있는 run() Method의 코드
처리 데이터	Thread에서 처리하는 데이터

- ● 쓰레드의 특징

쓰레드는 독립적으로 수행이 가능해야 한다. 두 개 이상의 쓰레드가 동작되는 경우 실행/종료순서는 예측할 수 없다. 하나의 쓰레드는 시작해서 종료할 때까지 한 번에 하나씩 명령들을 수행한다. 쓰레드 자신이 자원(Stack, Program Counter, Register 등)을 보유한다.

단일 CPU 시스템에서의 프로그램 구동 성능을 향상시킬 수 있는 기술이기도 하다. 쓰레드의 사용은 System Call을 요청한 쓰레드만 블록되어 성능의 향상을 가져올 수 있다. 이에 비해 프로세스는 Call의 작업 종료 시까지 전체가 블록이 된다.

- ● 쓰레드의 스케줄링

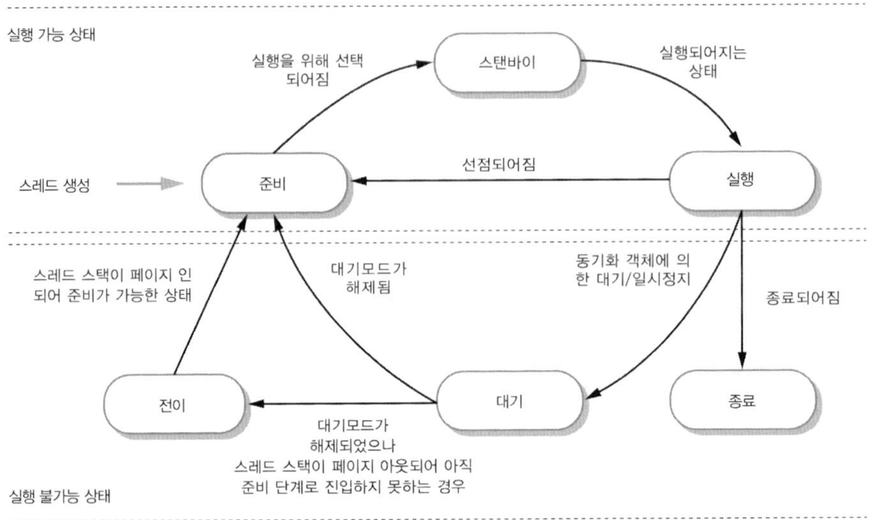

〈그림 8-2〉 쓰레드의 상태

1) 준비(Ready)

쓰레드가 실행을 위하여 대기하고 있는 상태로 스케줄러에서는 이 대기 열
에 있는 쓰레드 중 우선순위가 가장 높은 쓰레드를 선택하여 다음번에 실행
되도록 한다.

2) 스탠바이(Standby)

스케줄러에 의해 다음번에 실행되도록 결정된 쓰레드의 상태로서, 만약 이
상태에 있는 쓰레드의 우선순위가 현재 실행되고 있는 쓰레드의 우선순위보
다 높을 경우에는 실행되고 있던 쓰레드를 밀어내고 CPU를 선점하게 된다.
쓰레드의 우선순위가 현재 실행되고 있는 쓰레드의 우선순위보다 낮을 경우
에는 현재 실행되고 있는 쓰레드에 할당된 시간을 다 소비할 때까지 기다리
게 된다. 이때 한 쓰레드에 할당되는 시간의 기준을 '퀀텀타임'이라 한다.

3) 실행(Running)

스탠바이에 있던 쓰레드가 CPU를 사용할 수 있게 되는 단계로, 커널에서
는 해당 쓰레드로의 콘텍스트 전환을 수행한 후 쓰레드가 수행할 수 있도록
해 준다. 그리고 이렇게 실행되고 있는 쓰레드는 다른 쓰레드에 의해 선점되
거나 쓰레드가 할당받은 시간(퀀텀타임)을 다 소비할 때까지 이 단계에서 계
속 실행되며, 실행 과정 중 자신의 루틴에 의해 대기 상태가 되거나 종료될
수도 있다.

4) 대기(Waiting)

이 상태는 쓰레드가 WaitForSingleObject()나 Sleep()과 같은 동기화 객체
에 의해 자발적으로 대기하거나 시스템에 의해 일시 정지된 상태로, 대부분의
쓰레드는 대부분의 시간을 이 상태에서 머무르게 된다.

5) 전이(Transition)

대기 상태 중 해당 쓰레드의 커널 스택이 디스크로 페이지 아웃되어 바로
준비 상태로 가지 못하는 경우로 해당 쓰레드의 커널 스택이 메모리로 페이
지 인된 후에야 준비 상태로 가게 된다.

6) 종료(Terminated)

쓰레드 스스로 또는 다른 쓰레드에 의해 종료되는 경우로 모든 쓰레드의
자원이 시스템으로부터 제거되게 된다.

- 자바에서의 쓰레드 생성 방법

1) Thread 클래스를 상속

하나의 Thread가 수행되는 데 있어서 필요한 대부분의 멤버를 내장하고 있는 쓰레드 클래스를 상속받아 새로운 클래스를 구성하고 추가로 필요한 멤버를 구현한다.

Java 프로그램에서의 쓰레드 사용 예)　　class myThread extends Thread
{
　　　　　　　　　　　　　　　　public void run() {}
　　　　　　　　　　　　}

부모를 쓰레드로 지정하여 쓰레드 클래스를 생성한다. run() 메서드를 반드시 Override myThread 클래스 기능의 Thread를 기동하는 위치에서 myThread 클래스의 객체를 생성한다.

myThread mt = new myThread();
mt.start() 메서드를 호출한다.

2) Runnable 인터페이스를 구현

Java에서는 다중상속을 지원하지 않으므로 상속을 받지 않고 Runnable 인터페이스를 통해 생성한다.

Java 프로그램에서의 쓰레드 사용 예) class myThread [extends ...]
implements Runnable {
　　　　　　　　　　　　　　public void run() {}
　　　　　　　　　　　　}

Runnable 인터페이스를 구현하는 쓰레드 클래스를 생성한다. run() 메서드를 반드시 Override myThread 클래스 기능의 Thread를 기동하는 위치에서 myThread 클래스의 객체를 생성한다.

```
myThread  mt = new  myThread();
Thread  t = new  Thread(mt);
    t.start()  메소드를 호출한다.
```

● 윈도우에서의 쓰레드

1) 윈도우 시스템의 멀티태스킹의 원리

윈도우에서도 여러 개의 프로그램을 동시에 수행할 수 있다. 워드를 하면서 인터넷 익스플로러를 사용하여 인터넷을 할 수 있는 것은 윈도우 운영체제가 멀티태스킹이 가능하기 때문이다.

2) 멀티 쓰레드는 프로그램 내의 멀티태스크

하나의 프로그램 내에서도 동시에 여러 가지 일을 하는 경우가 있다. 이를 '멀티스레딩'이라고 하는데, 이것은 프로세스로 수행 중인 프로그램을 여러 개의 쓰레드가 각각 다른 부분의 수행을 진행하기에 가능한 것이다.

3) 윈도우 운영체제에서 프로세스와 쓰레드 수행

프로세스를 프로그램이 수행 중인 것을 말한다. 그렇다면 프로그램은 어떻게 수행시킬 수 있을까? 'CreateProcess'라는 API에 인자로 수행하고자 하는 프로그램 이름 등을 입력해서 프로세스를 수행할 수 있다. CreateProcess API 의 형태는 다음과 같다.

```
BOOL  CreateProcess                              // 반환값: 성공이면 TRUE
(
  LPCTSTR  lpApplicationName,                     // 실행 모듈명
  LPTSTR  lpCommandLine,                          // 명령행 문자열
  LPSECURITY_ATTRIBUTES  lpProcessAttributes,     // 프로세스 속성
  LPSECURITY_ATTRIBUTES  lpThreadAttributes,      // 쓰레드 속성
  BOOL  bInheritHandles,                          // 핸들 상속 가능 여부
  DWORD  dwCreationFlags,                         // 생성 플래그
  LPVOID  lpEnvironment,                          // 환경변수의 포인터
  LPCTSTR  lpCurrentDirectory,                    // 현재 디렉터리
  LPSTARTUPINFO  lpStartupInfo,                   // 시작에 관계된 전달인자
  LPPROCESS_INFORMATION  lpProcessInformation     // 생성된 프로세스
  정보
);
```

쓰레드를 동기화하기 위한 함수로는 'WaitForSingleObject'라는 API를 사용한다. 쓰레드를 생성하여서 그 쓰레드를 잠시 대기하도록 하려고 할 때 함수를 호출하게 된다.

쓰레드의 생성은 프로세스 생성 시에 기본적으로 하나의 쓰레드가 생성된다. 그 하나의 쓰레드 이외에 하나 더 만들려고 하면 'CreateThread'라는 함수를 통해서 쓰레드를 생성할 수 있다. 생성과 동시에 쓰레드가 수행할 Routine를 알려 주기 때문에 쓰레드는 생성 직후 해당 함수를 수행하게 된다.

● 멀티 쓰레드의 정의

여러 개의 쓰레드를 사용해 동시에 여러 가지 루틴을 수행하고자 하는 개념이다. 쓰레드는 실행에 필요한 최소한의 정보만을 갖고 있으며 프로세스의

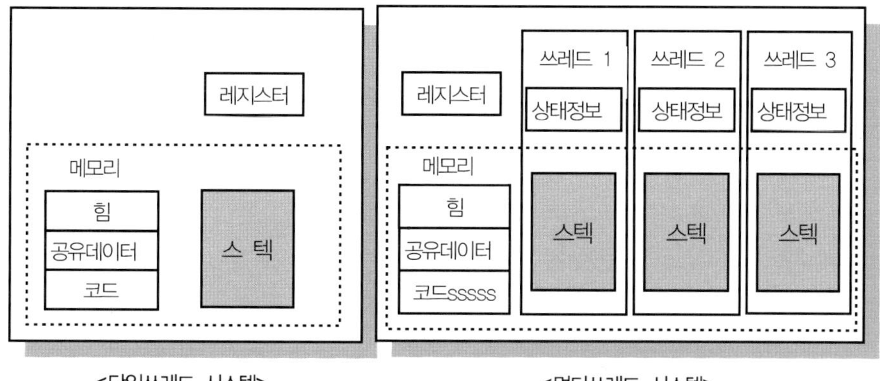

〈그림 8-3〉 단일 쓰레드와 멀티 쓰레드 시스템 내부 구성 비교

실행환경을 다른 쓰레드와 공유하고 각각의 Thread가 힙(Heap)과 정적자료 그리고 코드 부분을 공유하는 반면 자기 자신만의 레지스터와 스택을 갖고 있다. 각 쓰레드는 서로 독립적인 수행이 가능해야 하며 멀티 프로세스 시스템에서는 물론 단일 프로세스 시스템에서도 실질적인 다중처리가 가능하다.

● 멀티 쓰레드의 특징

단일 프로세스 시스템의 효율성을 증대시킬 수 있다. 시스템 자원의 활용 극대화 및 처리량을 증대시킬 수 있다. 서버 어플리케이션의 경우 여러 개의 커넥션이 시도가 되면 여러 개의 세션을 통해서 수행을 해야 되는 경우는 멀티 쓰레드 프로그램을 통해서 구현을 해야 한다.

두 개 이상의 쓰레드를 사용하는 것은 사용자에 대한 응답성을 향상시키고 동시에 작업을 완료시키기 위해 필요한 데이터를 처리할 수 있는 장점이 있다. 프로세서가 한 개인 컴퓨터의 경우, 다중 쓰레드에서 사용자 이벤트 사이의 짧은 시간 간격을 이용하여 백그라운드에서 데이터를 처리하면 이러한 효과를 낼 수 있다. 예를 들어, 사용자가 스프레드시트를 편집하는 동안 다른 쓰레드에서 해당 스프레드시트의 다른 부분을 다시 계산할 수 있다.

응용 프로그램을 수정하지 않고 두 개 이상의 프로세서를 사용하는 컴퓨터에서 실행하더라도 사용자 만족도가 훨씬 향상된다. 단일 응용 프로그램 도메인에서 다중 쓰레드를 사용하여 다음 작업을 수행할 수 있다.

- 멀티 쓰레드의 문제점

문제점	설명
프로그램 복잡	Thread에 대한 동기화, 상호 작용 정의가 복잡
경쟁상태 돌입	동기화 불확실할 때(Race Condition) 무한 대기 상태
우선순위 역전	우선순위가 높은 Thread의 실행 정지 발생

가능한 쓰레드를 적게 사용하여 운영체제 리소스 사용을 최소화하고 성능을 향상시키는 것이 좋다. 스레딩에는 응용 프로그램을 디자인할 때 고려해야 할 리소스 요구사항과 잠재적 충돌이 있다.

09　CPU 스케줄링

CPU를 스케줄링한다는 것은 어떤 쓰레드가 어떤 우선순위로 CPU를 얼마만큼 사용할 것인지 결정하고 수행하는 과정이다. 또 다른 관점에서 보면 CPU를 스케줄링한다는 것은 쓰레드가 작업을 처리하기 위해 중앙처리를 할당받는 정책을 계획하고 처리하는 방식이다.

- CPU 스케줄링의 목적

시간당 처리되는 프로세스의 수(throughput)를 높이고 CPU의 효율을 높여 주기 위함이다. 프로세스가 CPU를 획득해서 작업이 종료될 때까지의 시간(turn around time)을 최소화할 수 있다.

응답시간(response time)을 최소화하여 시스템 내의 자원들의 활용을 최대화하고 자원들이 유휴상태로 놓이지 않도록 하며 특정 프로세스 실행이 무한정 대기하지 않도록 시한성을 보장하는 역할을 한다.

공평성(fairness)과 예측성(predictability)을 높여 주며, 무기한 연기(indefinite postponement)를 방지하고 급격한 성능 저하를 방지(graceful degradation)한다.

- CPU 스케줄링의 단계

CPU 스케줄링은 크게 장기, 중기, 단기 스케줄러 단계로 나눌 수 있다.

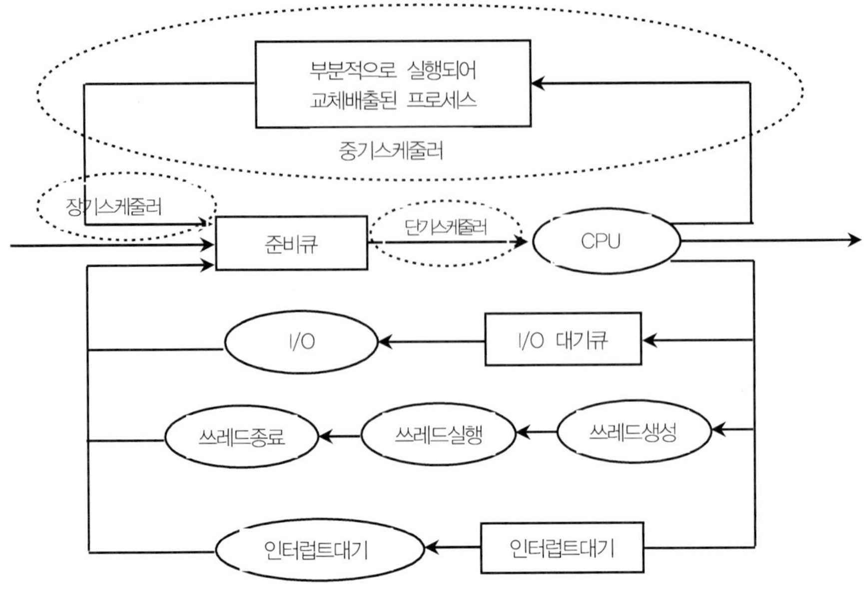

〈그림 9-1〉 CPU 스케줄링의 단계

장기 스케줄러에서 준비 큐에 대기하고 있는 태스크들이 우선순위에 따라
서 준비 큐에 들어가고 준비 큐에 있는 것들이 단기적으로 우선순위에 맞춰
서 수행이 된다. 그리고 수행 중에 우선순위가 더 높은 것이 들어오거나 퀀텀
타임이 끝나게 되면 대기 모드로 들어가며 그 내에서 스케줄이 결정되어서
다시 준비 큐에 들어와서 수행을 준비하게 된다.

〈표 9-1〉 스케줄링 기간별 종류

종류	내용
Long-term Job Scheduling(장기)	어느 작업(Job)을 등록하여 시스템 자원을 이용할 수 있게 할 것인지를 결정 선택된 작업은 프로세스전환
Immediate Level Scheduling(중기)	어느 프로세스에 메모리를 할당할 것인지를 결정 시스템의 상태에 따라서 조정 (suspending / activating)
Short-term Scheduling(단기)	준비 상태의 프로세스들 중 어떤 것에 CPU를 할당할 것인지를 결정 dispatcher가 수행

쓰레드 우선순위

우선순위 스케줄링 알고리즘은 각각의 쓰레드에 특정한 범위의 우선순위

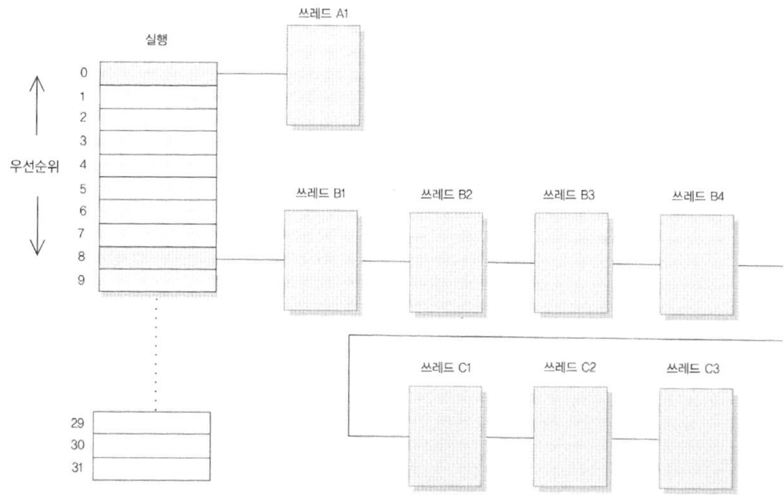

〈그림 9-2〉 쓰레드 우선순위

값이 주어지고, 스케쥴러 루틴은 실행 대기 중에 있는 쓰레드 중 우선순위 값이 가장 높은 쓰레드를 선택하여 실행하는 방식이다.

위쪽의 그림은 윈도우 운영체제를 기준으로 하여 쓰레드가 수행되기 위해서 순서대로 기다리고 있는 모습이다. 쓰레드나 프로세스 각각이 우선순위를 갖고 있다. 이 우선순위에 따라서 CPU를 사용할 수 있고 그 사용 시간이지나면 다시 반환하게 된다. 이러한 방식이 우선순위 방식이다.

기본적으로 쓰레드가 수행을 아래와 같이 표현할 수 있다.

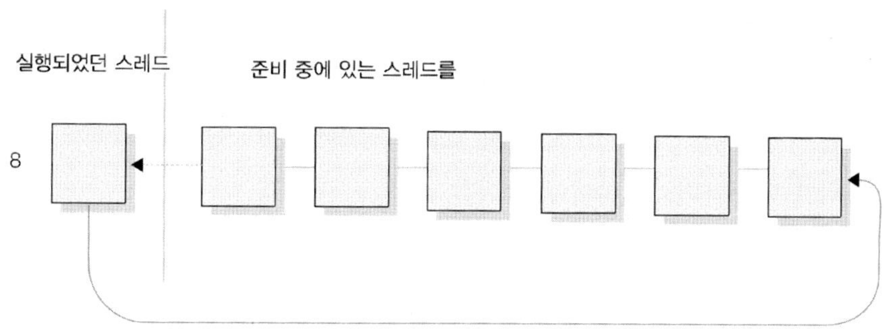

〈그림 9-3〉 쓰레드 스케쥴링

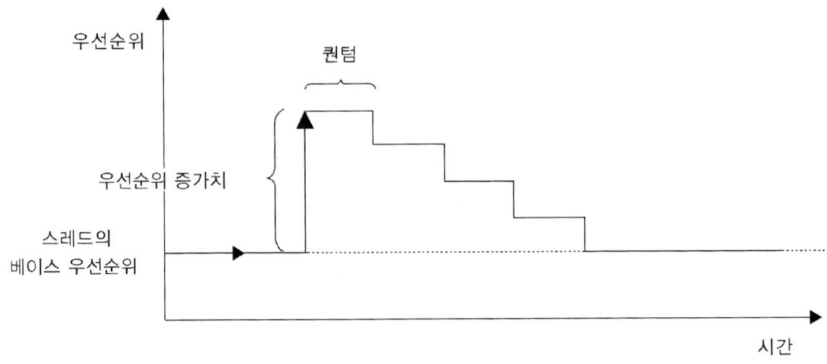

〈그림 9-4〉 쓰레드의 우선순위 시간과의 관계

스케줄링의 가장 기본적인 것은 자신에게 할당된 시간만큼을 다 소비하고 다음 쓰레드에 할당을 하는 것이다. 이때 자신에게 할당되어서 사용할 수 있는 기본적인 시간을 '퀀텀타임'이라고 한다.

선점형 스케줄링 vs 비선점형 스케줄링

CPU 스케줄링 알고리즘에는 크게 선점형과 비선점형으로 나눌 수 있다. 선점형 스케줄링(Preemptive scheduling)이란 어떤 쓰레드가 CPU를 사용하고 있는 동안 다른 쓰레드에 의해 그 CPU의 사용을 빼앗길 수 있는 스케줄링 방식을 말하며, 비선점형 스케줄링(nonpreemptive scheduling)이란 어떤 쓰레드가 CPU의 사용권을 다른 쓰레드에 이양한 후에야 다른 쓰레드가 그 CPU를 사용할 수 있게 되는 방식을 말한다.

높은 우선순위에 의해서 선점되는 경우가 있다. 준비 중이던 쓰레드보다 우선순위가 앞선다면 그 사이에 들어갈 수 있는 것이다.

실행되고 있던 쓰레드의 우선순위 변화 또는 대기 중에 있던 높은 우선순위 쓰레드의 대기 종료 등으로 실행되고 있던 쓰레드는 이보다 높은 우선순위의 쓰레드에 의해서 선점될 수 있다.

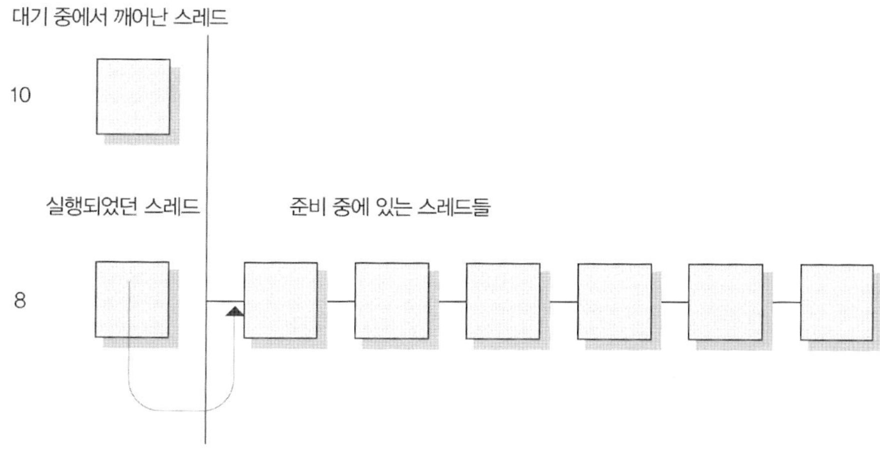

〈그림 9-5〉 쓰레드 상태에 따른 우선순위

● 선점형(preemptive) 스케줄링

선점형 스케줄링 방식은 한 프로세스가 CPU를 차지하고 있을 때 우선순위가 높은 다른 프로세스가 현재 프로세스를 중지시키고 자신이 CPU를 차지할 수 있게 하는 스케줄링 방식이다.

높은 우선순위를 가진 프로세스들이 빠른 처리를 요구하는 시스템에서 유용하다. 빠른 응답시간을 요구하는 시분할 시스템에 유용하다. 높은 우선순위 프로세스들이 들어오는 경우 오버헤드를 초래할 수 있다.

선점 알고리즘을 사용하는 경우에는 CPU의 사용을 중단하고 다른 프로세스에 인터럽트에 의해 사용권을 넘겨주기 때문에 지금까지 수행한 모든 내용을 보관해 둔 후, 새로 시작하는 프로세스에 대한 내용을 새로 적재해 주어야 하는데 이를 문맥교환(Context Switching)이라 한다.

1) 라운드 로빈(Round Robin) 스케줄링

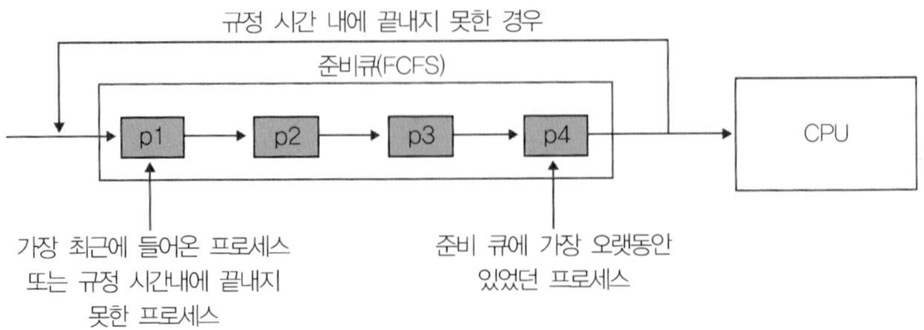

〈그림 9-6〉 라운드 로빈 알고리즘의 준비 큐 형태

들어오는 순서대로 CPU 시간을 할당받는다. 각 프로세스는 같은 크기의 CPU 시간을 할당받게 된다. 시분할 방식에 효과적이며 할당 시간의 크기가 중요하다. 할당 시간이 크면 FCFS와 같게 되고 작으면 문맥교환이 자주 발생하게 된다.

2) SRT(Short Remaining Time) 스케줄링

남은 수행 시간이 가장 짧은 것을 먼저 수행하는 방식이다. 남은 처리 시간이 더 짧다고 판단되면 프로세스가 준비 큐에 생기면 언제라도 실행 중인 프로세스가 선정된다. 긴 작업은 SJF보다 대기시간이 길다.

3) 다단계 큐(Multilevel Queue) 스케줄링

작업들을 여러 종류의 그룹으로 나누어 여러 개의 큐를 이용하는 기법이다. 준비상태의 큐를 작업단위별로 여러 종류로 분할하고, 다른 큐로 작업이동이 불가하다. 각 큐는 자신만의 독자적인 스케줄링을 가진다. 상위단계 작업에 의해 하위단계 작업이 선점당한다.

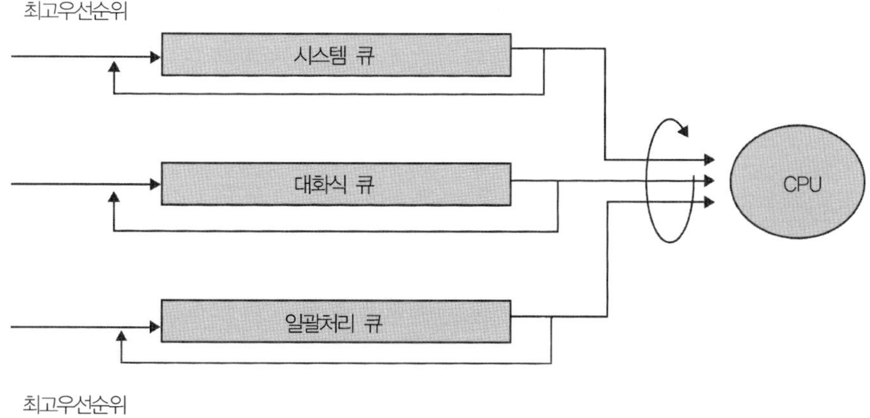

〈그림 9-7〉 다단계 큐 스케줄링 형태

4) 다단계 피드맥 큐(Multilevel Feedback Queue) 스케줄링

여러 개의 대기 큐를 두고 각 큐마다 시간 할당량을 달리하는 스케줄링 방식이다. 입출력 위주와 CPU 위주인 프로세스의 특성에 따라 서로 다른 CPU의 타임 슬라이스를 부여하여 스케줄링을 한다. 짧은 작업에 유리하며 입출력 위주의 작업에 우선권을 부여한다.

하위단계 큐일수록 할당 시간은 커지게 된다. 처음 발생되는 프로세스는 시

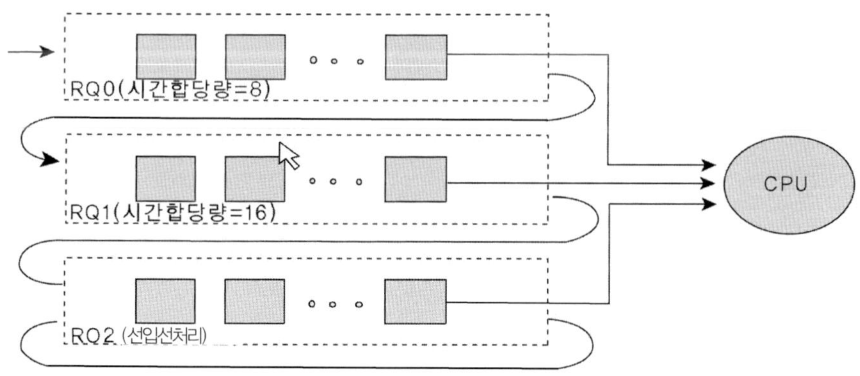

〈그림 9-8〉 다단계 피드백 큐 스케줄링 형태

간 할당량이 가장 짧은 최상위 레벨의 큐에 위치한다. 대기하고 있던 프로세스가 순서가 되면 주어진 시간 할당량만큼 CPU를 사용한다. 만약 작업이 주어진 시간 동안에 끝나지 못하면 그 다음 레벨의 큐에서 대기한다. 이러한 방식으로 CPU를 할당받을 때마다 한 단계씩 낮은 레벨의 큐로 이동하게 된다. 따라서 프로세스의 실행시간이 갈수록 점점 낮은 순위의 레벨로 진행하면서 더욱더 많은 시간 할당량의 큐로 이동하게 된다.

- 비선점형(nonpreemptive) 스케줄링

한 프로세스가 CPU를 할당받으면 그 프로세스의 수행이 마칠 때까지 점유하는 방식이며 다른 프로세스는 CPU를 사용할 수 없다. 짧은 작업을 수행하는 프로세스가 긴 작업이 종료될 때까지 기다려야 하는 단점이 있다. 모든 프로세스들에 공정하고 응답시간의 예측이 가능하다.

1) 우선순위(Priority) 스케줄링

프로세스에 우선순위를 부여하여 우선순위가 높은 순서대로 처리한다. 각 프로세스에 우선순위가 주어지며, CPU는 가장 우선순위가 높은 프로세스에 CPU를 할당하며 우선순위가 동일할 경우 선입 선처리(FCFS)로 처리된다.

우선순위의 등급은 내부적 요인과 외부적 요인으로 구분되며, 내부적 우선순위는 기계 내부의 성능에 영향을 미치는 작업처리의 제한 시간, 주 기억 장소에 대한 요구량, 사용되는 파일의 수, 평균 CPU 버스트에 대한 평균 I/O 버스트의 비율을 고려하여 결정된다.

외부적 우선순위는 기계외적 요인으로 인한 정책적 배려로 결정된다. 단점으로는 우선순위가 높은 작업이 계속적으로 들어오게 될 때는 우선순위가 낮은 작업은 무한정 기다리게 되는 무한 정지거나 기아 상태가 될 수 있다.

2) FIFO/FCFS 스케줄링

FIFO(First Input First Out) 알고리즘은 가장 간단한 방식의 스케줄링 기법으로 프로세스가 대기 큐에 도착하는 순서에 따라 CPU를 할당하며, 프로세스가 CPU를 차지하고 난 후에는 그 프로세스가 CPU를 반환할 때까지 다른 프로세스가 선점할 수 없게 된다.

일괄처리 시스템에서 주로 사용, 작업 완료 시간을 예측하기 용이하며, 짧은 작업이 긴 작업을 기다리게 되고, 중요하지 않은 작업이 중요한 작업을 기다리게 하여 불합리하다. 빠른 응답을 요구하는 대화식 시스템에서는 부적절하며, 단독으로 사용되는 경우가 없고, 실제의 적용은 다른 스케줄링 알고리즘에 보조적으로 사용되는데, 예를 들어 우선순위 스케줄링 기법에서 같은 우선순위인 경우에 FCFS 기법을 보조적으로 사용한다.

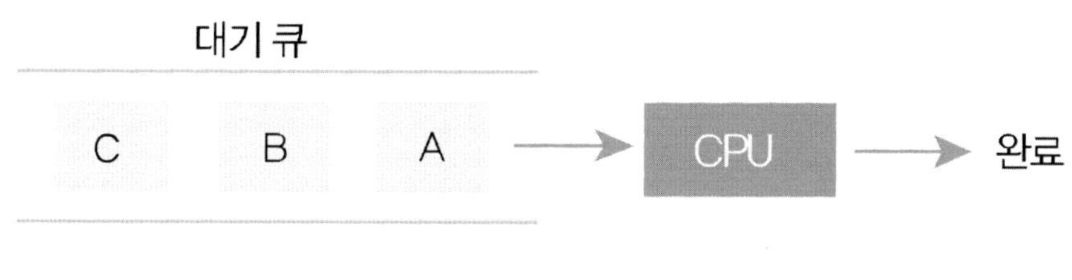

〈그림 9-9〉 FIFO 스케줄링 형태

3) HRN(Highest Response Ratio Next) 스케줄링

대기 중인 프로세스 중 현재 응답률(response ratio)이 가장 높은 것을 선택한다. 긴 작업과 짧은 작업 간의 지나친 불평등을 어느 정도 보완한 기법이다. 짧은 작업이나 대기시간이 긴 작업은 우선순위가 높아진다.

response ratio = (대기시간 + 서비스 시간) / 서비스 시간

4) SJF(Shortest Job First) 스케줄링

준비 큐 내의 작업 중 수행시간이 가장 짧은 것을 먼저 수행한다. FCFS보다 평균 대기시간(average waiting time)을 감소하고 긴 작업은 무한연기 가능성이 있다. 짧은 작업에 유리하다. 각 프로세스에서 CPU 버스트 길이를 비교하여 CPU가 이용 가능해지면 가장 작은 CPU 버스트를 가진 프로세스를 할당한다.

준비 큐에 있는 프로세스들 중에서 CPU 요구 시간이 가장 짧은 프로세스가 CPU를 차지한 후 CPU 사용이 끝난 후 다음의 프로세스 역시 CPU 사용시간이 가장 짧은 프로세스를 선택하게 되어 주어진 프로세스 집합에 대해서 평균 대기시간이 최소가 되는 최적 알고리즘이라 할 수 있다.

단점으로는 CPU 요구 시간이 긴 프로세스가 CPU 요구 시간이 짧은 프로세스에 항상 양보하게 되어 기아 상태(Starvation)에 빠지게 되며, 또한 준비 큐에 있는 프로세스의 CPU 요구 시간에 대한 정확한 정보를 얻기 어렵다.

5) 기한부(Deadline) 스케줄링

작업이 명시된 시간이나 기한 내에 완료되도록 계획되며 작업시간이나 상황 등 정보를 미리 예측하기가 곤란하다.

• 문맥교환(Context Switching)의 정의

'문맥교환'이란 스케줄링에 따라 프로세스를 준비에서 실행으로, 실행에서 대기로, 대기에서 준비로, 실행에서 준비 등으로 상태가 변경될 때 필요한 내용을 PCB에 저장 내지는 로드시키도록 하는 과정이다.

선점 알고리즘을 사용하는 경우에는 CPU의 사용을 중단하고 다른 프로세스에 인터럽트에 의해 사용권을 넘겨주기 때문에 지금까지 수행한 모든 내용을 보관해 둔 후, 새로 시작하는 프로세스에 대한 내용을 새로 적재해 주어야 하는데 이를 문맥교환(Context Switching)이라 한다. 한 프로세스에서 다른 프로세스로 CPU가 새롭게 배당되는 교환과정을 말한다.

● 문맥교환(Context Switching)이 발생되는 상황

✓ 프로세스가 준비 상태에서 실행 상태로 변환될 때
✓ 프로세스가 실행 상태에서 준비 상태로 변환될 때
✓ 프로세스가 실행 상태에서 대기 상태로 변환될 때
✓ 프로세스가 실행 상태에서 종료 상태로 변환될 때

● 문맥교환(Context Switching)의 처리방식

문맥교환이 발생하면 전체 프로세스 이미지는 프로세스가 후에 실행을 재시작할 수 있도록 손상되지 않게 저장되어야 하며, CPU가 다른 프로세스로 제어를 옮기기 전에 여러 가지 중요한 CPU 레지스터의 내용들을 저장해야 하며, 인터럽트의 처리과정과 동일하다.

● 문맥교환(Context Switching)의 과정

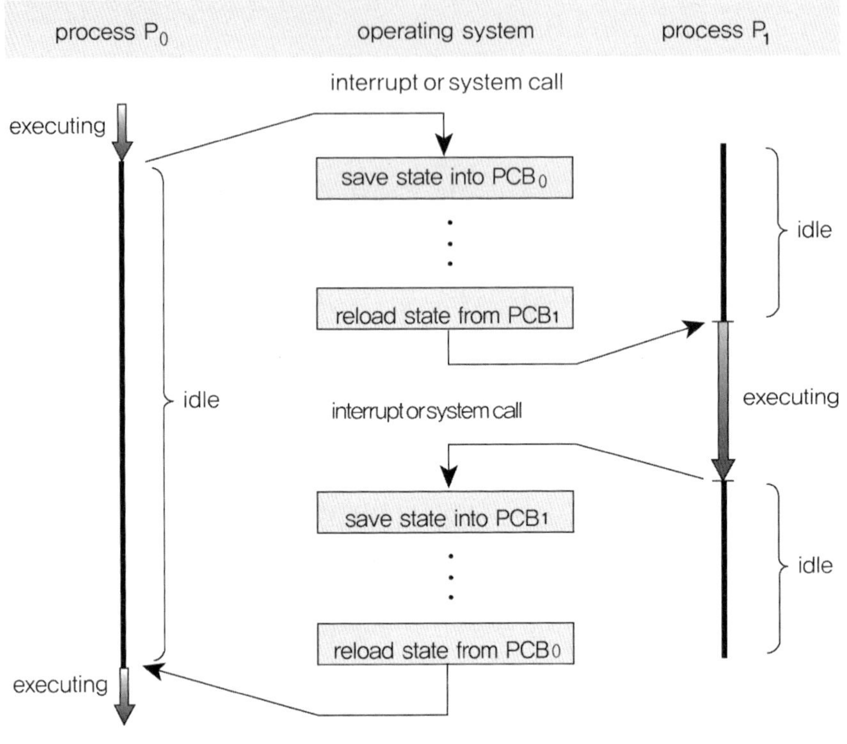

〈그림 9-10〉 Context Switching 과정

1) 현재 실행 중인 프로세스 P0가 인터럽트나 시스템 호출에 의해 문맥교환이 요구되는 상황이다.

2) 사용자 모드에서 운영체제 모드로 제거가 넘어가서 나중에 재개할 수 있도록 P0의 현재 하드웨어 상태를 PCB0에 저장한다.

3) 프로세스 P1이 실행될 수 있도록 PCB1에서 상태 값을 reload를 하고 P1을 수행한다.

4) 다시 프로세스 P0이 실행될 수 있도록 PCB1의 하드웨어 상태와 특징들을 CPU에 재저장하고 난 후 프로세스 P0을 실행시킨다.

- 문맥교환(Context Switching) 과정의 오버헤드 및
  쓰레드 중심의 문맥교환

1) 문맥교환 과정에서 발생되는 오버헤드

문맥교환에 소요되는 시간은 기억장치의 속도, 레지스터의 수 등 컴퓨터 구조에 따라 다르지만 보통 문맥교환 시에 1∼1,000마이크로초(micro second)까지 시간적인 오버헤드가 존재한다.

2) 오버헤드 해결을 위한 접근

문맥교환은 운영체제에서 자주 발생하므로 가능한 효율적으로 구현해야 하며 이는 가능한 적은 자료들을 주 기억 장소로 옮겨야 한다.

최근의 많은 운영체제는 효율적인 문맥교환을 위해 특별한 프로세스 구성 기법인 쓰레드(Thread)를 이용하고 있다.

- 쓰레드에 의한 문맥교환(Context Switching)의 장점

프로세스 중심 시스템에서 프로그램이 단일 프로세스로 생성되어 실행되면 하나의 실행점(Execution)만이 존재하므로 단일 프로세스 내에서는 병행 처리가 불가능하고, 프로그램이 여러 개의 프로세스로 생성되면 각 프로세스마다 동일한 많은 정보들이 중첩 유지되어 관리되므로 비효율적이다.

따라서 단일 프로세스를 다수의 쓰레드로 생성하여 병행성을 증진하고, 실행환경을 공유시켜 문맥교환 등의 오버헤드를 줄여 운영체제의 성능을 개선하고자 한다.

10 　쓰레드 동기화

쓰레드는 기본적으로 비동기식으로 동작한다. 하지만 비동기식이란 여러 쓰레드가 각각의 일에 대하여 일의 순서를 정의하지 않고 처리하는 방식을 말한다. 동시에 수행된다는 의미이다.여러 개의 쓰레드가 동시에 수행되고 있는 상황에서는 자원에 대한 충돌이나 오류가 발생될 수 있다. 이러한 오류는 시스템이 더 이상 진행되지 못할 수 있는 데드락(Deadlock)과 같이 치명적인 상태로 될 수 있다. 이때 동기화 처리가 필요하게 된다. 동기화 처리란 여러 개의 쓰레드가 동시에 동작될 때 생길 수 있는 문제를 예방하기 위해 자원에 대해서 접근을 순차적으로 하도록 하는 의미한다.

● 비동기 병행 프로세스의 개념

멀티 프로세싱 환경에서 여러 개의 프로세스 또는 쓰레드가 동시에 어떠한 일을 수행하는 것이다. 이때 하나의 자원을 다수의 프로세스가 비동기적으로 공유하는 상황이 생길 수 있다.

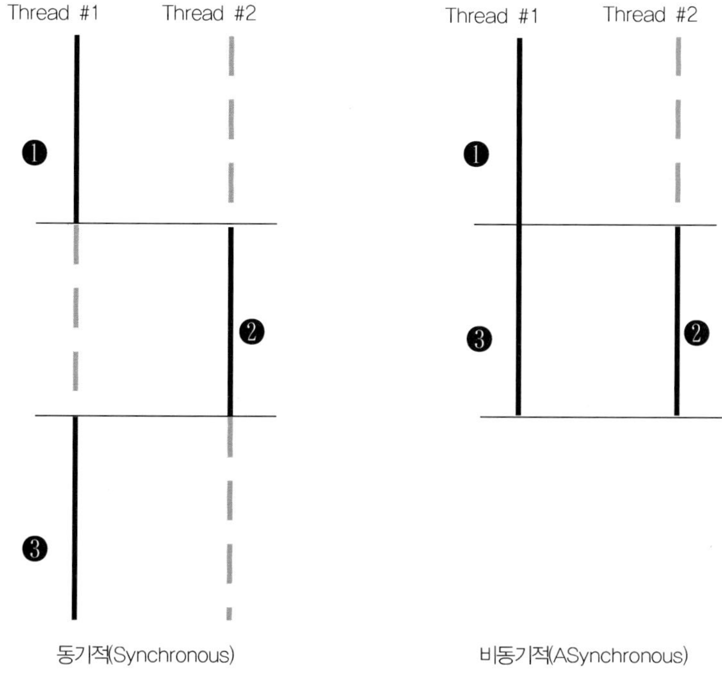

〈그림 10 - 1〉 동기적 진행과 비동기적 진행의 비교

● 동기화란 무엇인가

동기화(Synchronization)란 멀티태스킹 환경에서 여러 개의 처리를 서로의 진행 상태에 맞추어 진행시키는 것을 말한다. 독립된 2개 이상의 프로세스들 간의 주기적인 사건을 적절한 방법으로 결합, 제어함으로써 일정한 위상관계(位相關係)를 지속시키는 프로세스관리기법이다.

● 쓰레드 동기화의 필요성

쓰레드의 특성상 마치 동시에 수행되는 것처럼 보인다. 실제로는 동시가 아니지만, 그러한 이유로 쓰레드가 2개 이상 수행되고 있을 때는 쓰레드 간의 동기화가 필요하다. 서로 간의 작업이 관련이 없다면 동기화가 되지 않아도 상관이 없지만, 관련이 있는 경우라면 동기화가 필요하다.

동기화의 다른 측면은 공유 리소스의 접근 제어이다. 리소스의 종류에는 파일, 메모리, 비디오 카드, 하드디스크 등의 물리적 장치들을 포함한다. 이러한 장치에 동시에 접근해서 제어를 하려고 하다 보면 원하는 결과와 다른 현상이 발생될 수 있다. 예를 들면 한쪽에서 데이터를 쓰고 있는 동안 그 값을 읽어 오면 그 값을 신뢰할 수 없게 된다.

- 쓰레드 동기화의 상호 배제(Mutual Exclusion)

프로세스의 상호 교신에 대한 기본적인 조치는 공용 부분을 여러 프로세스가 동시에 사용하지 못하도록 한다. 임계영역4)을 실행하고 있는 프로세스가 하나도 없을 경우 임계영역에 진입을 요구한 프로세스에 사용을 허가한다. 2개 이상의 프로세스가 임계영역에 들어오려 경쟁5)할 때 그 선택이 무기한 방치되어서는 안 된다.

- 상호 배제 기법

〈표 10-1〉 상호 배제 기법

방법	설명	문제점	해결책
소프트웨어적인 방법	✓ 2개 프로세스: Dekker's Algorithm,6) Peterson's Algorithm7) ✓ n개 프로세스: Dijkstra,8) Knuth	Busy Waiting 발생	Semaphore Event count/Sequencer Critical Section
하드웨어적인 방법	✓ Test and Set 명령어 ✓ Swap 명령어		

---

4) **임계 영역(Critical Section)이란?**
   다중 프로그래밍 운영체제에서 여러 프로세스가 데이터를 공유하면서 수행될 때 각 프로세스에서 공유 데이터를 액세스하는 프로그램 코드 부분을 가리킨다.

5) **경쟁 조건(Race Condition)이란?**
   2개 이상의 프로세스들이 공유메모리에 읽기/쓰기를 하고 그 결과는 프로세스의 실행순서에 따라 달라질 수 있는 상황을 말한다.

- ● 상호 배제 기법(Mutual Exclusion Techniques)의 종류

〈표 10-2〉 상호 배제 기법의 종류

유형	설명
Bus Lock	✓ 버스 Request -〉 Grant -〉 Bus Lock -〉 실행 -〉 Bus Release ✓ 프로세스가 버스에 접속된 공유자원을 사용하는 동안 버스를 독점하여 다른 모든 프로세스들의 서브 사용 막음 ✓ 프로세스들의 대기가 많아서 성능 저하 발생 가능 ✓ 무한 대기 발생 가능
Decker's 알고리즘	✓ 임계 영역으로 진입 전 Test & Set을 반복적으로 수행하여 S 변수를 Check. Bus Traffic 증가 및 성능저하 발생 가능 ✓ 무한 대기 발생 가능성 낮음
세마포어	✓ 세마포어라는 동기화 객체를 이용하여 여러 개의 쓰레드 간 동기화 ✓ 세마포어 값은 P, V, Init 때에서만 변경 가능 ✓ 임계영역에 진입 못 하면 대기큐에서 대기

- ● 크리티컬 섹션(Critical Section)

1) 크리티컬 섹션(Critical Section)

유저 레벨의 동기화 방법 중 유일하게 커널 객체를 바로 사용하지 않는다. 내부 구조가 단순하기 때문에 동기화 처리를 하는 데 있어서 속도가 빠르다는 장점이 있다. 동일한 프로세스(Process) 내에서만 사용할 수 있다는 제약이 있다.

이 동기화 방법은 커널 객체를 사용하지 않기 때문에 핸들을 사용하지 않고 대신 **CRITICAL_SECTION**이라는 타입을 정의하여 사용하게 된다.

---

6) Dekker's Algorithm이란?
   네델란드 수학자 Dekker에 의해 설계된 두 개 프로세스간의 상호배제 단계적 해결 방법 기술.

7) Peterson's Algorithm이란?
   복잡한 Dekker 알고 기술을 간단하게 해결하는 방법 제시.

8) Dijkstra 란?
   네델란드의 컴퓨터 과학자 에츠허르 데이토스트라의 이름을 딴, 어떤 간선도 음수 값을 갖지 않는 방향 그래프의 출발점과 도착점 사이의 최단 경로문제를 푸는 알고리즘.

동기화하기를 원하는 구역의 시작과 끝에 API 함수를 호출하는 방식이다.

```
EnterCriticalSection()
… // 파일쓰기 등의 동기화가 필요한 작업 수행
LeaveCriticalSection()
```

크리티컬 섹션은 프로세스 하나에 포함된 여러 개의 쓰레드가 공유 리소스에 접근할 때 배타적 제어9)를 하기 위한 구조다. 크리티컬 섹션에 관련해서 기능은 다음과 같다.

초기화
소유권 획득(획득할 때까지 복귀하지 않음)
소유권 획득(획득 여부와 관계없이 복귀)
소유권 해제
소멸

● 동기화 객체(뮤텍스, 세마포어, 이벤트)

동기화를 위한 객체로 뮤텍스, 세마포어, 이벤트와 같은 객체가 있다. 프로세스(Process), 쓰레드(Thread), 파일(File)들까지도 동기화를 위한 커널 객체를 포함하고 있다. 커널 객체의 경우는 Signaled와 Nonsignaled의 두 가지 상태 중 하나로 존재하며, 동기화 객체가 Signaled될 때까지 이 커널 객체를 사용하려는 쓰레드는 대기하고 있게 된다.

---

9) **배타적 제어란?** 임의로 정의된 구역 내를 접근할 때에 한 쓰레드가 소유권을 받게 되고 그 쓰레드가 그 구역을 통과할 때 소유권을 반환하게 된다. 반환하게 되면 다른 쓰레드가 접근이 가능한 제어 방식을 말한다.

동기화 객체	용도
뮤텍스	리소스 배타적 제어
세마포어	리소스를 동시에 사용할 수 있는 개수 제어
이벤트	다른 쓰레드에 이벤트 통지

크리티컬 섹션과의 큰 차이는 동기화 객체는 모두 프로세스 간의 동기화에 사용할 수 있다는 점이다. 동기화 객체는 시그널/비시그널이라는 상태의 속성을 이용해 동기를 얻는다는 점이 다르다.

1) 뮤텍스(Mutex)

크리티컬 섹션의 동기화 방법과 유사하다. 뮤텍스는 다른 프로세스 간에도 사용이 가능하다. 최초에는 Signaled 상태로 생성된다. WaitForSingleObject() 와 같은 대기 함수를 호출함으로써 NonSignaled 상태가 된다.

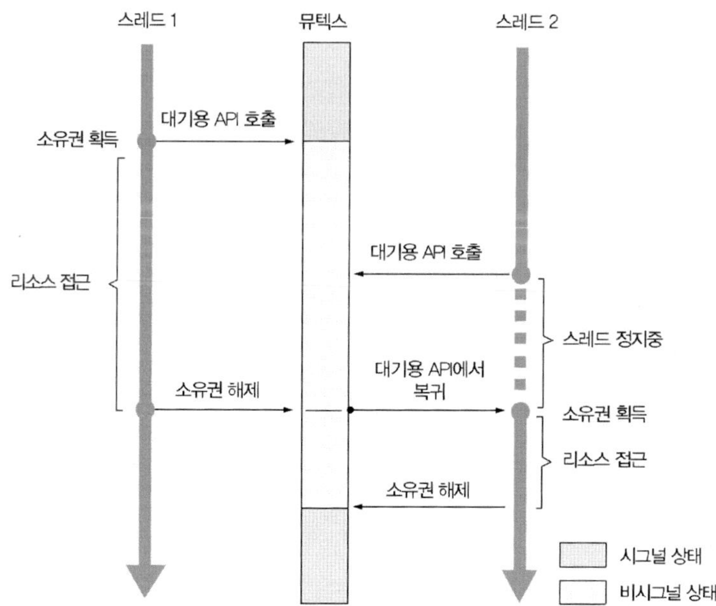

〈그림 10 - 2〉 뮤텍스의 동작원리

뮤텍스를 원래의 Signaled 상태로 바꾸어 주는 ReleaseMutex() 함수를 사용함으로써 대기하고 있던 쓰레드가 다시 실행하게 되는 것이다.

프로세스 간의 배타적 제어를 위한 뮤텍스 사용

뮤텍스를 생성한 쓰레드가 동시에 소유권을 획득할 때 외에는 소유권을 획득하려면 대기용 API를 호출해야 한다. 뮤텍스는 어느 쓰레드에도 소유되지 않을 때 시그널 상태가 되며, 소유되어 있을 때는 비시그널 상태가 된다. 그래서 대기용 API를 호출하면 소유권이 해제될 때까지 정지한다. 해제되면 시그널 상태가 되어 실행이 재개되며 동시에 그 쓰레드가 소유권을 획득한다. 이렇게 하면 리소스에 대한 동기화 문제가 해결된다.

뮤텍스(Mutex)와 크리티컬 섹션(Critical Section) 비교

A와 B라는 쓰레드가 동작되고 있을 때 Critical Section의 경우 한 쓰레드가 잘못된 연산을 하거나 강제 종료된다면 무한 대기를 할 수밖에 없다. 하지만 뮤텍스의 경우에는 그것에 대해서 무한정으로 기다리는 일이 없도록 강제적으로 조치를 취한다. WAIT_ABANDONED 값을 전달함으로써 정상적인 방법이 아닌 포기된 것임을 알려 준다. 같은 쓰레드가 같은 뮤텍스를 중복 호출하더라도 데드락(DeadLock) 현상이 발생하지 않게 하고 있다.

2) 이벤트(Event)

이벤트 객체는 그 이름에서도 알 수 있듯이 어떠한 사건에 대하여 알리기 위한 용도로 사용되는 동기화 객체이다. 이벤트의 경우는 SetEvent(), ResetEvent()의 API를 통해서 그 Signal 상태를 바꿔 줄 수 있다.

이벤트 객체는 뮤텍스나 세마포와는 달리 소유권이나 카운터 같은 리소스 접근 제어 속성이 없다. 그 대신 객체의 시그널 상태를 프로그램에서 자유롭게 제어할 수 있다. 즉 대기용 API를 호출해서 정지한 쓰레드에 대한 이벤트 객체를 시그널 상태로 바꾸는 방법으로 실행을 재개할 수 있다.

이벤트 객체에서는 SetEvent와 PulseEvent가 존재한다. SetEvent의 경우는 단지 시그널 상태만 바꾸게 된다. PulseEvent의 경우 시그널 상태로 바꾼 후에 곧바로 비시그널 상태로 되돌린다.

다음과 같이 형태에 따라서 수동리셋형과 자동리셋형이 존재한다.

〈표 10-4〉 SetEvent와 PulseEvent의 구분

리셋형	SetEvent API	PulseEvent API
수동리셋형	ResetEvent API가 호출될 때까지 시그널 상태를 지속한다.	이미 대기 중인 모든 쓰레드의 실행을 재개한 후 자동으로 리셋한다.
자동리셋형	대기 중인 쓰레드를 하나만 실행 재개하고 자동으로 리셋한다.	이미 대기 중인 쓰레드에서 하나만 실행을 재개하고, 자동으로 리셋한다. 대기 중인 쓰레드가 없으면 곧바로 리셋한다.

● 세마포어[10]의 정의

1965년 Dijkstra가 제안한 개념으로 동시에 두 개 이상의 프로그램이 실행될 수 있는 다중 프로그래밍 환경에서 한 번에 반드시 하나의 작업에 의하여 접근되어야 하는 긴급 영역 및 상호 배제 원리를 지키기 위한 방법이다. 세마포어 객체를 다룰 때는 초기화와 객체를 사용 그리고 해제를 기본적인 기능으로 포함하고 있다.

일종의 정수형 변수이며 임의의 Semaphore S에는 하나의 대기 큐 Qs가 할당된다. P()연산과 V()연산 그리고 초기화 연산을 통해 프로세스 사이의 동기를 유지하고 상호 배제의 원리를 보장한다. Semaphore라는 정수 변수(integer variable), 프로세스 대기 열(process waiting queue), P와 V의 두 명령으로 구성된다.

뮤텍스(Mutex)에서는 한 번에 하나의 쓰레드만이 뮤텍스로 보호하는 자원

---

10) 세마포어는 교차로에서 차들이 길을 가로지르지 못하도록 하는 차단기(arms)와 관련된 오래된 철도 용어이다.

에 접근할 수 있었던 것에 비해 세마포어(Semaphore)의 경우 사용자가 지정한 개수만큼 이 동기화 객체로 보호하는 자원에 대하여 접근할 수 있다.

세마포어가 초기화되었을 때에는 뮤텍스와 마찬가지로 Signaled 상태로 되어 있으며, 세마포어의 자원이 하나 사용될 때마다 사용 가능한 자원의 개수는 1씩 감소하게 된다.

이 개수 값이 1 이상일 때까지는 Signaled 상태로 계속 유지되고 이 값이 0이 되면 세마포어의 상태는 Nonsignaled가 되어 이 이후에 접근하는 쓰레드들은 대기하게 된다.

세마포어를 사용하는 경우는 동시에 몇 개의 접근만 가능하게 하고자 할 때 사용한다. 동시 접근이 가능한 시스템의 일정 성능을 확보해야 하는 경우 과도하게 쓰레드가 많이 생성되면 효율이 떨어지는 경우에 그 개수를 제한할 수 있다.

- 세마포어의 종류

1) Binary Semaphore(이진 세마포어)

Semaphore 변수가 0과 1 두 종류의 값만을 갖는 경우이며 상호 배제나 프로세스 동기화의 목적으로 사용한다.

```
procedure P(S)          // 최초 S값은 1
while S = 0 do wait     // S가 0이면 1이 될 때까지 기다림.
S: = S - 1              // S를 0으로 변경, 다른 프로세스 진입을 차단.
EndP


Procedure V(S)          // 현재 S값은 0
S: = S + 1              // S를 1로 원위치시켜 해제하는 과정. 다른 프로세스
```

가 진입 가능

End V

2) Counting Semaphore(계수 세마포어)

semaphore 변수가 0 이상의 모든 정수 값을 가질 수 있는 경우
생산자와 소비자 문제 등의 해결을 위해 사용

● 세마포어의 특성

Semaphore는 프로세스 간에 신호를 전달하는 정수형의 사건 변수이다. 사건 변수란 프로세스의 상태의 변화를 전달하기 위해 액세스되는 공유변수이다. 여기서 사건이란 다음과 같은 것들을 의미한다.
- 프로세스의 임계 지역의 진출과 탈출
- 새로운 프로세스의 시작
- 입출력 동작의 시작과 종료
- 자원의 할당과 해제
- 메시지 등의 전달

〈표 10-5〉 Semaphore의 특징

특징	설명
Bus Traffic 효율	Bus Lock처럼 반복 검사과정이 없어서 BUS 교통량 적음
소프트웨어적인 overhead	P, V 연산 프로그램 코드가 길고 SW 오버헤드 있음
Signal 처리	Wakeup signal 위한 OS기법 필요
긴 처리에 유리	공유자원의 사용시간이 긴 경우에 세마포어 유리
Starvation 가능	세마포어 안에서 Starvation과 무한 정지 상태가 될 수 있음. 대기 queue에서 wakeup하는 알고리즘이 LIFO의 경우 심각해서 적절 알고리즘이 필요
그 외 문제점	유한 버퍼 생산자 소비자 문제 원형 데드락 발생 가능 문제

- 세마포어의 연산

초기화 연산: semaphore 변수 S에 초기 값을 부여하는 연산을 의미한다.

P()연산: 변수의 값을 하나 뺀 후 변수의 값이 0보다 작으면 프로세스를 대기 열에 넣는다.

V()연산: 변수 값이 0보다 크면 그 프로세스는 계속 진행되며 V명령은 변수의 값을 하나 증가시킨다. 결국 변수의 값은 음수일 경우는 대기 중인 프로세스의 수를 나타내며, 양수이면 사용 가능한 자원의 수를 가리킨다.

- 세마포어 작동 방법

P(S) -> 임계영역 수행 -> V(S)

P(S) : if S > 0

then S = S - 1

else wait on S → blocked

V(S) : if(다수프로세스가 S에 대기 중) → wakeup

then 1개 프로세스만 진행

else S = S + 1

- 세마포어의 이용

1) Block / Wakeup 동기화 구현

프로세스, 쓰레드 동기화에 사용되며 Block 상태의 프로세스를 깨워 주는 역할을 한다.

2) 생산자 / 소비자 관계

IPC(Inter Process Communication)에 사용되며 생산자는 버퍼에 기억시키고 소비자는 버퍼에서 꺼내 출력하는데 버퍼가 가득 차면 생산자는 생산을 중지해야 하고 소비자는 버퍼가 비어 있으면 출력을 중지해야 한다.

3) Counting

동일 자원에 대해서 여러 프로세스를 사용하되 그 개수를 제한할 수 있다. P와 V 연산을 통해서 자원을 할당하거나 해제하는 역할을 한다.

4) Envent Count / Sequnce를 이용한 프로세스 동기화

은행의 서비스 순서가 기재된 티켓과 같은 형태로 프로세스들 간의 동기화를 수행하는 개념이다.

〈표 10-6〉 Event count와 Sequence 프로세스 동기화 변수

동기화 변수/함수	설명
Sequencer	✔ 일종의 정수형 변수로, 생성 즉시 0으로 초기화되며 그 값이 감소하지 않음 ✔ 발생 사건들의 순서 유지 ✔ ticket()연산으로만이 변수에 접근 가능
Ticket(S)	✔ S는 sequencer 변수이며, 분리 불가능 연산임 ✔ 현재까지 ticket()연산이 호출되었던 횟수를 반환하는 함수
Event count	✔ 일종의 정수형 변수로, 생성 즉시 0으로 초기화되며 그 값이 감소하지 않음 ✔ 특정 사건들의 발생 횟수를 기록, 추적하기 위하여 사용 ✔ read(), advance(), await()연산으로만 이 변수에 접근 가능
Read(E)	현재 event count E가 가지고 있는 값을 반환함
Advance(E)	E는 event count 변수임
Await(E)	E는event count 변수임

〈표 10-7〉 Semaphore와 Event count/Sequence 프로세스 동기화 비교

	Semaphore	Event Count / Sequence
공통점	Busy Waiting 문제 해결	Busy Waiting 문제 해결
차이점	semaphore 큐에서 대기 중인 프로세스들의 wakeup 순서는 결정되지 않고 진행 불가능하면 즉시 block됨 무기한 연기의 문제점	FIFO 스케줄링을 통해 block된 순서대로 wake up됨 무기한 연기의 문제점 해결

● 세마포어 고려사항

동시에 같은 세마포어에서 두 프로세스가 Wait와 Signal 연산들을 실행할 수 없다. 이런 상황을 임계 구역 문제라 한다. 임계 구역 문제 해결 방안은 프로세스 환경에 따라서 아래와 같이 해결될 수 있다.

임계 구역 문제 해결 방안

1) 단일 프로세서 환경

Wait와 Signal 연산들이 실행되는 동안 인터럽트를 간단하게 억제할 수 있다. 이 기법은 단일 프로세서 환경에서 동작하는데, 그 이유는 일단 인터럽트가 금지되면 다른 프로세스들의 명령어들은 개입될 수 없기 때문이다.

2) 다중 프로세서 환경

상이한 프로세스들의 명령어들은 어떤 임의의 방법에 의하여 서로 끼어들 수 있다. 하드웨어가 특별한 명령어를 제공하지 않는다면, Wait와 Signal 프로시저로 구성된 임계 구역을 이용하여 임계 구역 문제를 소프트웨어로 정확하게 해결할 수 있다. Wait와 Signal 연산의 정의만으로 바쁜 대기를 완전히 제거하지는 못한다.

- **교착상태의 정의**

프로세스 혹은 쓰레드의 동기화 문제가 잘못되었을 때 더 이상 진행할 수 없는 상태가 되는 현상을 교착상태라고 한다. 두 개 이상의 프로세스가 서로 다른 프로세스가 소유하고 있는 자원이 양도되기를 무한정 기다리고 있어 더 이상 처리가 진행되지 않고 있는 상태이다.

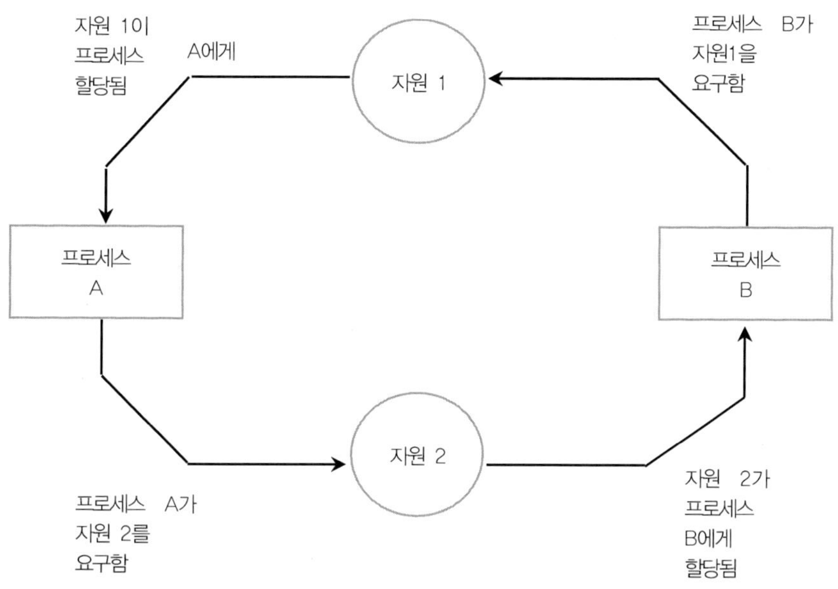

〈그림 10-3〉 교착상태

- **교착상태와 무한연기의 비교**

〈표 10-8〉 교착상태와 무한연기 비교

구분	교착상태	무한연기
내용	여러 개의 프로세스가 아무 일도 못 하고 어떤 특정 사건을 기다리며 무기한 연기되어 있는 상태	특정 프로세스가 자원을 할당받기 위해 무한정 대기
원인	상호 배제, 점유와 대기, 비선점, 환형대기	자원의 편중된 분배정책으로 발생
해결책	예방, 회피, 발견, 복구	노화기법(Aging)으로 해결

- 교착상태의 발생 조건

〈표 10-9〉 교착상태 발생의 조건

구분	내용
상호배제 (Mutual exclusion)	프로세스들이 자원을 배타적으로 점유하여 다른 프로세스가 그 자원을 점유 불가능한 상황
점유와 대기 (Block and Wait)	프로세스들은 동일한 자원이나 다른 종류의 자원을 부가적으로 요구하면서 이미 어떤 자원을 점유하고 있는 상황
비선점 (Non-Preemption)	프로세스에 할당된 자원은 사용이 끝날 때까지 강제로 빼앗을 수 없으며 점유하고 있는 프로세스 자신만이 자원을 해제할 수 있는 상황
환형대기 (Circular Wait)	프로세스 간의 자원 요구가 하나의 원형을 이루며 각 프로세스는 자신에게 할당된 자원을 가지면서 상대방의 자원을 상호 요청하는 경우

- 교착상태 예방(Prevention)

교착상태 발생 조건 중 1개만 부정하는 방법으로 교착상태의 발생 가능성을 사전에 모두 제거하도록 시스템을 조절한다. 가장 명료하고 널리 사용되는 방법이나 자원의 낭비가 발생한다.

〈표 10-10〉 교착상태 예방 방법

구분	특징	단점
점유와 대기조건의 부정	✓ 프로세스는 필요한 모든 자원을 한꺼번에 요청하고, 시스템은 요청된 자원들을 전부 할당하든지 전혀 할당하지 않는 방식	✓ 자원 낭비와 비용 증가 ✓ 자원 공유 불가능 ✓ 무한연기 발생 가능
비선점 조건의 부정	✓ 어떤 자원을 가지고 있는 프로세스가 더 이상 자원 할당 요구가 없으면 가지고 있던 자원을 반납하고, 필요시 다시 자원을 요구하는 방법	✓ 비용 증가 ✓ 일부 자원 선점 불가 경우 발생 ✓ 무한연기 발생 가능
환형대기 조건의 부정	✓ 모든 프로세스에 각 자원의 유형별로 할당순서(고유번호)를 부여하는 방법 ✓ 시스템 설치 시 모든 자원에 고유번호 부여 ✓ 자원 요청 시 번호증가순으로 요청	✓ 새로운 자원 추가 시 재구성 ✓ 프로세스 실행 중 예상한 순서와 다른 요구조건 발생하는 경우 긴 시간 동안 자원 낭비 ✓ 급한 프로그램 발생 시 자원 할당의 어려움
상호 배제 조건의 부정	✓ 공유할 수 없는 자원을 사용할 때 성립. 기억장치, CPU 등	✓ 비공유 전제

- **교착상태 회피(Avoidance)**

교착상태의 발생 가능성을 인정하고 교착상태가 발생할 때 이를 적절히 피해 가는 방법이다. 회피 방법은 대표적으로 은행가 알고리즘이 있다.

은행가 알고리즘(Banker's Algorism)

운영체제는 자원의 상태를 감시한다. 사용자 프로세스는 사전에 자기 작업에서 필요한 자원의 수를 제시한다. 운영체제는 사용자 프로세스로부터 자원의 요청이 있으면 모든 프로세스가 일정 기간 내에 성공적으로 끝날 수 있는 안전 상태인지를 면밀하게 분석한다.

운영체제는 안전 상태를 유지할 수 있는 요구만을 수락하고 불안전 상태를 초래할 사용자의 요구는 나중에 만족될 수 있을 때까지 계속 거절한다.

할당할 자원의 양이 일정량 존재해야 하며 최대 자원 요구량을 미리 알아야 한다. 일정한 수의 사용자 프로세스가 존재할 때만 적용 가능하고 프로세스들은 유한한 시간 내에 할당된 자원을 반납해야 하는 문제점이 있다.

- **교착상태 발견(Detection)**

교착상태 발견은 여러 시스템에서 사용되는 방법으로서 일단 원하는 것이든지 아니든지 교착상태가 발생하도록 허용한다. 교착상태가 발생하면 교착상태가 일어났는지를 판단하고 교착상태에 관련된 프로세스와 자원을 조사하여 결정해 내는 방법이다.

1) 교착상태 발견 알고리즘

교착상태 발견 알고리즘의 호출 요소는 교착상태의 발생 빈도수와 교착상태 발생 시 영향을 받는 프로세스의 수이다. 다수 프로세스 중 교착상태 발생 경우에는 프로세스의 파악이 어렵다.

2) 자원 할당 그래프

방향 그래프를 이용하여 자원의 할당사항과 요구사항을 나타내는 기법이다.

3) 자원 할당 그래프의 소거

시스템의 자원 할당 상태를 보고 교착상태의 존재를 검사하는 방법이다. 소거는 프로세스가 작업 완료 후 그 자원을 시스템에 반납 가능함을 반영한다. 자원 유형마다 여러 개의 자원이 있는 경우 교착상태를 발견한다.

- 교착상태 복구(Recovery)

교착상태에 빠진 프로세스를 식별하고 교착상태에 빠진 하나 이상의 프로세스를 다시 시작하거나 되돌림으로써 해결한다. 복구는 몇 개의 프로세스들이 수행한 작업의 일부 또는 전부를 잃게 된다.

〈표 10-11〉 교착상태 복구 방법

구분	내용
프로세스 중지	1) 교착상태 프로세스를 모두 중지하는 방법 　- 교착상태 사이클 제거 시 효과적 　- 비용 과다 소요 2) 교착상태 사이클이 제거될 때까지 한 프로세스씩 중지 　- 오버헤드 발생 3) 한 프로세스씩 중지를 위한 희생자 선택의 원칙 　- 우선순위, 수행된 시간과 종료 시간, 사용한 자원의 유형과 수 　- 종료를 위해 필요한 자원의 수, 복귀하는 데 포함된 프로세스의 수 　- 대화식 또는 일괄처리식 여부
자원 선점	- 교착상태의 프로세스로부터 자원을 선점하여 다른 프로세스에 제공 - 자원 선점 시 고려해야 할 문제: 희생자 선정 문제, 복귀 문제, 기아상태 문제

교착상태 복구 방법의 문제점
- ✓ 시스템이 교착상태인지 알기 어려움
- ✓ 대부분의 시스템은 프로세스 무기한 정지 및 재시작 기능이 부재
- ✓ 효율적인 시작/재시작 기능이 있어도 부담이 있음
- ✓ 대규모 교착상태일 경우 많은 양의 일을 필요
- ✓ 최적의 프로세스 선택/제거 결정이 현실적으로 곤란

● **교착상태를 고려한 시스템 설계**

1) 내부 시스템 자원 순서화

내부 시스템에서 사용하는 자원들을 정렬하고 순서화하여 사용한다. 순서화가 어려운 경우 그룹으로 관계된 것을 한꺼번에 요구(Collective Request)한다.

2) 작업이나 작업단계 자원

작업 자체를 일괄적으로 처리하여서 집단으로 요구하는 방식을 사용한다.

3) 사용자 작업에 대한 주기억장치 선점

페이징, 스와핑 등 주기억장치 교체 및 선점을 하여 사용한다. 선점 불가능 시 주기억장치를 작업자원의 분류에 포함시켜 사용한다.

4) 교체 가능 공간 사전 할당

각 프로세스가 요구한 기억장치의 최대 용량이 알려져 있기 때문에 요구된 기억장치를 사전에 할당하여 사용한다.

11 가상메모리(Virtual Memory)

컴퓨터 시스템의 메모리는 그 한계가 있다. 그 한계를 극복하려는 시도 중에 하나가 바로 가상메모리이다. 가상메모리는 물리적 메모리의 한계를 극복하여 하드디스크의 일부를 메모리처럼 사용하는 것이다.

가상메모리라는 것은 물리적 메모리보다 많은 메모리를 프로그램에서 사용할 수 있도록 디스크의 일부를 메모리처럼 사용하는 논리적 메모리이다. 아래의 그림과 같이 표현할 수 있다.

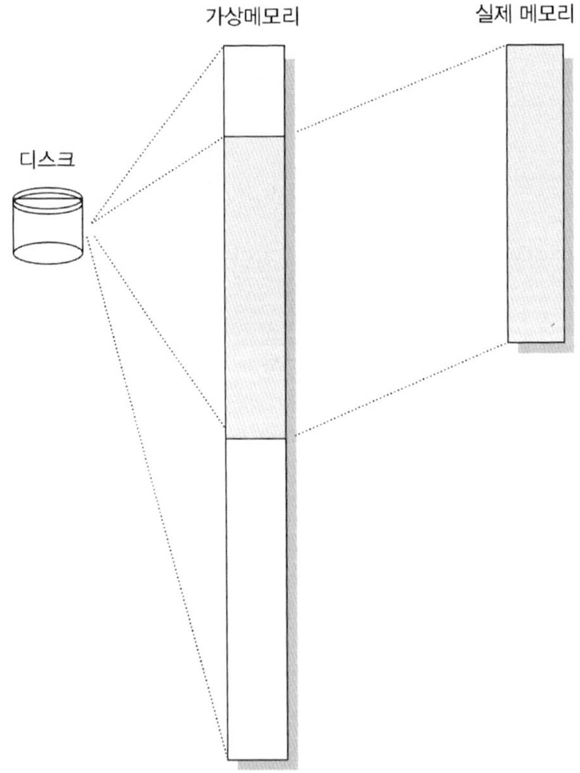

〈그림 11-1〉 가상메모리의 형태

한계를 갖는 물리적 메모리 공간 환경에서 여러 개의 응용 프로그램이 동시에 수행되어야 한다. 이미 개념을 이해했다면 설명을 위해서 사용된 '동시'라는 단어가 시분할 컴퓨터에서 갖는 의미를 알 수 있을 것이다. 열심히 번갈아 가면서 CPU가 수행하고 있는 것이다.

이때 CPU는 물리적 메모리를 접근하여 프로그램을 수행시킨다. 그 물리적 메모리는 한계가 있고 고가의 디바이스이다. 무조건 물리적 메모리를 늘려서 효율을 늘리는 것은 비용대비 한계가 있는 것이다. 이를 위해서 나온 개념이 '가상메모리'이다.

사용자에게 주기억장치보다 더 큰 용량의 가상기억공간을 제공하는 기억장치관리기법이다. 디스크상에 위치한 보다 큰 기억장치를 주기억장치처럼 사용한다. 프로세스 참조 주소(가장 주소)를 실제 주기억장치에서 사용 가능한 주소(실제 주소)와 분리된다. 사용자의 프로그램을 여러 블록으로 분할하여 주기억장치에 적재, 실행한다. 프로그램의 분할과 적재 알고리즘이 필요하다.

● 가상 주소의 개념

이 가상메모리 개념을 지원하기 위해서 나온 개념이 '가상 주소(Virtual Address)'이다. 실제메모리 주소가 아닌 가상메모리 영역을 가리키는 주소를 말한다. 논리적 주소라고도 표현한다. 프로그램은 논리적 주소인 가상 주소를 사용하지만 실제 CPU는 물리적 주소에 접근을 하여야 한다. 이때 물리적 주소와 논리적 주소 사이에 상호 변환이 가능해야 한다. 변환이 가능한 테이블을 운영체제가 제공해 준다. 운영체제는 프로그램이 엉뚱한 물리적 주소에 쓰려는 경우를 막고 응용 프로그램 간의 메모리 충돌이 일어나지 않도록 해 준다.

● 가상기억장치관리기법

물리적 메모리에 데이터를 체계적으로 적재하기 위해서 일정한 크기로 나누어 저장/로드를 한다. 이때의 기준이 하나의 블록을 페이지라고 한다. 가상메모리에서는 페이지라 하고 접근하고자 하는 데이터가 있는 경우 히트라고 하며 없는 경우는 페이지 폴트(Page Fault) 혹은 Miss라고 한다.

캐시, 가상메모리 모두 중간 버퍼 역할을 하는 메모리여서 개념적으로 비슷한 부분이 많다.

교체 방식, 페이지 폴트 등이 유사한데, 캐시의 경우 접근 단위를 블록 또는 프레임으로 표현하고 가상메모리의 경우는 '페이지'라고 한다.

〈표 11-1〉 가상메모리관리기법

기법	내용
할당기법	각 프로세스에 주기억장치를 얼마나 할당할 것인가 각 프로세스의 실행 중 주기억장치 할당량을 어떻게 변화시킬 것인가 고정(정적)할당기법, 가변(동적)할당기법
호출기법	프로그램의 한 블록을 언제 주기억장치에 적재할 것인가 요구호출(Demand Fetch)기법, 예측호출(Pre Fetch)기법
배치기법	프로그램의 한 블록을 주기억장치의 어디에 배치할 것인가
교체기법	주기억장치에 적재할 공간이 없을 경우 어느 블록을 교체할 것인가

● 가상기억장치 분할기법 '페이징기법'

페이징기법에 대해서 설명하기 위해서 고전의 방식으로 프로그램이 물리적 메모리를 접근하는 상황을 생각해 보자. 프로그램을 수행하기 위해서는 프로그램의 일부를 실제메모리에 올리고 그 메모리에 올라와 있는 영역의 명령어를 CPU가 순차적으로 수행해야 한다. 이때 프로그램의 일부가 메모리에 올라가 있어서 이는 프로세스라고 말할 수 있다. 이런 식으로 프로그램의 일부를 메모리에 올려놓고 프로그램을 수행하는 것은 구현은 쉬울지 모르나 생각해 보면 문제점을 갖고 있다. 다른 프로그램이 수행되려고 하면 이 전체 메모리를 다시 내려야 하는 상황이 발생되는 것이다.

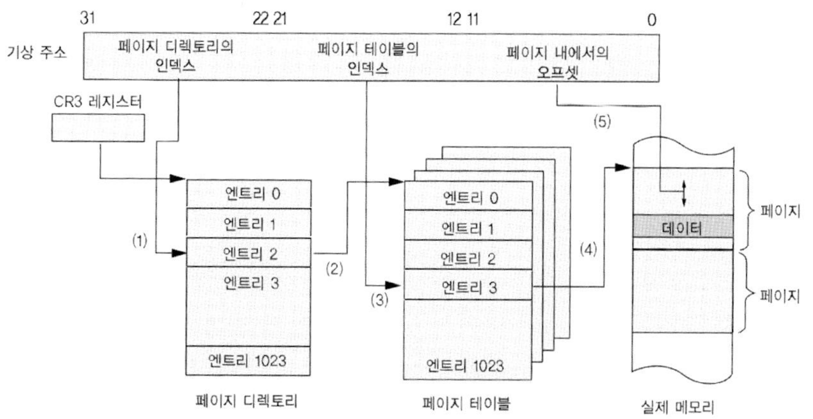

〈그림 11-2〉 페이징 기능에 의한 주소 변환

메모리에 올라와 있는 프로그램이 다 수행 또는 퀀텀타임 후에 다른 프로그램에 CPU 사용권을 넘길 경우 메모리에서 내려가야 하는 상황에서 Context Switching과 함께 다른 프로그램이 메모리에 일부 적재된다. 그리고 나서 다시 이와 같은 작업이 반복될 때에는 프로그램의 수행부의 위치가 바뀔 수 있지만 그 범위가 0~30k에서 10~42k로 될 수 있다. 이때 아까 메모리에 10k 부분이 남아 있었더라면 메모리를 다시 올릴 필요 없이 수행이 가능했을 것이다. 이와 같은 메모리의 비효율적인 사용에서 점차 진화하는 것이 메모리의 효율적 사용을 위한 방안으로 '페이징기법'이라는 개념이 나온 것이다.

● 페이징이란

페이징기법이라는 것은 프로그램을 메모리에 적재할 때 균일하게 나눠서 페이지 단위로 올리는 방식이다. 메모리의 히트율에서 보면 지역성이라는 특성을 갖기 때문에 프로그램의 일부를 올리면 메모리에서 효과적으로 사용을 하다가 내려오게 된다. 또 다른 프로그램의 일부도 동시에 메모리를 사용할 수 있는 장점이 있다.

오른쪽 그림은 4Kbyte 크기의 페이지를 가지는 경우의 프로그램에서 메모리 사용 모습을 도식화한 것이다. 각각의 페이지 블록을 '페이지 프레임(Page Frame)'이라고 한다. 그 페이지 프레임은 0, 1, 2페이지 번호가 매겨지게 된다.

페이지 크기는 메모리 블록 하나가 디스크로부터 얼마만큼의 데이터를 읽어 들여서 저장할 것인지를 결정하는 요소이며, 이 크기에 따라 디스크의 접근 횟수가 결정되므로 페이징기법의 효율성을 결정하는 중요한 요소이다.

페이지 크기는 시스템에 따라서 달라지는데, 인텔 80×86은 4KByte 단위를 사용했고, 모토롤라의 68030의 경우는 256~32Kbyte의 단위, IBM의 360/67 프로세스의 경우 1,024Kbyte의 크기를 사용하고 있다.

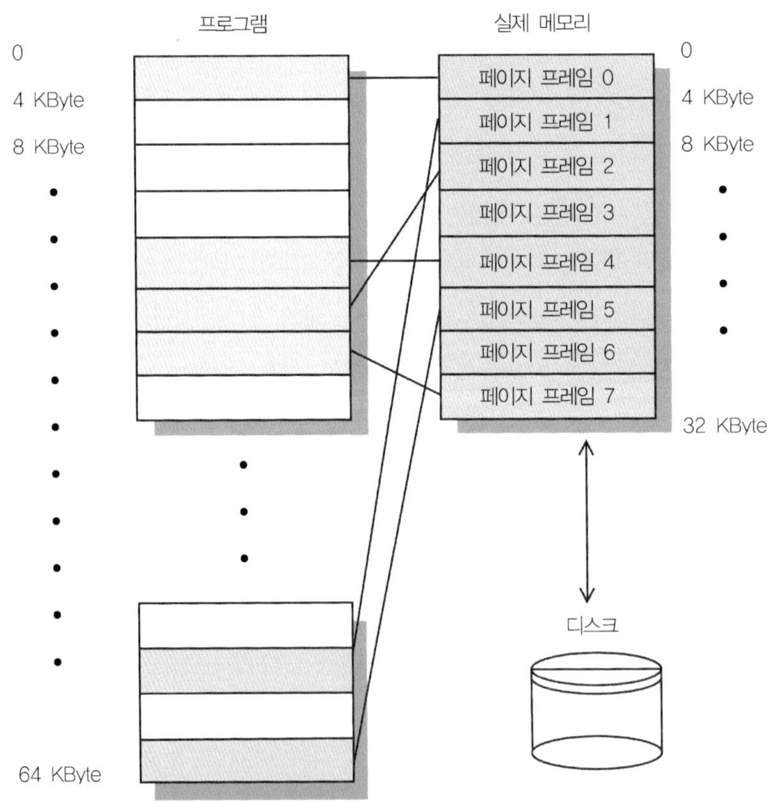

〈그림 11-3〉 가상메모리 페이징기법

- ● 페이징 교체 기법

프로그램에 의하여 요청된 데이터가 실제메모리에 모두 매핑되어 있고 이후에 다른 주소의 데이터를 프로그램에서 요청하게 되면 어떤 페이지 중에 하나를 내리고 새로운 페이지로 교체해야 한다. 이를 '페이지 교체'라고 한다. 이 페이지 교체에 대해서는 여러 가지 방법이 존재하는데, 이를 '페이지 교체 기법'이라고 한다. 이러한 기법을 결정하는 역할은 운영체제가 한다.
  - ✔ 실제 공간의 페이지 크기 = 페이지 프레임
  - ✔ 작업의 기억장치 요구량 = 페이지 크기의 정수배

1) 직접 사상법

직접 사상법은 모든 페이지 항목은 페이지 사상 테이블에 존재한다. 페이지 참조는 고속 캐시 기억장치를 사용하여 직접 사상 구현한다. 주소 변환에 시간을 많이 소비하게 되는 방식이다.

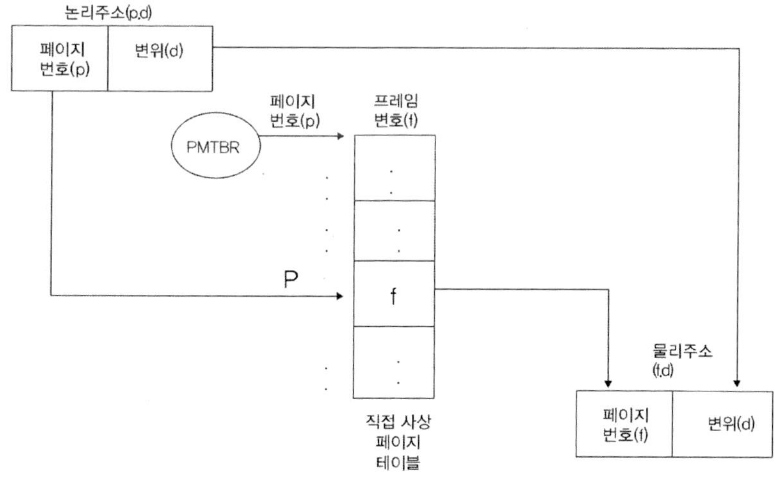

〈그림 11-4〉 직접 사상법

2) 연관 사상법

연관 사상법은 빠른 주소 변환을 수행한다. 내용 지정(content addressed)의 연관 기억장치의 페이지 사상 테이블을 유지한다. 구현의 어려움과 비용의 고가로 혼용 방법이 필요하다.

✓ 연관 사상＝페이지 번호 * 연관 사상 테이블

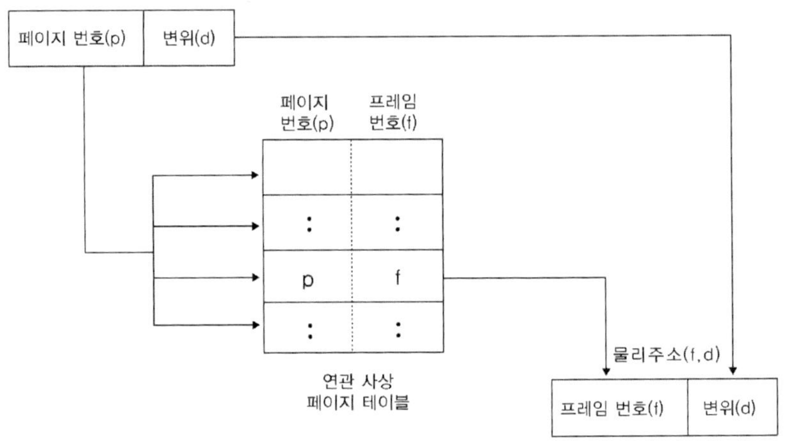

〈그림 11-5〉 연관 사상법

3) 연관/직접 사상법

저렴한 비용으로 캐시나 연관 기억장치의 장점을 이용하는 방식이다.

✓ 연관 사상 테이블: 국부성에 근거하여 최근에 가장 많이 참조된 페이지만 유지

✓ 페이지 사상 테이블: 연관 사상 테이블에서 제외된 나머지 페이지를 모두 유지

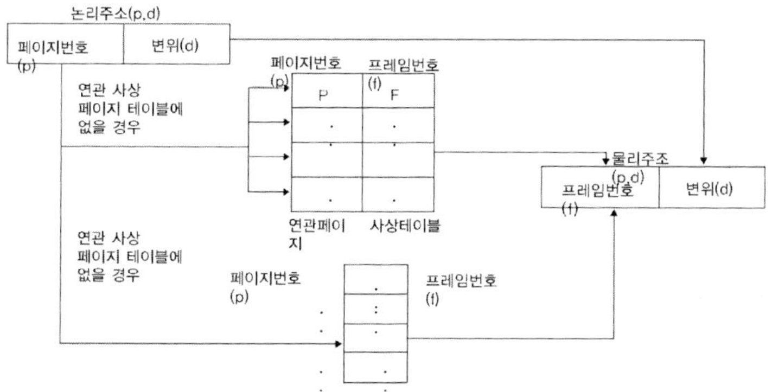

〈그림 11 - 6〉 연관/직접 사상법

● 가상 주소와 페이징 시스템

  페이지로 구성되고 여러 개의 프로그램이 동시에 메모리를 사용하고 있다면 실제 주소에 담긴 데이터를 어떻게 각각의 프로그램이 인식할 수 있을까? 실제메모리와 프로그램의 일부인 데이터를 연결시켜 주는 정보목록이 있어야 한다. 이것이 '페이지 테이블(Page Table)'이다.

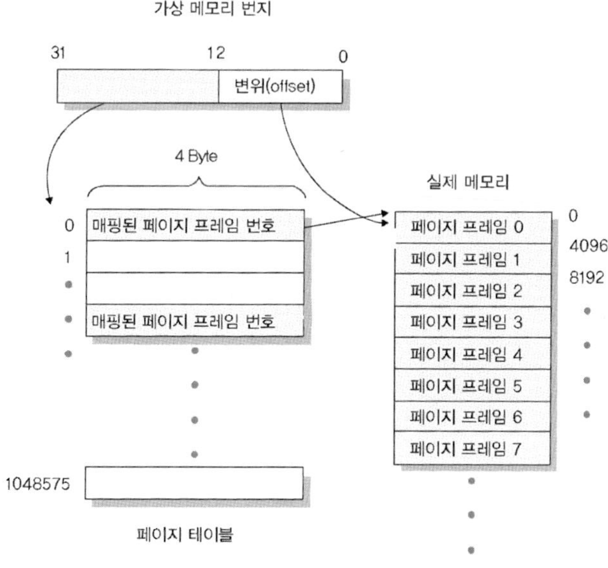

〈그림 11 - 7〉 가상 주소와 페이징 시스템

프로세서에서 가상메모리 번지 중 13비트 이상의 비트는 페이지 테이블에
서 몇 번째 데이터를 가져올 것인지를 나타내는 인덱스로 사용된다. 이 페이
지 테이블에 있는 정보는 실제메모리의 위치를 나타내는 페이지 프레임 번호
가 들어가게 된다.

● 매핑 주소 저장 버퍼 TLB(Translation Lookaside Buffer)

가상메모리 시스템에서는 가상 주소와 실제메모리 주소가 존재하게 된다.
이때 가상 주소와 실제 주소 간의 변환 과정이 이루어지게 되는데, 이것을 계
산하는 것도 시간이 소요된다. 이 변환하는 시간을 줄이기 위해서 일정 개수

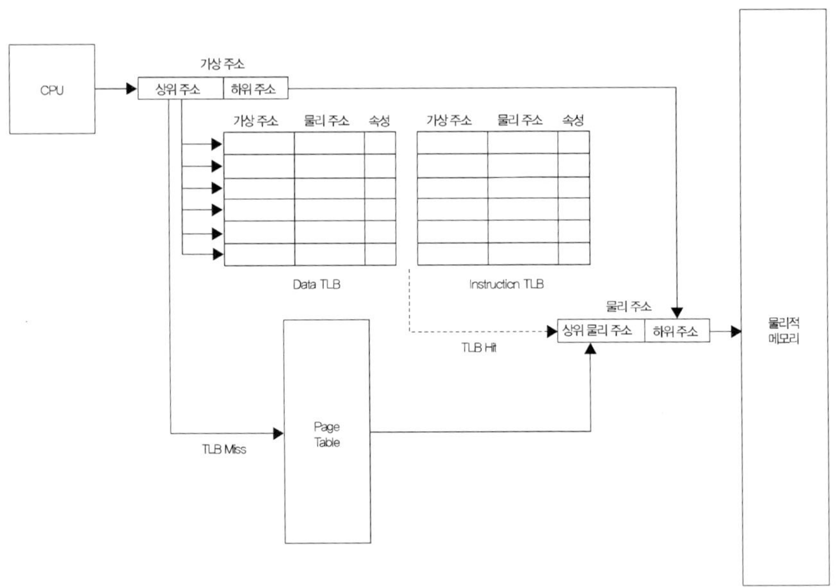

〈그림 11-8〉 매핑 주소 저장 버퍼 TLB

의 변환된 주소를 기억하고 있게 되는데 이를 'TLB(Translation Lookaside
Buffer)'라 한다.

프로세스 하나가 지시할 수 있는 메모리가 4GByte(32Bit)까지 되고 페이지 테이블에 존재하는 매핑 페이지 프레임 정보를 나타내는 데 4Byte의 크기를 가진 가상메모리를 구성한다면 페이지 테이블의 크기는 4Mbyte가 된다. 시스템에 여러 개의 프로그램이 4Mbyte씩의 페이지 테이블을 갖는다면 메모리가 낭비될 것이다.

인텔 80×86 계열에서 제공하는 메모리 매니저 유닛(Memory Manager Unit)은 이러한 낭비를 줄이기 위해서 가상메모리 주소에서 위 페이지 테이블 인덱스 부분을 다음과 같이 페이지 디렉터리 인덱스(Page Directory Index)와 페이지 테이블 인덱스(Page Table Index) 두 부분으로 나누어 페이지 디렉터리(Page Directory) 부분에 해당하는 목록만 메모리에 올려놓고 페이지 테이블(Page Table)에 대해서는 필요시만 만들어 메모리에 올려놓음으로써 이러한 낭비를 줄인다.

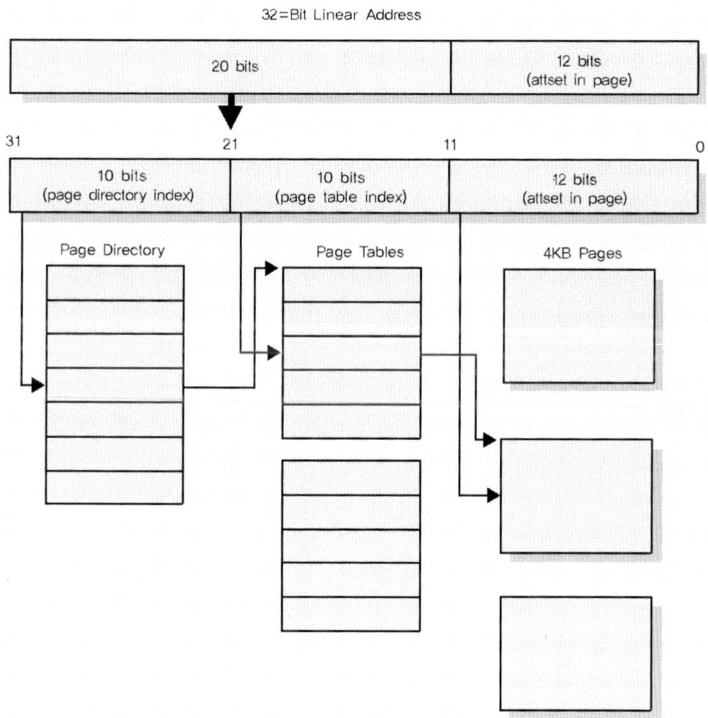

〈그림 11-9〉 페이지 테이블 인덱스

이와 같은 형태의 페이징기법에 의하여 메모리가 액세스되면 매번 메모리를 참조할 때마다 페이지 테이블의 내용을 참조하여 실제메모리를 계산해야 하는 낭비가 생길 것이다. CPU에서 가상 주소를 접근할 때 먼저 이 TLB를 참조하게 되고 이때 주소가 있는 경우는 별도의 주소 변환과정 없이 바로 접근할 수가 있게 되어 메모리 접근 속도를 높인다.

● 가상기억장치 분할기법 '세그먼트기법'(가변분할기법)

세그먼트기법은 프로그램과 데이터를 여러 개의 의미를 갖는 세그먼트로 나누어 처리하는 방식이다. 페이징기법에서는 일정 크기로 분할하여 처리하였다면 세그먼트의 크기는 각기 다를 수 있다.

프로그램에는 크게 코드부와 데이터부, 리소스, 디버깅 정보 등을 담고 있는데, 이러한 요소를 세그먼트라고 하고 아래와 같이 메모리에 적재를 하여 사용한다.

이때 세그먼트 테이블을 참조하여 접근할 때 세그먼트의 물리적 메모리 위치를 오프셋0으로 하면 접근하려는 데이터의 주소가 별다른 변환 없이 바로 계산되기 때문에 효율적이다.

그리고 세그먼트들이 비슷한 성질의 데이터이기 때문에 이들이 가지는 속성에 대하여 따로 정의한 세그먼트 테이블을 마련하여 줌으로써 서로 다른 세그먼트 참조 시 그들의 권한을 통제할 수 있다.

세그먼트기법은 동적 기억장치 할당 방법이다. 외부 단편화 현상이 발생될 수 있다. 데이터의 액세스와 페이징 시스템과 같이 직접, 연관 혹은 혼합 방법을 사용할 수 있다.

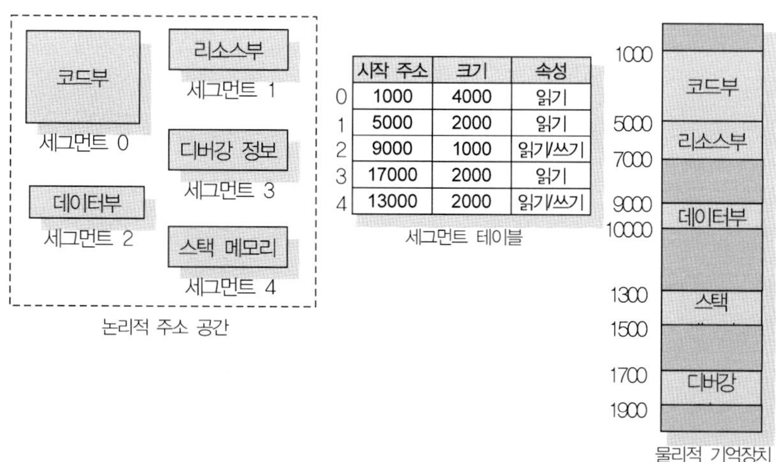

세그먼트 테이블

	시작 주소	크기	속성
0	1000	4000	읽기
1	5000	2000	읽기
2	9000	1000	읽기/쓰기
3	17000	2000	읽기
4	13000	2000	읽기/쓰기

〈그림 11 - 10〉 세그먼트 기법

- 단편화(Fragmentation)

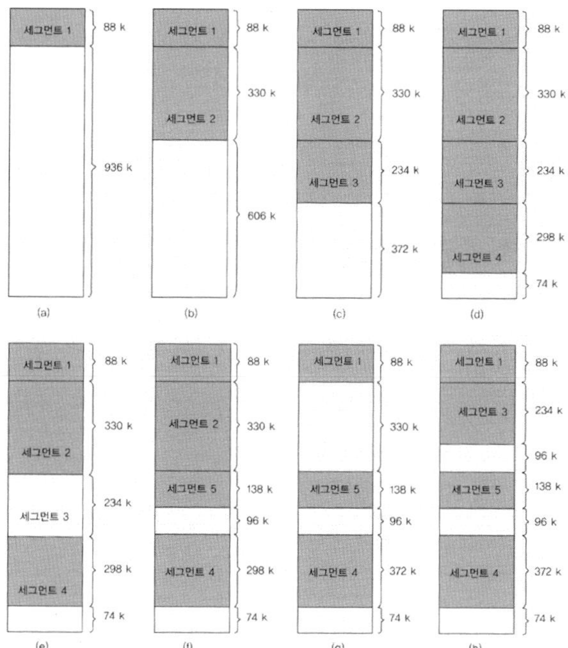

〈그림 11 - 11〉 단편화 현상

세그먼트기법의 서로 비슷한 속성을 갖는 데이터를 물리적으로도 근접시킬 수 있는 장점이 있지만, 서로 다른 크기를 갖는 세그먼트를 메모리에 적재하고 내리다 보면 메모리의 사용에 있어서 더 이상 사용할 수 없는 좁은 메모리 공간이 여러 개가 생기는데 이를 '외부 단편화 현상'이라고 한다. 왼쪽의 그림에 보면 세그먼트를 사용하다 보면 마지막에 보이는 것처럼 사용하기에 적절하지 못한 메모리 공간이 생기는 것을 볼 수 있다.

이러한 단편화 현상에 대해서는 결국 메모리 재배치를 통해서 해결이 된다. 페이징에 비해서 주소 변환이 없다는 장점도 있었지만, 이렇게 메모리 재배치라는 오버헤드를 갖게 된다.

● 세그먼트와 페이징기법의 병합(Paged Segmentation)

페이징기법의 장점과 세그먼트의 장점을 결합하여 보완하는 방법이다. 세그먼트로 구성되어 있는 프로그램을 페이지로 나눠서 메모리에 적재하는 방식이다. 세그먼트의 의미적인 데이터 연결을 살리면서 크기를 페이징 처리함으로써 보완하는 것이다.

페이징은 메모리관리 측면에서 유리하지만 운영체제 입장에서 보면 각 페이지마다 접근 권한을 설정해야 한다. 세그멘테이션은 관리 단위가 사용자 파일 단위라서 관리하기 유리하지만 단편화 현상이 발생한다. 관리는 파일 단위로 하고 메모리에 올라오는 프로그램의 조각은 페이지 단위로 관리하는 방식이다.

인텔 마이크로프로세스에서는 6개의 세그먼트용 레지스터를 가지고 있다. 한 프로세스에서 한순간에 6개의 세그먼트를 가리킬 수 있다. 세그먼트 레지스터는 세그먼트 디스크립터 테이블(Segment Descriptor Table)을 참조하여 그 세그먼트에 대한 시작 주소를 가져온다.

이 시작 주소와 액세스하고자 하는 메모리 주소가 합해져 실제 선형 주소 (Linear Address)를 만들어 주게 된다. 이때 주소가 한계치를 넘는지 또는 해당 세그먼트 액세스 권한이 있는지 등을 체크하게 된다.

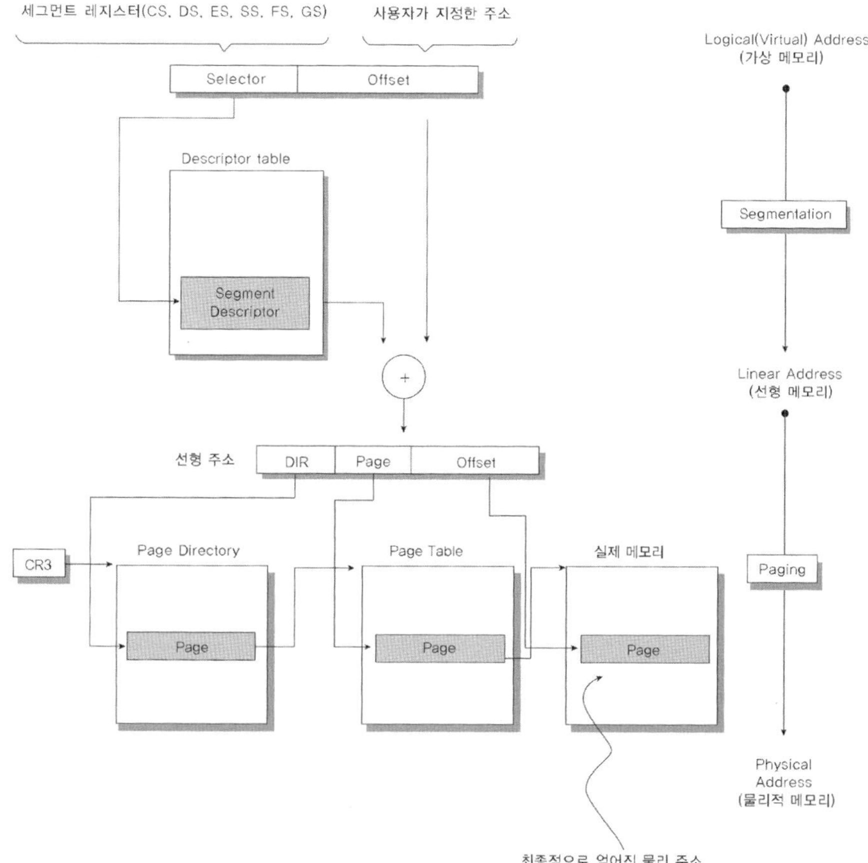

〈그림 11-12〉 세그먼트와 페이징기법의 병합

12 시스템 성능 향상

컴퓨터 구조 내에서의 데이터 흐름에 대한 성능은 곧 시스템 전체의 성능에 영향을 미치고 이에 대해서 성능 향상에 대한 기술이 있다. 메모리 인터리빙, DMA 그리고 CycleStealing이 그러한 개념이다.

메모리의 성능을 증가시키는 방법으로 대역폭을 조정하는 방법이 있다. 그것은 같은 시간에 더 많은 데이터를 전송하도록 하는 것이다. 그러한 기능을 하기 위한 구체적인 방법으로서 '메모리 인터리빙'이라는 방법이 있다. 주기억장치와 CPU 간의 시간차이를 극복해 주는 개념이다.

● 메모리 인터리빙의 정의

메모리를 여러 개의 모듈로 나누어 단위 시간에 여러 메모리로 동시에 접근이 가능하도록 하는 기법이다. 버스 경합이나 기억장치의 충돌과 같은 문제를 해결하기 위하여 기억장치를 복수 모듈로 구성하고 각 모듈이 동시에 접근이 가능하도록 하는 방식이다. 주소 지정 방식을 적절하게 조정하여 순차적으로 수행되는 명령어나 데이터들을 기억장치 모듈에 분산 저장되도록 하는 기술이다.

● 메모리 인터리빙의 목적

전체 주기억장치의 평균 워드 전송률을 향상시킨다. 빠른 CPU와 상대적으로 느린 메모리 간 전송속도를 높이기 위함이다. 단위 시간당 각 메모리 모듈의 병렬 처리를 함으로써 전체 주기억장치의 전송률을 높인다. 버스 경합이나 Memory 충돌 등의 문제점을 해결한다.

- 메모리 인터리빙의 종류

〈표 12-1〉 메모리 인터리빙의 종류

구분	주요 내용
상위 인터리빙	✓ 상위비트(2Bit)가 주소 결정 ✓ 동일한 시간에 근처에 있는 것만 변화 ✓ 오류 확률이 적음
하위 인터리빙	✓ 하위비트(2Bit)가 주소 결정 ✓ 관련된 내용이 일시에 바뀌므로 오류 확률이 큼

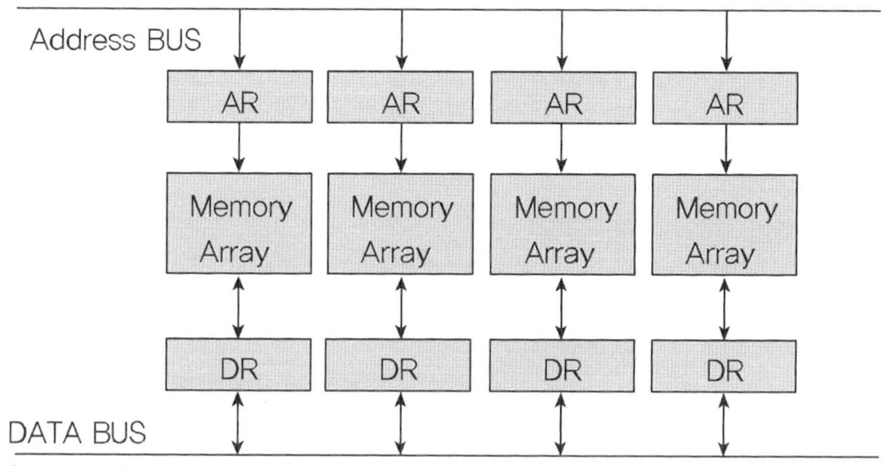

〈그림 12-1〉 메모리 인터리빙의 구조도

하나의 모듈은 자체의 주소 Register(AR)와 Data Register(DR)를 가진다. 기본적으로 모듈 메모리가 지원되어야 메모리 인터리빙이 가능하다.

- 메모리 인터리빙의 구성

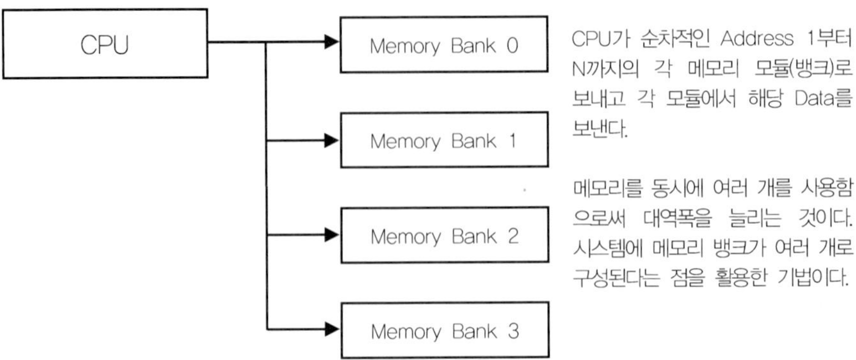

〈그림 12 - 2〉 메모리 인터리빙의 구성

- 메모리 인터리빙의 동작

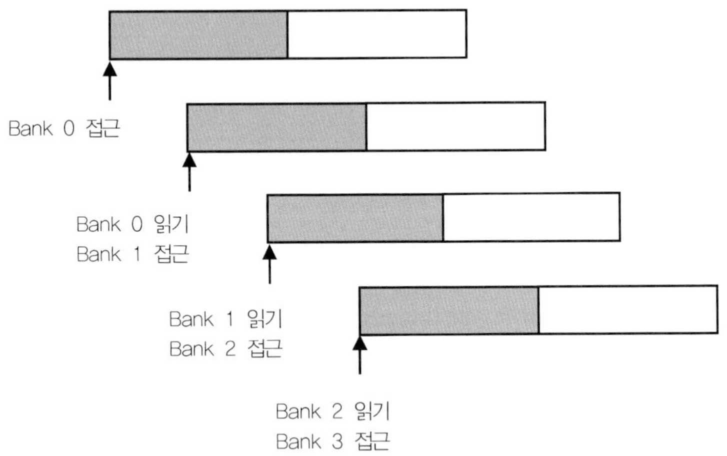

〈그림 12 - 3〉 메모리 인터리빙의 동작

1) CPU가 Bank #0에 어드레스 #0을 보낸다.

2) CPU가 어드레스 #1을 Bank #1에 보내고, Data #0을 Bank #0에서 받는다.

3) CPU가 어드레스 #2를 Bank #2에 보내고, Data #1을 Bank #1에서 받
   는다.

4) CPU가 어드레스 #3을 Bank #3에 보내고, Data #2를 Bank #2에서 받
   는다.

5) CPU가 Data #3을 Bank #3에서 받는다.

● 하위 인터리빙(Low Order Interleaving) 방식

주기억장치 주소의 하위 2Bit를 모듈 선택 비트로 사용한다. 상위 10Bit는
모듈 내의 위치를 지정한다. 연속된 주소가 연속된 모듈에 따라서 다수의 모
듈이 동시에 동작한다. 단점은 확장이 어렵고 어느 한 모듈의 오류가 전체에
영향을 미치게 된다.

단위 시간 동안 접근메모리 수가 증가, 즉 메모리 대역폭이 증가하게 된다.
메모리 모듈의 확장 시 생산된 하드웨어의 구조변경이 어렵고 이전 모듈의
다음 주소에 동일 수의 모듈을 추가해야 한다.

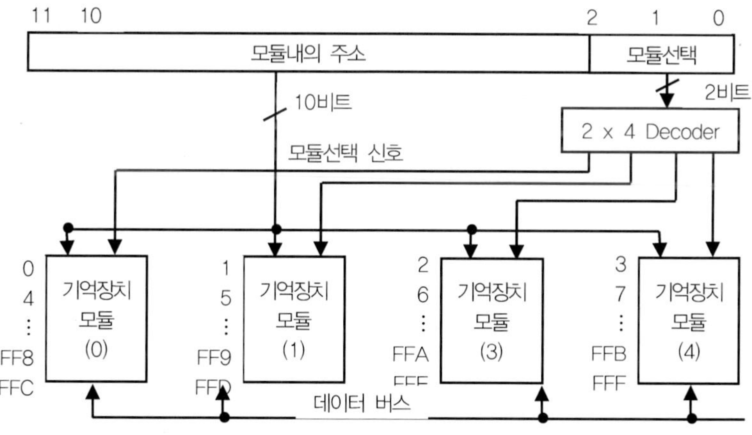

〈그림 12-4〉 하위 인터리빙 방식

- 상위 인터리빙(High Order Interleaving) 방식

주소의 상위 2비트는 N개의 모듈 중 하나를 지정하고 하위 10Bit는 그 모듈의 특정 워드를 지정한다. 프로그램과 데이터들이 독립적이어서 각각의 기억 모듈에 저장하는 것이 더 효과적인 다중 프로그래밍에 사용된다. 오류가 발생해도 주소공간의 일부만 영향을 받게 된다.

연속되는 프로그램 명령어인 경우 프로세서가 연속된 위치에 대해 판독요청을 할 때 한 모듈만 동작하게 되어 부하를 줄이거나 성능향상의 효과는 없다.

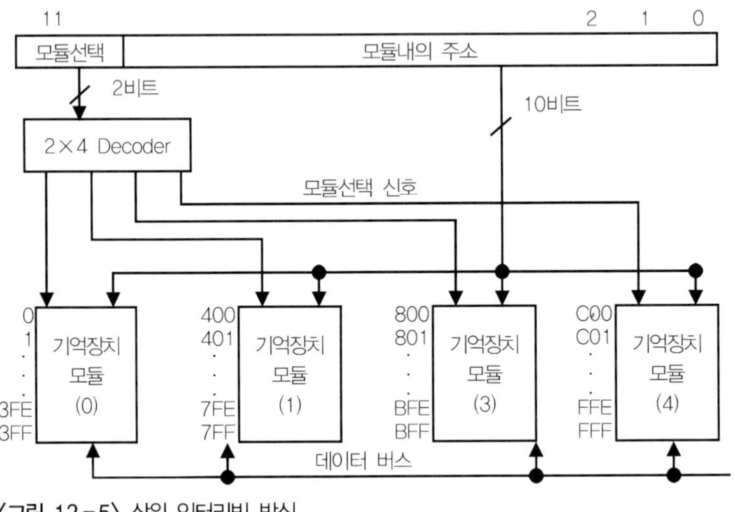

〈그림 12-5〉 상위 인터리빙 방식

- 혼합 인터리빙(High-Low Order Interleaving) 방식

상위 인터리빙과 하위 인터리빙 방식을 혼합한 방식이다. 기억장치 모듈을 뱅크로 그룹화하고 각 그룹 내에서 하위 인터리빙하는 방식이다. 주소의 상위 비트는 뱅크번호를 지정하고, 하위 비트는 모듈을 지정한다.

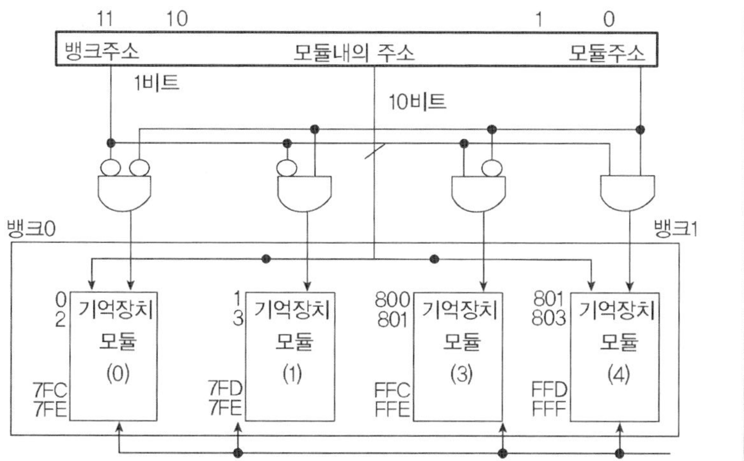

〈그림 12-6〉 혼합 인터리빙 방식

- 메모리 인터리빙에 따른 시스템 성능향상 효과

메모리 인터리빙을 통하여 Memory->Cache->CPU로 이어지는 Data Read 의 속도를 통한 시스템 성능 향상을 실현할 수 있다. 다단계 캐시 및 데이터 전달의 효율을 통해서 전체 시스템 성능을 향상시킨다. 단일 CPU에서의 성 능 향상 효과를 볼 수 있다. Video Card에 적용 시, 대용량의 메모리 데이터 Access 시 성능향상 효과를 얻을 수 있다. Multi Processor의 버스, 메모리 충 돌을 회피하는 역할을 한다. 서버급의 메인 메모리에 주로 사용된다.

- DMA의 정의

CPU를 통하지 않고 주변기기의 인터페이스 장치에 제어권을 주어 직접 기 억장치와 Data Block을 전송하는 기법이다. DMA는 기억장치와 입출력장치 사이의 데이터 전송을 담당하는 실제 물리적인 모듈을 의미한다. 소프트웨어 적인 구현은 DAM(Direct Access Method)이라고 한다.

CPU를 통하여 일어나는 연속적인 I/O 인 경우, Memory에 일련의 주소로 데이터의 이동이 일어난다. 이 경우 CPU의 처리속도에 비하여 I/O 장치의 속도가 매우 느리므로 CPU가 기다리는 시간(idle time)이 상대적으로 길어진다.

- DMA 작동 및 특징

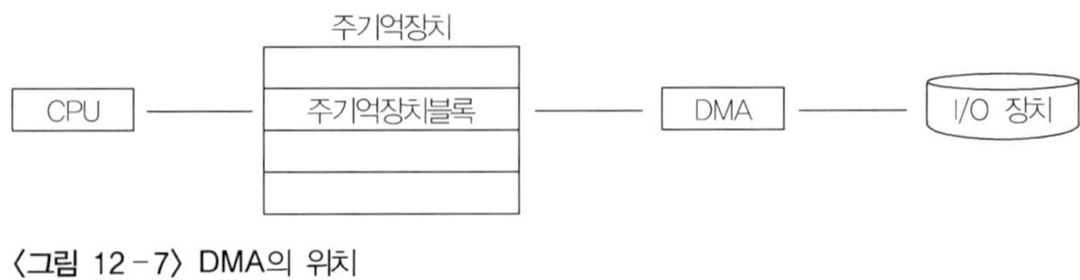

〈그림 12-7〉 DMA의 위치

바이트 단위가 아닌 Block 단위로 인터럽트가 발생한다. DMA Controller를 사용하여 CPU가 다른 job을 수행하더라도 메모리와 IO Device 간 data 전송이 가능하게 한다. CPU의 개입 없이 주변장치와 주기억장치와의 데이터를 직접 전송하는 장치이다. 프로그램 수행 중 입출력을 위한 인터럽트의 발생 횟수를 최소화하여 컴퓨터 시스템의 효율을 높인다. CPU는 DMA와 상태정보 및 제어정보만을 주고받는다. 속도가 빠른 디스크, 테이프 등에 사용한다.

- DMA의 목적

다양한 IO 장치로 인한 각각의 전송속도의 차이, 데이터 형식과 길이의 차이 등을 제어, 조절하여 프로그램 수행 중 IO Interrupt의 발생을 최소화함으로써 CPU 사용 효율을 높이기 위함이다.

CPU를 통하여 일어나는 연속적인 입출력 시 메모리에 일련의 주소로 데이터의 이동이 일어나는 경우, CPU의 처리속도에 비하여 I/O장치의 속도가 매우 느리므로 CPU가 기다리는 시간이 상대적으로 길어지는 문제를 해결한다.

- ● DMA의 동작 원리

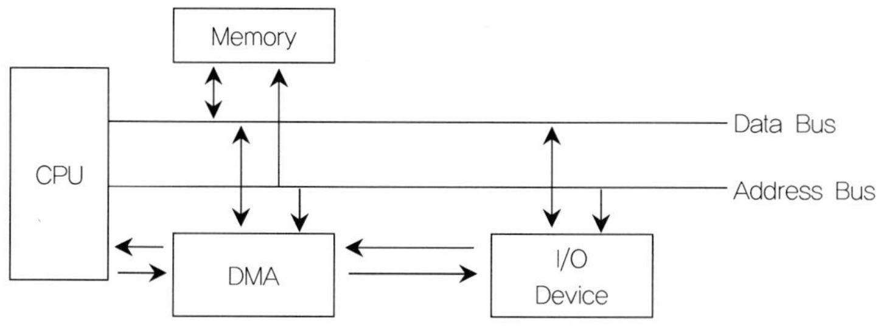

〈그림 12-8〉 DMA의 동작 원리

① CPU가 DMA 컨트롤러에 I/O명령을 보낸다. CPU는 다른 태스크를 수행하고, IO의 시작과 끝부분만 CPU에 제어한다.
② DMA는 CPU로 BUS REQ 신호를 보낸다.
③ CPU가 DMA에 BUS GRANT 신호를 보낸다.
④ DMA가 메모리에서 데이터를 읽어 디스크에 저장한다.
⑤ 전송할 데이터가 남아 있으면, 위의 과정을 반복한다.
⑥ 모든 데이터 전송이 끝나면, CPU에 INTR 신호를 보낸다.

- ● DMA의 CPU 신호 구조

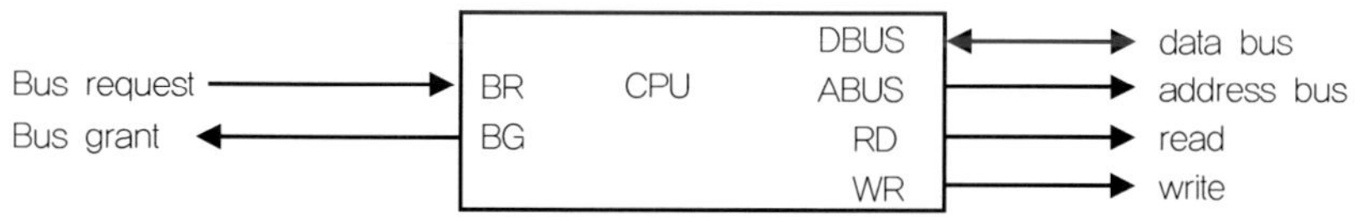

〈그림 12-9〉 DMA의 CPU 신호 구조

BR(Bus request)	DMA로부터의 BUS 사용 요구 신호
BG(Bus grant)	CPU로부터의 BUS 사용 허가 신호
RD(read)/WR(write)	Memory에 대한 read/write 신호

- DMA의 구조

하나의 DMA Controller는 여러 개 채널 보유가 가능하다. 각 채널은 독립된 주변장치에 연결된 요구와 승낙 제어신호를 보유한다. 고유의 주소 레지스터와 Word Counter를 가지고 있으며 채널들 사이의 우선순위 부여 및 그 순위에 따른 서비스를 수행한다.

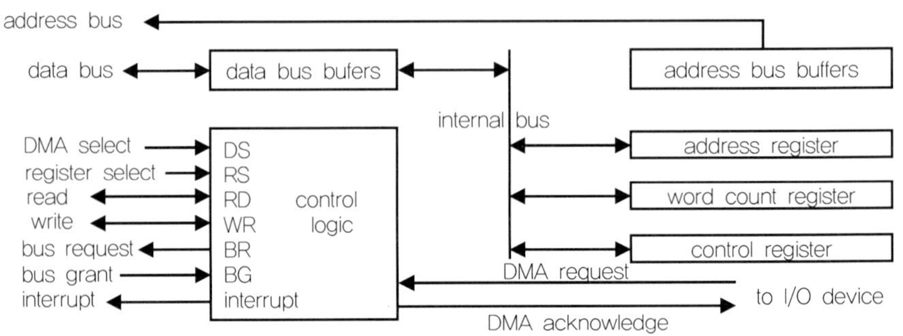

〈그림 12-10〉 DMA의 구조

- ✓ DMA select(DS) / Register select(RS): CPU에 의해서 선택되었음을 알리는 신호
- ✓ bus request(BR) / bus grant(BG): BUS의 사용허가를 CPU에 요청하고 허가를 얻음
- ✓ address register: Memory의 접근할 주소를 저장함
- ✓ word count register: 전송할 Block의 Word 수를 저장함
- ✓ control register: 전송 Mode를 나타냄
- ✓ Interface 회로: CPU와 IO 장치 간 통신
- ✓ 주소 Register와 주소 BUS: 메모리와 직접 통신

- DMA 전송 방식

1) DMA 대량 전송(Burst Transfer)

DMA controller가 메모리 BUS를 제어하고 있는 동안 여러 개의 메모리 word로 구성된 block이 지속적으로 전송한다. CPU는 전송이 완료될 때까지 UBS에 접근하지 않는다. 이 기간 동안 CPU는 주변 장치와 관련 없는 Local BUS나 Cache를 이용한다. 자기디스크와 같은 고속의 장치를 위해 사용한다.

2) Interleaved DMA에 의한 전송

IO 장치는 CPU가 BUS를 사용하지 않을 때 사용한다. DMA는 비어 있는 BUS 사이클 발견 시마다 DATA를 전송한다. CPU에 영향을 미치지는 않지만 상당 시간 후에 완료한다.

3) Cycle Stealing에 의한 전송

DMA controller가 한 번에 한 데이터 Word를 전송하고 버스의 전송을 CPU에 반환하며, CPU는 동작의 지연 없이 한 번의 메모리 사이클을 DMA 에 양보한다. CPU가 아예 BUS를 놓는 것이 아니고 자기 작업을 반복하면서 잠깐잠깐 IO 장치에 bus 사용 시간을 허용한다. Burst Transfer에 비해 상당 시간 후에 완료된다.

- IO Channel 방식의 특징과 비교

DMA 개념을 확장하여 구현한 입출력만을 위한 전용처리장치이다. CPU 간섭 없이 독립적으로 IO 장치의 데이터를 처리한다. 자체 실행 명령어가 별도로 존재하고 하나의 명령에 여러 개의 BLOCK 입출력이 가능하다. 주기억장치에 상주하는 Channel Program에 의해 제어된다.

〈표 12 - 2〉 I/O Channel 방식의 종류별 특징

종류	내용
프로그램에 의한 I/O(Program Driven I/O)	CPU가 실행되는 프로그램의 입출력을 직접 제어하는 방식이다. CPU는 입출력 장치에 명령을 보낸 후 동작이 완료될 때까지 대기한다. 주기적으로 주변장치의 상태를 반복적으로 검사하는 방식을 'Polling' 방식이라고도 한다. CPU 자원이 비효율적으로 사용되며 낭비가 발생된다.
인터럽트 처리에 의한 I/O(Interrupt Driven I/O)	Program Driven I/O의 문제점을 개선한 방식으로 입출력 인터페이스가 주변장치의 상태를 검사하여 준비상태가 되면 인터럽트라고 하는 신호를 발생하여 입출력 처리를 요구하는 방식이다. CPU는 그 전에 수행되던 프로그램의 상태를 스택에 저장한 후 Context Switching 과정을 통해 인터럽트 서비스 프로그램을 수행한다. 주변장치에 명령을 보낸 후 주변장치로부터 결과가 올 때까지 CPU는 다른 작업을 수행할 수 있으므로 효율성이 증가된다.
직접메모리접근 I/O(Direct Memory Access: DMA)	CPU를 경유하지 않고 메모리와 입출력 장치 간에 직접 데이터가 전달 가능하게 전송하는 방식이다. 인터럽트 방식이 프로그램에 의한 입출력 방식보다는 효율적이지만 입출력을 위한 상태정보, 제어정보, 데이터 전송을 위해서는 여전히 CPU의 능동적인 개입이 요구된다. CPU는 상태정보, 제어정보만을 교환하게 하고 데이터 전송은 주변장치와 주기억장치 간에 직접 교환되게 하는 방식이 더 효율적인 DMA를 사용하기 위해서 시스템 버스상에 모듈이 하나 추가된 것이다. Hardwired Controller가 CPU 대신 입출력 담당. CPU는 입출력 관련 정보를 포함한 명령을 DMA에 보낸 후 다른 일을 계속. DMA 모듈은 CPU를 통하지 않고 한 번에 한 단어씩 직접 기억장치로부터 모든 데이터 블록을 전송한다. 전송이 완료되면 DMA 모듈은 CPU에 인터럽트 신호를 보내고 CPU는 전송의 시작과 끝부분에만 관여한다.
채널에 의한 I/O(I/O 채널 프로세서)	DMA 개념을 확장하여 구현한 입출력만을 위한 전용처리장치이다. 메모리와 입출력 장치 사이에 위치한 입출력 전용장치인 Channel에 의한 데이터를 전달한다. 입출력 채널은 CPU의 개입 없이 입출력 처리를 수행. 두 가지 형태의 입출력 채널이 있다.

- Channel I/O의 종류

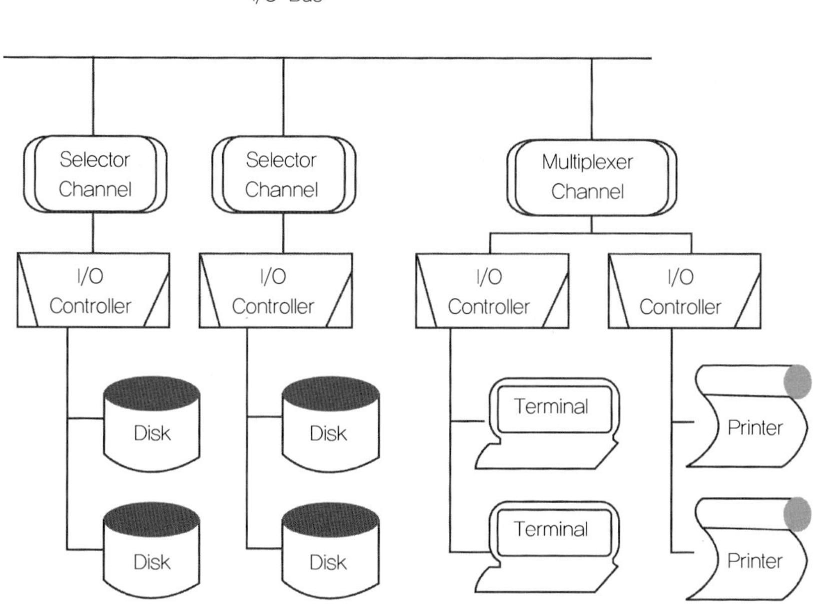

〈그림 12-11〉 I/O Channel의 종류

① 선택채널(Selector Channel): 각 Channel에 고정적으로 연결한다. DISK Driver와 같이 고속의 전송에 사용한다. 한 번에 하나의 입출력장치를 제어한다.

② 다중화 채널(Multiplexor Channel): 한 번에 여러 장치에 대한 입출력을 제어한다. 저속장치에는 바이트 다중화 채널, 고속장치에는 블록 다중화 채널을 이용한다. 각 channel에 연결된 장치를 정해진 시간마다 1개씩 할당한다. Printer와 같은 저속의 장치에 주로 사용한다.

- Cycle Stealing의 정의

CPU와 DMA가 동시에 버스를 사용하고자 할 때, 속도가 빠른 CPU가 속도 느린 DMA에 Bus 사용권을 먼저 주는 개념이다. DMA가 메모리 데이터 전송을 위하여 프로세서의 한 메모리 사이클을 중지시키고 실행하는 것을 말한다.

DMA가 memory에 접근하려면 BUS를 사용하여야 한다. BUS 사용권한은 CPU가 관장하고 있다. DMA가 작업하는 동안 CPU는 다른 작업을 하고 있으므로 Memory에 접근하기 위하여 BUS를 사용한다. CPU가 계속 사용하게 되면 DMA는 사용할 수 없는 Starvation 상태가 발생될 수 있다. CPU와 DMA가 동시에 버스를 사용하고자 할 때, 속도가 빠른 CPU가 속도 느린 DMA에 Bus 사용권을 먼저 주는 것을 'Cycle Stealing'이라 한다.

- Cycle Stealing의 목적

DMA가 메모리에 접근하려면 Bus를 사용하여야 하는데, CPU가 먼저 사용하면 DMA는 계속 사용할 수 없는 Starvation(자원부족) 현상이 일어날 수 있는 문제를 해결하는 데 있다. DMA가 메모리와의 Data 전송을 위한 BUS 사용을 위해 CPU의 한 cycle을 중지시키고 DMA의 작업을 실행하도록 한다.

- Cycle Stealing과 인터럽트의 차이

〈표 12-3〉 Cycle Stealing과 인터럽트의 차이

Polling	Interrupt	Cycle Stealing
✓ CPU가 수시로 각각의 주변장치들의 인터럽트 요구를 확인 ✓ 주변장치 상태 보존 안 함 ✓ CPU의 시간 낭비, 처리효율 감소 ✓ 프로그램 제어하의 직접 입출력 방식	✓ 주변장치에서 CPU로 들어오는 보고만 접수 ✓ 주변장치 상태 보존 처리 후 상태 복구 ✓ CPU 처리효율 증대 ✓ 인터럽트서비스 루틴에 의한 처리 ✓ 인터럽트 해제 시까지 CPU 정지	✓ DMA 모듈이 버스 사용을 위해 CPU 동작을 일시 중단 ✓ 프로그램 상태 정보 저장할 필요 없음 ✓ 한 사이클(버스사이클) 동안 잠시 CPU를 정지

Cycle Stealing의 구현 방법

DMA 제어기가 메모리 사이클 요청: DMA 제어기가 Memory Cycle Request 신호를 요청한다. 메모리 제어기(CPU)가 메모리 사이클 허용: CPU는 요청을 받으면 메모리의 다음 사이클을 제공한다(CPU는 한 사이클 동안 휴지 상태).

- Cycle Stealing을 이용한 DMA의 문제점

데이터를 전송할 때마다 시스템 버스를 두 번 이용하므로 성능 저하가 발생할 수 있다. Read/Write 경우, Data block이 512byte보다 클 경우 데이터를 버퍼링하는 내부 기억장치가 필요하다. 해결책으로 I/O Processor(Channel)를 사용하여 주요 프로세서와 독립적으로 입출력만을 제어한다.

　어떤 프로그램이든지 그 프로그램이 실행되기 위해서는 실행될 프로그램의
모듈의 일부가 메모리에 올라와 있어야 한다. 하지만 파일 전체를 물리적 메
모리에 올릴 수 있는 것이 아니다. 그리고 또한 효율적인 메모리 사용을 위해
서 그럴 필요도 없다. 그러한 이유로 메모리에 프로그램의 일부가 있고 그 요
청 페이지가 있는 경우도 있고 아닌 경우도 발생된다.

- 요구 페이징(Demand Paging)

　요구 페이징(Demand Paging)이란 이러한 관점에서 모든 내용을 메모리에
올려놓지 않고, 실행되는 프로세스에서 요구하는 시점에 그 내용을 올리기 위
한 페이지를 할당하는 기법이다.

〈Page Fault 시 처리 순서〉

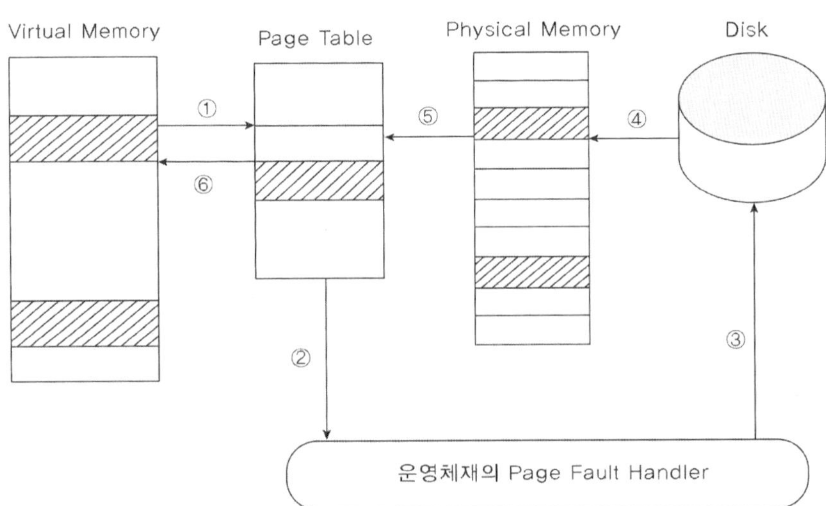

〈그림 13-1〉 운영체제의 Page Fault 처리 순서

① 프로그램이 접근하는 메모리가 유효한지 페이지 테이블의 유효 비트를 검색한다.
② 해당 페이지가 유효하지 않은 경우에 Page Fault 인터럽트를 발생한다.
③ 메모리에서 빈 공간이 없다면 페이지 교체 작업을 수행하여 빈 공간을 확보한다.
④ 메모리의 빈 공간에 Disk로부터 데이터를 읽어 와서 메모리에 적재한다.
⑤ 요청한 페이지가 메모리에 있는 것에 대해서 페이지 테이블을 갱신한다.
⑥ 인터럽트 수행을 종료함으로써 페이지 에러가 발생했던 명령어가 다시 수행되도록 한다.

● 페이지 교체 정책(Page Replacement Policy)

가상기억장치관리기법에는 크게 반입, 배치, 교체 기법이 있다.

1) 반입기법(Fetch Policy)

보조기억장치에서 실기억장치로 mapping할 페이지나 세그먼트의 적재시기를 선택한다.

〈표 13-1〉 페이지 교체 정책

기법	설명
요구반입기법(Demand Fetch)	명확히 참조되었을 때 그 페이지에 적재한다.
예상반입기법(Anticipatory Fetch)	페이지나 세그멘트가 곧 참조될 것이 예상될 때 미리 적재한다.

2) 배치기법(Placement Policy)

페이지나 세그멘트를 주기억장치 내 어디에 배치시킬지에 관여한다.

〈표 13-2〉 페이지 배치 기법

기법	설명
First Fit	주기억장치의 공간 중 프로그램을 저장할 수 있는 최초의 유용한 공간에 우선적 할당
Best Fit	여유 공간 중 그 크기가 저장될 프로그램과 가장 근사한 공간을 할당
Worst Fit	여유 공간 중 가장 큰 공간에 데이터 할당
Next Fit	한 번의 탐색이 끝난 다음부터 사용 가능한 공백을 찾아 할당

3) 교체기법(Replacement Policy)

실기억장치로 들어오는 페이지의 기억공간 확보를 위해 실기억장치의 어느 페이지를 가상기억장치로 돌려보낼 것인가를 결정하는 정책이다. 시스템자원을 Paging에 반복 소요하여 작업이 진행하지 않은 상태에서는 Thrashing을 유발할 수 있다.

〈표 13-3〉 페이지 교체 기법

기법	설명
최적화 원칙	이후로 가장 오랫동안 사용되지 않을 페이지 교체
무작위	교체될 페이지가 무작위로 결정
FIFO	주기억장치 내에 가장 오랫동안 있었던 페이지 교체
LRU	가장 오랫동안 사용되지 않은 페이지가 교체
LFU	가장 적게 사용된 페이지 교체
NUR	근래에 쓰이지 않은 페이지 교체
Working set	프로세스가 최근 참조하는 페이지들의 집합에 속하지 않은 페이지 교체

● 페이지 교체 기법(Page Replacement)

페이지 교체라는 것은 새로운 페이지를 디스크에서 읽어 메모리에 저장해야 할 때 기존 메모리 페이지 중 어떠한 페이지를 디스크로부터 교체해야 할지를 결정하는 것을 말한다. 이때 메모리로부터 내려간 페이지를 다음 프로세스가 참조하려 한다면 페이지 부재(Page Fault)가 발생할 것이다. 그리고 이러한 페이지 부재를 처리하기 위해서는 메모리로 다시 올리는 작업을 해야 한다. 이때 시스템은 이 페이지를 교체한다.

이렇게 페이지를 교체함에 있어서 어떻게 할 것인가에 대한 페이지 교체 정책은 시스템 성능에 영향을 미치는 매우 중요한 작업이다. 가장 좋은 정책은 앞으로 가장 오랜 시간 동안 사용되지 않을 페이지를 찾아 교체하는 것이다. 하지만 이러한 미래에 대한 부분을 알 수가 없으므로 대개는 FIFO(First In First Out)와 LRU(Least Recently Used) 방법을 사용한다.

1) LRU(Least Recently Used) 방식

이 방식은 메모리에서 가장 오랫동안 사용되지 않은 페이지를 교체하는 것으로 지역성의 원리에 의하여 일반적으로 프로세스의 메모리 참조 형태가 실행하고 있는 근처의 메모리를 참조하므로 자주 참조되지 않은 메모리는 가까운 미래에 가장 오랫동안 참조되지 않을 것이라는 사실에 기인한 것이다.

이 방식이 좋은 성능을 발휘할 수 있으나 어떻게 구현하느냐가 문제된다. 이를 구현하기 위해서 마이크로프로세서에서 명령어나 데이터의 사용을 위하여 메모리를 참조할 때 그 시간을 기록하거나 알릴 수 있어야 한다. 하지만 이는 또 다른 오버헤드가 된다.

LRU 교체를 완벽하게 지원하는 물리적 장치는 없다. 이를 위해서 참조 비트(Reference Bit)라는 것을 페이지 테이블에서 제공하고 있다. 참조 비트는

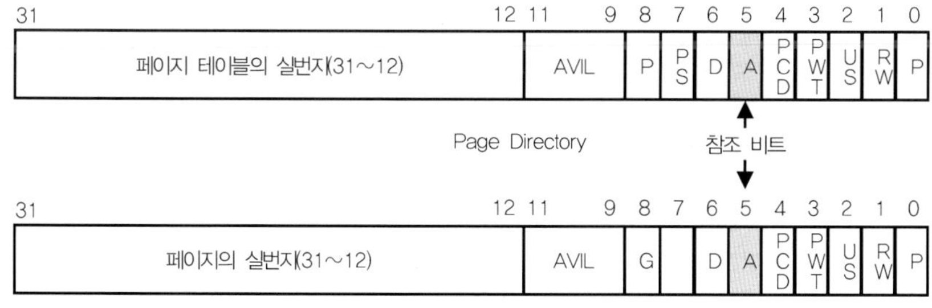

〈그림 13-2〉 LRU 방식

해당 페이지의 메모리가 참조될 때마다 마이크로프로세서가 그 페이지에 대한 참조 비트를 세트하여 주는 것으로 운영체제는 이를 이용하여 LRU에 근접한 방식을 구현해 낼 수 있으며 두 가지 알고리즘 방식이 있다.

① Additional Reference Bits 알고리즘

이 방법은 추가적인 8비트를 유지하고 있는 테이블을 하나 만들어 두고, 타이머 인터럽트를 사용하여 일정한 간격으로 이들 8비트를 한 비트씩 왼쪽으로 이동시킨 후 각 페이지의 참조 비트를 체크하여 체크가 된 페이지에 대해서는 이 8비트의 최하위 비트를 1로 세트하여 주고 해당 페이지의 참조 비트는 다시 0으로 바꾸어 주는 것이다.

만약 8번의 주기 동안 이 값이 00000000이었다면 해당 페이지는 한 번도 사용되지 않았던 것을 의미하며 11111111이었다면 해당 페이지는 타이머 간격마다 적어도 한 번 이상 참조되었다는 것을 의미한다.

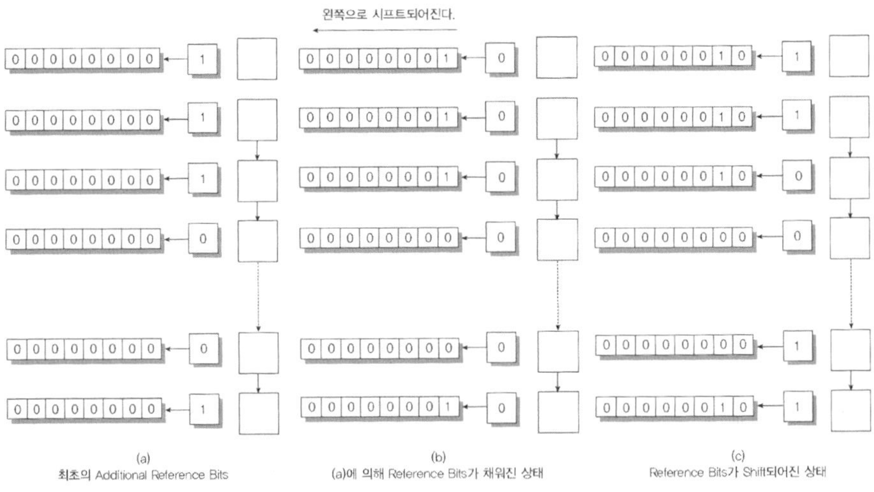

〈그림 13-3〉 Additional Reference Bits 알고리즘 방식

② Second Chance 알고리즘

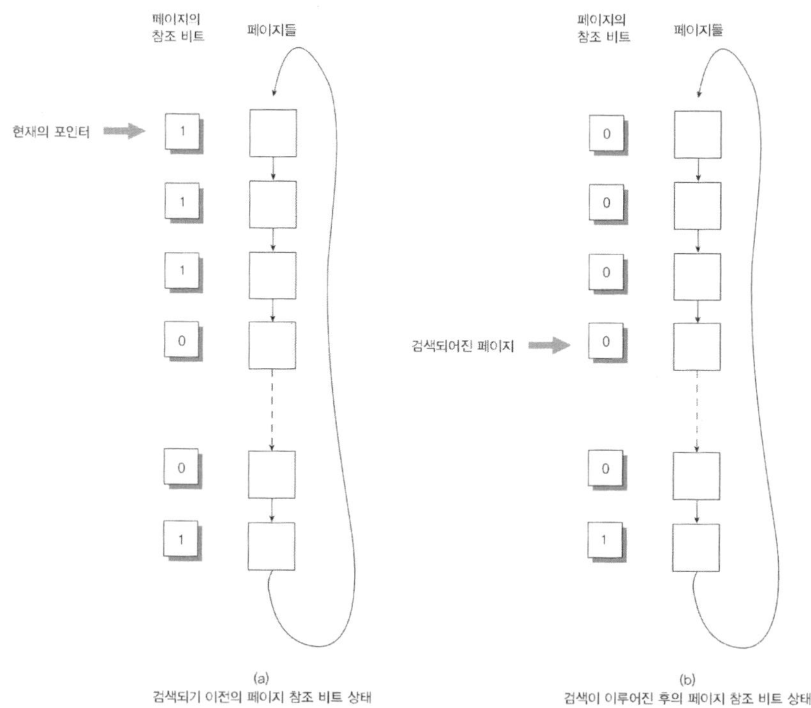

〈그림 13-4〉 Second Chance 알고리즘 방식

이 알고리즘은 순환 큐(Circular Queue)를 사용하여 다음에 교체될 페이지
들에 대한 목록을 저장한 후, 어떤 페이지 프레임을 버려야 할 것인지를 결정
하는 시점에 목록에 저장되어 있는 페이지들 중 참조 비트가 0의 값을 가진
페이지를 발견할 때까지 순차적으로 검색하는 방법이다. 이 동안 참조 비트가
1인 것은 0으로 바꾸고 0인 페이지가 발견되면 그 페이지는 교체되고 새로운
페이지를 순환 큐의 해당 위치에 삽입하게 되는 것이다.

2) FIFO(First In First Out) 방식

가장 간단하게 구현될 수 있는 페이지 교체 알고리즘으로 페이지들이 올라

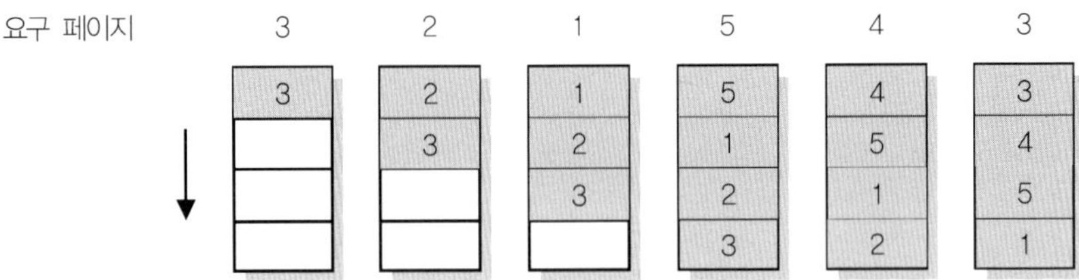

〈그림 13-5〉 FIFO 알고리즘 방식

온 순서로 큐(FIFO Queue) 구조를 가지고 있으므로 가장 먼저 들어온 페이지를 가장 먼저 내리는 방식이다.

이 방식은 구현도 쉽고 논리적으로는 가장 오래 있었던 것을 메모리에서 내리므로 타당성이 있어 보이나 실질적으로 오래 있었던 것이 오히려 계속 사용되는 상황이 있을 수 있기에 비효율적일 수 있다. 일반적으로 프로세스당 페이지를 많이 가질수록 페이지 부재가 줄어드는데, 이 방식은 더 많은 페이지를 할당할 경우 오히려 더 많은 페이지 부재가 발생할 수 있다는 사실을 Belay와 Nelson, Shedler가 발견하였고, 이 현상을 밸러리의 모순(Belady's anomaly)이라 부른다. 페이지가 많으면 페이지 부재가 줄어드는 것이 일반적이지만 그렇지 않은 경우도 존재한다.

이러한 페이지 교체 정책을 구현하기 위해서 실제 물리적 메모리 중 어떤

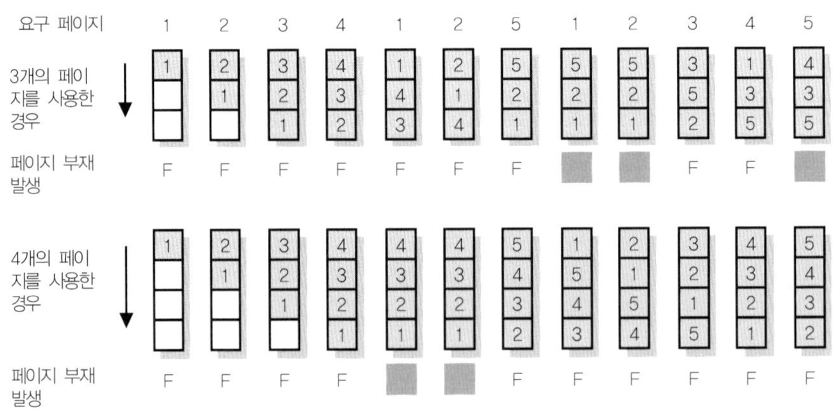

〈그림 13-6〉 밸러리의 모순 현상

메모리가 사용되고 있고 어떤 메모리가 비어 있는 상태인지 정보를 저장하고 있는 테이블을 'Page Frame Number Database'라고 한다.

● Thrashing의 정의

만일 어떤 프로세스가 너무 적은 양의 메모리 페이지 할당으로 실제 프로세스가 원하는 명령어의 실행 시간보다 페이지 부재의 발생으로 페이지 교체를 수행하는 데 소비하는 시간이 더 많아진다면 수행보다 교체가 많아서 컴퓨터의 성능 저하 현상이 온다. 이러한 현상을 스레싱(Thrashing)이 발생했다고 한다.

다중 프로그램 기능을 갖춘 가상기억 시스템에서 CPU가 프로그램의 실행보다 페이징 시간이 많이 걸려 처리속도가 급격히 떨어지게 된다. 높은 우선순위의 인터럽트가 많이 발생하게 되면 정상적인 프로세스를 밀어내게 되는데, 이러한 때에 발생되기도 한다.

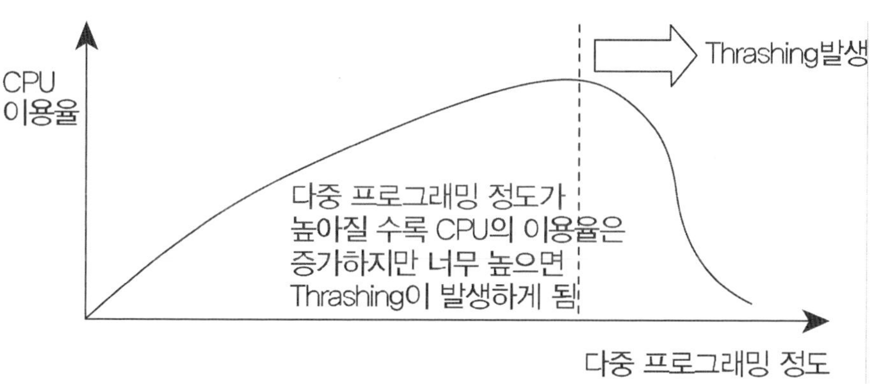

〈그림 13-7〉 다중 프로그램 정도에 따른 Thrashing 발생 정도

위는 프로세스의 증가에 따른 CPU의 이용률 그래프이다. 프로세스의 개수가 일정 개수까지 증가할수록 CPU의 이용률이 높아짐을 볼 수 있으며, 이 개수가 일정 개수를 넘어가게 될 경우 CPU의 이용률이 급격히 떨어져 시스

템의 성능이 매우 저하됨을 알 수 있다.

이러한 현상은 프로세스의 개수가 증가할수록 각각의 프로세스가 가질 수 있는 메모리 페이지 개수는 줄어들 것이고, 각 프로세스가 사용할 수 있는 메모리 페이지의 감소는 더 많은 페이지 교체가 발생하게 될 것이며, 이는 실제 CPU가 어떠한 작업을 처리하는 시간보다 페이지 교체를 위한 디스크 I/O작업을 기다리는 데 소비하는 시간이 더 많기 때문에 발생되는 현상이다. 이러한 현상을 막기 위해서 운영체제는 프로세스가 가져야 하는 페이지의 수를 적절히 조절해 주어야 한다.

● Thrashing의 발생 원인 및 영향

과다한 Multi - Processing을 사용하는 경우에 문맥교환이 빈번히 일어나면서 발생될 수 있다. 주기억장치의 부족으로 발생하는 현상이다. 어떤 프로세스가 실제 사용하는 수만큼 충분한 페이지 프레임을 갖지 못한 경우에 페이지 부재가 빈번하게 발생한다. 이 경우 실행 중인 프로세스는 계속 페이지 교체를 수행해야 하므로 Thrashing이 발생하게 된다. 또 다른 Thrashing의 발생 원인은 부적절한 페이지 교체 정책에 있을 수 있다. 지역성(Locality) 및 페이지 빈도 등을 고려하지 않은 경우 발생된다.

● Thrashing의 해결 방안(Working Set)

멀티프로그램의 정도를 낮추면 시스템 부하가 감소되므로 해결이 가능할 수 있다. 각 프로세스 서비스를 위해 할당하는 Time slices(수행 시간 할당량)를 늘려 준다. 페이지 히트가 많아지도록 페이지 관리 정책을 채택한다. 부족한 자원을 증설하는 방법이 있다.

<표 13-4> Thrashing의 해결 방안

해결 방안	내용
Locality(지역성)	시간 지역성, 공간 지역성
우선순위 교체 알고리즘	High priority Paging Algorithm
프로세스별 최소 프레임 보장 방법	Working Set Model - 일정 기간 동안 참조되는 페이지 집합을 주기억장치에 유지한다. Page Fault Frequency - 페이지 부재율이 낮으면 페이지 프레임 수를 줄이고, 페이지 부재율이 높으면 페이지 프레임 수를 늘린다.

<표 13-5> Thrashing 회피를 위한 고려 요소

고려 요소	설명
Pre-paging	과도한 페이지 부재를 방지하기 위해 관련된 모든 페이지를 사전에 한꺼번에 메모리에 로드한다.
Page size	페이지 크기는 항상 2의 거듭 제곱이다.
Inverted page table	페이지 테이블을 위한 메모리 공간을 줄이는 기법이다.
프로그램 구조	프로그램 개발 시 지역성을 고려하고, 개발 언어에 따른 특성을 고려한다.
입출력 상호 잠금	사용자 공간으로는 I/O 방지, 페이지를 메모리 Lock하는 방법이다.

● Locality의 정의

지역성(Locality)이란 개념은 프로세스가 메모리를 참조할 때 메모리의 여러 부분을 균일하게 액세스하는 것이 아닌 어떤 특정 부분만을 집중적으로 참조한다는 개념이다. 프로그램이 지역성을 가지고 수행되는 것은 프로그램의 특성 때문이다.

프로그램은 모든 코드나 데이터를 균등하게 Access하지 않는다. 프로그램은 최근에 사용했던 데이터나 명령어를 사용하는 경향이 있다. 기억장치 내의 정보를 균일하게 액세스하는 것이 아닌 어느 한순간에 특정부분을 집중적으로 참조하는 특성이 있다.

적중(Hit): CPU가 주기억장치를 참조할 때 Cache에서 참조하고자 하는 워드를 찾은 경우

실패(Miss): 원하는 워드를 Cache에서 못 찾을 경우

적중률(Hit Ratio): (적중의 수) / (주기억장치 접근의 총수) = (적중의 수) /

(적중의 수 + 실패의 수)

- Locality의 종류

〈표 13 - 6〉 Locality의 종류

구분	내용	사례
시간적 지역성 (Temporal locality)	최근 참조된 메모리가 가장 가까운 미래에 다시 참조될 가능성이 높다는 특성	- 순환(Looping) - 부프로그램(Sub Program) - 스택(stack) - 횟수와 합계에 사용되는 변수
공간적 지역성 (Spatial Locality)	최근에 사용된 기억장소와 인접한 메모리가 참조될 가능성이 높은 특성	- 배열(Array) - 순차코드의 실행 - 인접한 위치의 관련 변수

- Locality의 적용

Cache Memory의 Replace Algorithm 구현에 적용된다. 최근 가장 적게 사용된 것을 교체하는 방식인 LRU(Least Recently Used)라는 기법은 시간적 지역성의 원리가 적용된 것이다.

Cache Memory의 Fetch Algorithm 구현에 적용된다. 필요한 정보와 필요 예상 정보를 미리 인출하는 Pre - Fetch(선인출)는 공간적 지역성의 원리를 적용한 예이다.

- Locality를 이용한 관리기법

1) 기억장치 계층구조

주기억장치와 CPU 사이의 중간에 Cache를 두어 자주 액세스하는 데이터

를 저장함으로써 주기억장치를 액세스하는 데 걸리는 시간을 줄일 수 있는
개념이다. 기억장치 참조의 지역성으로 자주 액세스하는 페이지(블록)가 한정
되어 있으므로 잦은 Cache Miss 없이 프로그램이 수행될 수 있다.

2) Cache Access 시간

CPU와 주기억장치 간의 속도차이를 보완하여, CPU 대기시간을 최소화하
기 위한 고속 저장장치인 Cache Memory의 적중률 극대화를 위해 사용하는
개념이다.

3) Working Set

하나의 페이지가 자주 액세스하는 페이지들의 집합을 의미하며 기억장치
참조의 지역성으로 자주 액세스하는 페이지들의 집합인 Working Set을 주기
억장치에 배치시킴으로써 Page Fault를 줄이고 Trashing을 예방한다.

- Working Set의 정의

지역성(Locality) 모델(1968, Denning)을 기반으로 하여(시간/공간 구역성)
특정시간에 실행되는 프로그램에 최근 참조했던 페이지들의 집합을 'Working
Set'이라고 한다. 원래 하나의 프로세스에서 메인 메모리에 올라갈 수 있는
페이지들의 양을 작업세트라 한다. 다른 표현으로는 실행 중인 프로세스가 일
정 시간 동안 참조하고 있는 페이지들의 집합을 의미한다.

프로세스들은 주어진 시간 간격 동안 자신의 페이지들 중 일부를 더 자주
접근하려는 지역성이 있으므로 이를 이용하면 페이지 부재율을 감소시킬 수
있다. 프로그램이 효과적으로 실행되기 위해서는 활동 프로세스의 Working
Set이 메모리에 적재되어 있어야 한다. 프로세스가 진행하는 동안 Working
Set은 계속 변화한다.

- Working Set의 특징

지역성(Locality) 모델을 기반으로 한다. 프로세스 간격 시간 t－w에서 t 사이에 참조하는 모든 페이지 Set을 말하며 여기서 변수 w를 Working Set의 Window Size라고 한다.

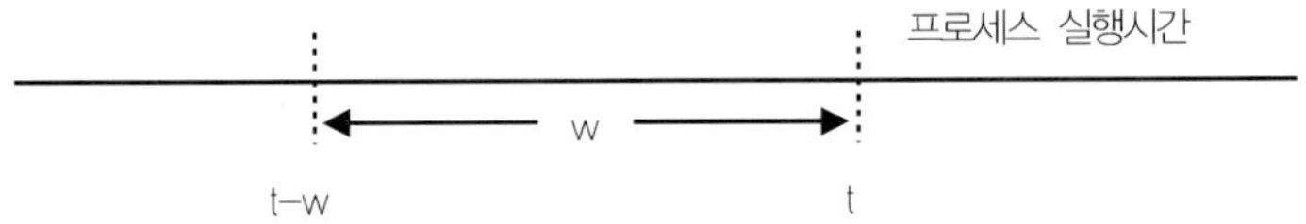

〈그림 13－8〉 Working Set 의 Window Size

Working Set의 크기는 Window Size가 커짐에 따라 주기억장치에서 지내는 Working Set도 커지지만 Window Size가 너무 크게 되면 주기억장치의 용량을 초과하게 되어 더 이상 Working Set은 증가하지 않게 된다.

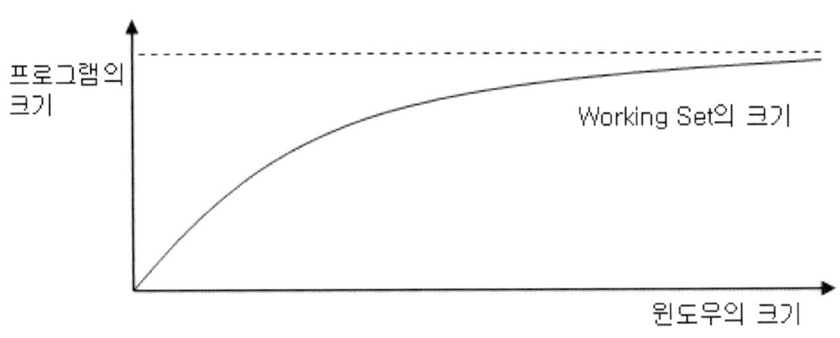

〈그림 13－9〉 Window Size 및 프로그램의 크기에 따른 Working Set의 크기

- 작업 세트 크기 결정

1) 고정 크기 할당 정책

프로세스가 생성될 때 메인 메모리에 유지할 페이지 수(작업세트의 크기)를

결정하게 되며 그 이후 그 프로세스의 작업세트 크기를 계속 유지하게 된다. 따라서 추가적인 페이지가 필요할 때에는 페이지의 교체를 수행해야 한다.

2) 가변 크기 할당 정책

프로세스가 실행되는 동안 페이지의 할당 수를 다르게 하는 것으로, 페이지 부재가 자주 발생하는 프로세스의 경우 그 페이지의 할당 수를 늘려 줌으로써 페이지 부재를 줄여 주고, 페이지 부재가 적게 발생하는 프로세스의 경우 그 할당 페이지 크기를 줄여 줌으로써 다른 프로세스가 사용할 수 있는 메인 메모리의 페이지 수를 늘려 줄 수 있게 하는 것이다. 이 정책은 매우 이상적으로 보이는 방법이기는 하지만 운영체제가 활동 중인 프로세스에 대하여 모니터링해야 하므로 많은 오버헤드를 초래하게 된다.

● 교체 범위 결정

1) 지역적 교체 정책(Local Replacement Policy)

이 정책은 페이지 부재를 일으킨 프로세스의 페이지에 대하여 그 프로세스가 소유한 작업세트 내의 페이지로 교체 페이지를 선택하는 것이다.

2) 전역적 교체 정책(Global Replacement Policy)

이 정책은 페이지 부재를 일으킨 프로세스의 페이지에 대하여 전체 메인 메모리 중 커널이 위치한 페이지 또는 특별히 락(Lock)이 걸린 페이지를 제외한 모든 페이지를 교체 대상으로 삼는 것이다.

- 윈도우 운영체제에서의 작업 세트 관리

프로세스가 생성될 때 작업세트(Working Set)의 상한치와 하한치를 설정하여 놓은 후 그 프로세스가 가질 수 있는 작업세트의 크기를 이 범위 내에서 가질 수 있도록 보장해 준다.

윈도우 운영체제의 메모리관리자는 메인 메모리에 가용 페이지가 넉넉히 있는 페이지 부재가 발생했을 때에는 작업세트의 상한치를 넘지 않는 범위 내에서 메인 메모리의 페이지를 작업세트로 할당해 주고, 만약 상한치까지 꽉 채워졌다면 지역적 교체 정책에 따라 해당 프로세스의 작업세트 중 LRU의 교체 정책에 의해 교체 작업을 수행한다. 그리고 메인 메모리의 가용 메모리가 시스템이 정한 임계치보다 낮을 경우에는 각 프로세스가 가지고 있는 작업세트를 조사하여 하한치보다 넘게 할당된 페이지들을 FIFO 알고리즘으로 회수하게 된다.

- Working Set의 주기억장치 할당 방법

대부분의 작업세트(Working Set)는 프로세스가 처음 실행될 때 새로운 페이지들을 참조해야 하기 때문에 점차적으로 그 크기는 늘어나게 되며, 그 이후에는 지역성(Locality)의 특성으로 프로세스의 작업세트 크기 또한 안정된 상태로 유지되어 그 변화량이 작아진다.

그리고 이후 다시 다른 루틴으로의 제어 이동과 같은 원인으로 그 흐름이 바뀌게 되고, 이 경우 다시 그 작업세트의 변화가 커지게 된다.

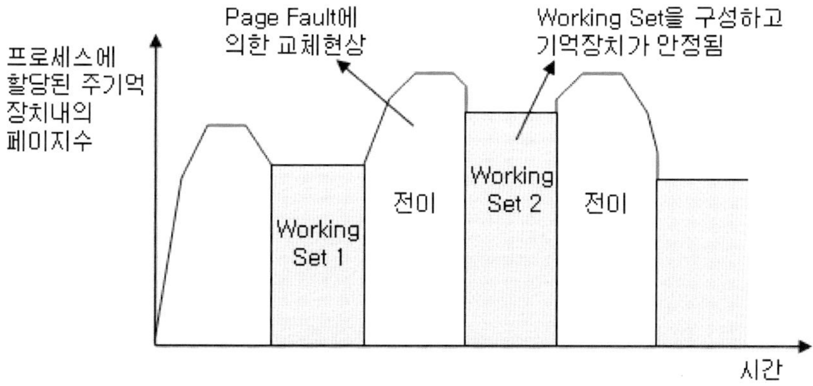

〈그림 13-10〉 Working Set 변화에 따른 프로세스 페이지 수 변화 추이

① 처음 프로세스는 Working Set에 하나씩 페이지를 추가한다.

② 그 프로세스는 점진적으로 Working Set을 수용할 수 있는 만큼 기억장치를 할당받는다.

③ 이 프로세스가 첫 번째 Working Set을 확보하고, 그 Working Set을 참조하게 되면 그 프로세스의 기억장치 사용은 안정상태가 된다.

④ 또다시 언젠가 다음 Working Set로의 전이가 발생되며, 다음 Working Set에서 상태가 안정될 때 프로세스의 기억장치 사용이 안정된 상태로 된다.

● 페이지 부재 빈도(Page Fault Frequency)

Working Set보다 더 직접적인 접근 방법으로 페이지 부재 발생 시에 Frame의 수를 조정하는 방법이다. 프로세스 변화에 유동적으로 상주 페이지 집합을 고친다. 직접적으로 Thrashing을 방지하면서 페이지 부재율을 예측하고 조절한다. 페이지 부재율의 상한과 하한을 이용한다.

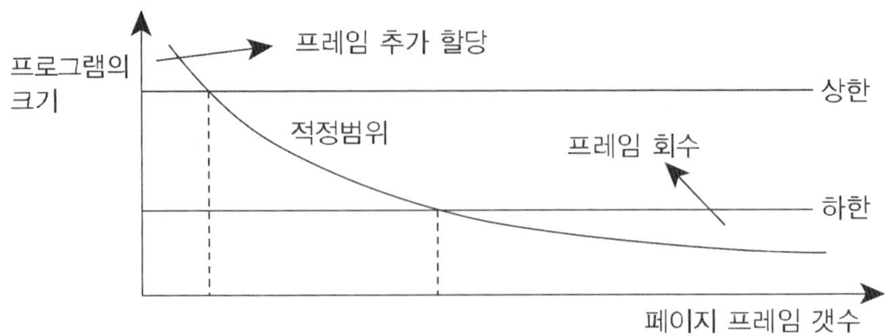

〈그림 13-11〉 페이지 프레임 개수에 따른 프로그램 크기 변화 추이

✓ 페이지 부재율 > 상한: 그 프로세스에 Frame 더 할당한다.

✓ 페이지 부재율 < 하한: 그 프로세스로부터 Frame 회수한다.

✓ 페이지 부재가 자주 발생하면 Frame의 수가 점점 많아지게 되고 페이지 부재 발생 빈도가 낮아지면 Frame의 수가 점점 적어지게 된다.

✓ 페이지 부재 발생 시에만 Frame의 수를 조정하므로 Working Set에 비해 Overhead가 낮다.

〈표 13-7〉 Working Set과 PFF 비교

구분	Working Set	PFF
내용	매번 참조 시마다 Resident Page Set 조정	페이지 주재 발생 시에만 Resident Page Set을 조정
Overhead	High Overhead	Low Overhead

● 디스크에 대해서

알루미늄이나 동판을 원판으로 만들어 회전시키고, 그 위에 발라 놓은 자성체를 헤드가 자화시켜 기록하는 장치, 디스크 팩(disk pack)으로 사용한다.

디스크 팩에서 각 면의 동일 순번 트랙을 하나의 단위로 하여 실린더(cylinder)라 한다. 이것은 동일 순번의 트랙을 따라 금을 그으면 원통과 같기 때문에 붙여진 이름이다. 디스크 팩에서는 데이터를 처리하는 순서가 항상 실린더 단위로 이루어지게 된다.[11]

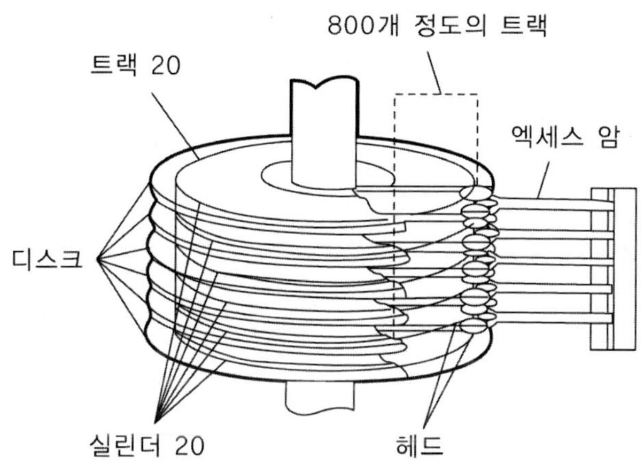

〈그림 14-1〉 디스크의 구성도

---

11) 용어
 - **트랙**: 헤드가 이동하면서 회전시키면서 만든 동심원들
 - **섹터**: 이러한 트랙을 몇 등분으로 나눈 것
 - **실린더**: 수직의 원판
 - **탐색시간(seek time)**: 헤드가 그 트랙이 있는 곳으로 이동하는 시간
 - **검색시간(search time)**: 해당 트랙 내에서 해당 위치를 찾는 시간
 - **전송시간(transmission time)**: 판독/기록 헤드에 의해서 판독, 기록되는 시간
 - **회전지연시간(rotational latency time)**: 데이터가 현재 위치에서 판독/기록 헤드에 인접한 위치까지 회전하는 데 걸리는 시간. 대기시간이라고도 함.

- ## 디스크 스케줄링의 정의

탐색시간을 최소화하기 위해, 대기 중인 디스크 요청을 적절히 배열하는 작업,
즉 레코드를 탐색하는 시간을 최소화하기 위하여 요구 대기행렬의 순서를 정하
는 작업을 의미한다. 다수의 프로세스가 여러 개의 디스크의 입출력을 요구할
때 좀 더 효율적으로 요청을 처리하기 위한 우선순위를 정하는 것을 말한다.

디스크 스케줄링 기준은 처리량(Throughput)[12]이 많을수록, 평균응답시간
(Mean Response Time)이 짧을수록 응답시간 편차(Variance in Response
Times)가 적을수록 스케줄링이 높은 효율을 갖는다고 말할 수 있다.

작은 부하의 상황에서는 FCFS가 요구를 처리하는 데 적당하고, 부하가 큰
상황하에서는 스케줄링이 FCFS보다 더 좋은 수행결과를 가져오게 된다.

- ## 디스크 스케줄링 기법의 종류

디스크 스케줄링 방법은 디스크를 검색하는 방법에 따라서 FCFS(First
Come First Served), SSTF(Shortest Seek Time First), Scan, SLTF(Shortest
Latency Time First), C - Scan(Circular scan), N - Step Scan, Eschenbach
기법 등이 있다.

1) FCFS(First Come First Served)

가장 간단한 스케줄링으로 요청 대기 큐에 먼저 들어온 요청이 먼저 서비
스를 받는 것을 말한다. 더 높은 우선순위를 가진 요청이 도착하더라도 요청
의 순서가 바뀌는 일이 없다. 일단 요청이 도착하면 실행 예정 순서가 고정된
다는 점에서 공평하다. 탐색 패턴을 최적화하려는 시도가 없다. 디스크에 부
하가 많이 걸린다. 부하가 적을 때는 적합한 기법이다.

---

12) 처리량(throughput): 단위시간당 처리되는 요구의 수
    평균응답시간(mean response time): 평균 대기시간, 평균 서비스시간
    응답시간 편차(variance of response time = 예견성: predictability): 각 항목이 얼마만큼 평균에서 벗
    어나 있는가를 나타내는 것

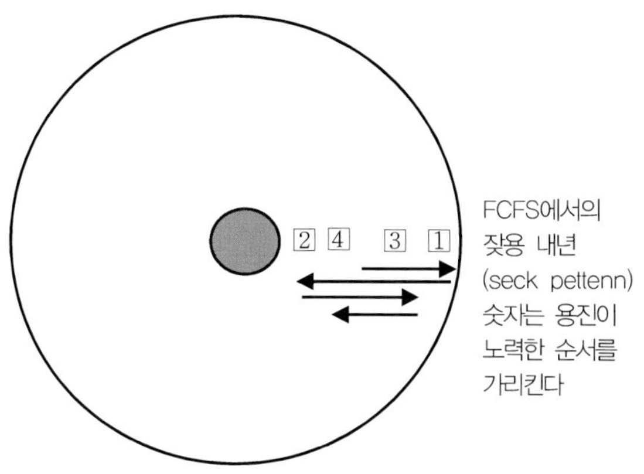

〈그림 14-2〉 디스크 스케줄링 종류(FCFS)

2) SSTF(Shortest Seek Time First)

탐색거리(seek distance)가 가장 짧은 요청이 먼저 서비스를 받는 기법이다. 탐색 패턴이 편중되어 안쪽이나 바깥쪽 트랙이 가운데 트랙보다 서비스를 덜 받는 경향이 있다. FCFS보다 처리량이 많고 평균 응답시간이 짧다. 처리량이 주안점인 일괄 처리에는 유용하나 응답시간의 편차가 크기 때문에 대화형 시스템에서는 부적합하다.

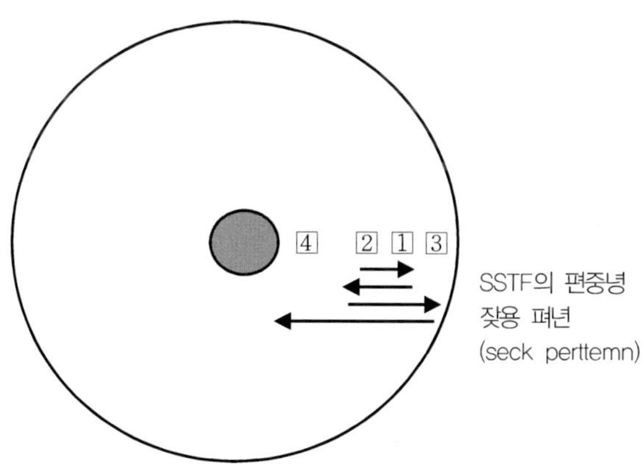

〈그림 14-3〉 디스크 스케줄링 종류(SSTF)

SSTF 탐색 패턴은 중간범위의 트랙에 비해 최내각과 최외각 트랙이 서비스를 절대로 받지 못하는 심각한 국부성을 갖는 경향이 있다. 특정요청들을 차별하는 경향으로 응답시간에 큰 편차가 생긴다.

3) Scan

Denning이 SSTF가 갖는 응답시간의 편차에 있어서의 차별 대우와 큰 편차를 극복하기 위해서 개발한 기법이다. SSTF와 같은 동작을 하지만 진행방향상의 가장 짧은 거리에 있는 요청을 먼저 수행한다. 일명 엘리베이터 알고리즘이라 부른다.

선택된 방향이 현재 방향이면 SCAN은 외부 방향에서 가장 짧은 탐색 거리를 선택하며, 최외각 실린더를 만나거나 선택된 방향에서 기다리는 요구가 더 이상 없을 때에는 방향을 바꾸어 작업을 계속한다.

처리량과 평균 응답시간을 개선하였다는 점에서는 SSTF와 같지만 SSTF에서 발생하는 차별대우를 많이 없애고 낮은 편차를 갖는다. 실제 구현되는 대부분의 디스크 스케줄링 전략의 기본이 되어 있다. SCAN은 SSTF와 같이 실린더 지향방법이다.

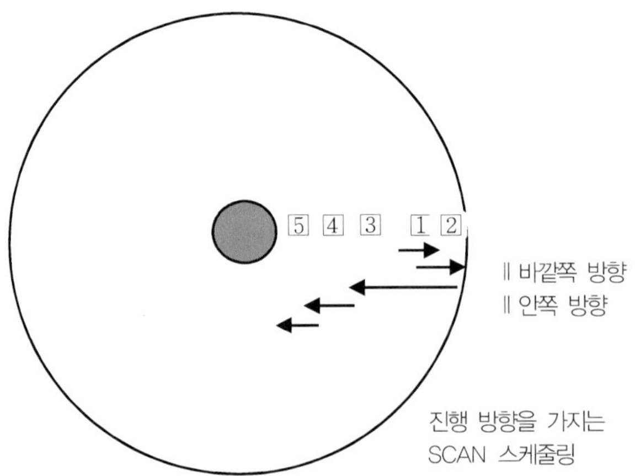

〈그림 14-4〉 디스크 스케줄링 종류(SCAN)

SSTF에 비해 응답시간의 분산이 감소된다. 헤드의 이동 방향이 정해진 상태에서 SSTF 형태로 서비스이다. 대부분의 디스크 스케줄링 기법의 기본이다. SCAN 변형으로 LOOK 스케줄링이 있는데, 현재 진행방향에 더 이상 Request가 없으면 방향 전환을 하는 방식이다.

3) SLTF(Shortest Latency Time First)

탐색시간 최적화의 SSTF 방법과 유사한 것으로 회전시간을 최적화하는 방법으로 일단 디스크 암이 특정 실린더에 도착하면 그 실린더의 여러 트랙에 대해 많은 요구들을 검사한 후 가장 짧은 회전지연을 갖는 요구를 우선적으로 서비스한다.

일명 섹터 큐잉(sector queueing)이라 부른다. 요구가 디스크 주위의 섹터 위치에 따라 대기 행렬에 정렬되고 가장 가까운 섹터가 우선적으로 서비스되기 때문이다.

4) C-Scan(Circular Scan)

C-scan 스케줄링은 항상 바깥쪽 실린더에서 안쪽 실린더로 이동하면서 가장 짧은 탐색시간을 갖는 요청을 서비스해 준다. 더 이상의 안쪽의 요구가 없을 때 헤드는 가장 바깥쪽의 요청으로 옮겨져서 다시 안쪽으로 움직이면서 요청을 처리하는 과정을 시작한다.

가장 안쪽과 바깥쪽의 실린더에 대한 차별 대우를 없앤다. 응답시간의 편차가 매우 작다. 회전시간 최적화(Rotational Optimization)를 겸비하여 부하가 아주 많은 상황을 효과적으로 취급한다. 시뮬레이션 결과에 의하면 부하가 적은 경우에는 Scan 기법이, 부하가 많은 경우에는 C-scan 기법이 가장 좋은 효과가 있다.

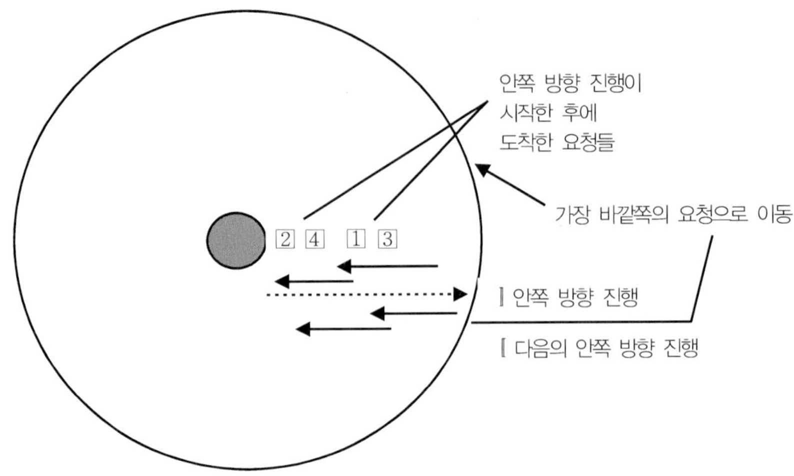

〈그림 14-5〉 디스크 스케줄링 종류(C-SCAN)

5) N-Step Scan

N-단계 SCAN에서는 어떤 방향의 진행이 시작될 당시 대기 중이던 요청들만 서비스한다. 즉 진행 도중 도착한 요구들은 한데 모아져서 다음의 반대 방향 진행 때 최적으로 서비스를 할 수 있도록 정렬한다. SSTF나 SCAN보다 응답시간의 분산이 감소된다.

무기한 연기(Indefinite Postponement)의 가능성을 제거해 준 방식이다. N-단계 SCAN은 처리량과 평균 응답시간에서 좋은 효율을 보이며, 응답시간의 편차가 작다.

6) Eschenbach

C-SCAN과 동일하나 각 실린더에서 1회전 시간 동안만 서비스한다. 각 실린더의 요구들에 대하여 서비스할 순서를 정해야 한다. Seek Time과 Rotational Delay를 동시에 줄이기 위한 기법이다. 헤드는 C-SCAN처럼 움직이는데 예외로 모든 실린더는 그 실린더에 요청이 있든지 없든지 간에 전

체 트랙이 한 바퀴 회전할 동안의 서비스를 받는다.

부하가 큰 항공 예약 시스템을 위해 개발된 방법으로 탐색시간뿐만 아니라 회전지연시간도 최적화하려는 최초의 시도이다.

● 스케줄링 알고리즘 시간 비교

각 디스크 스케줄링 기법의 헤드의 총 이동거리를 계산해 보면 다음과 같다.

현재 헤드의 위치: 50
트랙 0번 방향으로 이동
요청 대기 열: 100, 180, 40, 120, 0, 130, 70, 80, 150, 200

1) SSTF기법

진행방향과 상관없이 이동거리가 짧은 쪽으로 우선 서비스한다. 현재 헤드에서 가까운 거리에 있는 헤드로 이동하면 된다.

현재 50→40→70→80→100→120→130→150→180→200→0

10＋30＋10＋20＋20＋10＋20＋30＋20＋200 => 총 이동 거리 370

2) SCAN기법

헤드의 진행방향순으로 서비스한다. 진행방향을 반드시 알려 줘야 한다. 만약 헤드 안쪽방향(0→200)으로 진행하고 있다면 요청한 트랙번호를 다음과 같이 배치해야 한다.

40 [50] 70 80 100 120 130 150 180 200

50→70→80→100→120→130→150→180→200→40

20＋10＋20＋20＋10＋20＋30＋20＋160 => 총 이동 거리 310

3) C-SCAN기법

무조건 안쪽 방향으로만 서비스한다. 진행방향을 알려 주지 않는다. 요청한
트랙번호를 다음과 같이 배치한다.

40 [50] 70 80 100 120 130 150 180 200

50→70→80→100→120→130→150→180→200→0→40

20+10+20+20+10+20+30+20+200+40 => 총 이동 거리 390

● 디스크 캐싱(Disk Caching)

디스크 캐싱을 가진 시스템은 레코드 다음 기록이 필요로 하는 버퍼의 장
소가 없을 때까지 남아 있게 되며, 바로 그때에 레코드가 실제로 디스크에 기
록된다. 디스크 캐싱의 요점은 빈번히 사용되는 기록을 주 기억 장소의 디스
크 캐시에 보관하는 것으로 빈번히 사용되는 레코드일 경우 잘 작동되며, 이
문제를 해결하기 위해 Locality Heuristic[13) 기법을 사용한다.

● 디스크 공간 할당

1) 디스크 연속 공간 할당(Contiguous Allocation)

파일이 보조기억장치의 연속된 공간을 할당받게 되는 것을 의미한다. 액세
스 시간이 훨씬 감소된다. 파일의 디렉터리를 구현하기가 쉽다. 단편화 문제
가 발생된다. 주기적으로 집약(compaction)을 한다. 기억공간이 낭비되는 경
우가 많다.

---

13) Locality Heuristic: 최근에 참조된 기록이 가까운 장래에 참조될 가능성이 크다는 점

2) 디스크 불연속 공간 할당(Noncontiguous Allocation)

파일은 디스크상에 분산되어 있는 여러 개의 섹터가 모여 구성되며, 동일 파일에 속하는 섹터들은 다른 섹터를 가리키는 포인터를 가지고 있어 파일은 하나의 연결리스트를 이룬다. 집약(compaction)이 필요 없다. 파일이 디스크 상에 분산되어 있어서 레코드를 검색할 때 긴 탐색시간이 필요하다. 추가비용이 필요하다. 링크에 포인터가 차지하므로 실제 데이터가 저장될 기억공간이 감소된다.

3) 디스크 블록 할당(Noncontiguous Allocation)

연속할당과 불연속할당기법의 절충형이다.

① 블록체인기법(Block Channing)
사용자 디렉터리의 각 항목은 각 파일의 첫째 블록을 가리키는 포인터이며, 파일을 구성하는 고정길이의 각 블록들은 데이터 블록과 다음 블록을 가리키는 포인터이다.

② 인덱스 블록 체인기법(indexed block channing)
각 인덱스 블록에는 일정수의 항목이 있으며 각 항목에는 레코드 식별자와 그 레코드를 가리키는 포인터가 있다.

③ 블록 지향 파일 사상기법(block - oriented file mapping)
포인터 대신 블록의 번호를 사용한다. 즉 디스크의 각 블록에 대해 하나의 항목이 파일 사상표에 들어 있다.

15   RAID(Redundant Array of Inexpensive Disks)

● RAID(Redundant Array of Inexpensive Disks)[14]의 정의

개념은 여러 디스크를 병렬로 구축하여 물리적으로는 여러 개의 디스크들로 존재하나 논리적으로는 하나의 디스크처럼 보이는 디스크 병렬 구축 기술이다. 데이터 배열을 이루고 있는 물리적인 디스크 드라이브들에 분산된다.

데이터를 분할해서 복수의 자기 디스크 장치에 대해 병렬로 데이터를 읽는 장치 또는 읽는 방식으로 여러 디스크를 병렬로 연결하여 사용하는 기법이다. 접근 속도와 가용성이 증가되며 물리적 디스크 용량의 제약을 벗어나 대용량 디스크처럼 사용 가능하도록 하는 기법이다.

저용량, 저성능, 저가용성인 디스크를 배열 구조로 중복 구성하여 크고 고가인 디스크 장비(SLED: Single Large Expensive Disk)를 대체하는 기술이다. 복수의 드라이브 집합을 하나의 저장장치처럼 다룰 수 있고 장애 발생 시 데이터 무결성을 보장하고 디스크 각각이 독립적으로 동작할 수 있도록 구현된 저장장치 기술이다. 여분의 디스크(Redundant Disk)는 디스크 오류 발생 시 데이터 복구를 보장하기 위한 패리티(Parity) 정보를 저장하는 데 사용된다.

● RAID의 등장배경

1988년 버클리의 David Patterson, Garth Gibson, Randy Katz가 SIGMOD 에서 "A Case for Redundant Arrays of Inexpensive Disks"라는 논문을 발표함으로써 RAID 기술을 상용 디스크 제품에 적용하기 위한 연구가 시작됐

---

14) 초기에는 약어가 Redundant Array of Inexpensive Disks를 의미하였다. 고가의 고용량 디스크에 비해서 저용량의 저비용 디스크를 연결시켜 만들었다는 의미이다. 산업체에서는 RAID 배열이 성능과 신뢰도를 상당히 향상시킨다는 것을 강조하기 위하여 Independent라는 용어를 사용하고 있다.

다. 이 논문에서 데이터와 패리티(Parity) 정보를 디스크에 배치하는 방법에 따라 디스크 어레이를 RAID 1에서 RAID 5까지 다섯 가지로 분류하였으며 이후에 RAID 0, RAID 1 Enhanced, RAID 6이 추가되었다.

저장장치의 입출력 속도에 대한 고려가 부족하고 데이터 전송속도가 전반적인 시스템의 성능을 초래한다. 데이터의 저장장치(HDD)의 불량으로 인한 시스템 불량이 전체 불량에서 차지하는 비중이 가장 크다.

C/S환경의 등장으로 사용자에게 데이터 손실 시 안전한 복구기능과 Disk의 확장성이 요구된다. 프로세스의 처리 속도는 매년 50~60%씩 증가하나 디스크저장장치의 처리 속도는 약 7%만 성장한다. 프로세스와 I/O장치 간의 속도 차이는 전체 시스템의 입출력 병목현상을 야기하기 때문이다.

• RAID의 필요성

〈표 15-1〉 RAID의 필요성

대용량	데이터의 멀티미디어화, 디지털화 및 대량화로 인한 대용량 저장장치 요구
가용성	데이터 중복 저장 및 오류 검출을 통하여 데이터 장애에 대비한 가용성 및 안정한 복구 기능 요구
고성능	여러 디스크를 통한 병렬처리를 통한 Access Time을 최소화하여 성능 향상 효과와 확장 가능한 구조 요구
상호 호환성	이기종 다중 플랫폼 간의 정보 공유 요구
유지보수성	손쉬운 유지보수로 비용 절감

• RAID의 기술의 원리

RAID에서는 Disk Subsystem[15]과 Disk Array를 통해서 구성할 수가 있

---

15) RAID 관련 용어

Disk Subsystem: 하드디스크 드라이브들과 이들을 연결하고 Host 시스템과 인터페이스를 가능하게 하는 하드웨어이다.

Disk Array: Disk Subsystem과 하드디스크 드라이브를 제어하는 기능이 있는 Management 소프트웨어가 합쳐진 개념이다. 여러 개의 하드디스크 드라이브를 병렬로 연결하여 데이터를 저장하고 이 중 일부를 Parity 저장 디스크로 사용하여 데이터 가용성을 높여 주는 저장장치를 의미한다.

다. 그리고 RAID가 구현되는 것은 크게 두 가지 원리이다.

1) Data Stripping

데이터를 여러 조각으로 나누어 여러 Disks로 분산 저장하고 동시에 Access를 가능하게 한다. 성능 향상을 위해 논리적으로 연속된 데이터 세그먼트들이 물리적으로 여러 개의 디스크에 라운드로빈 방식으로 나뉘어 기록될 수 있는 것이다.

2) Redundancy

일부 Data가 손실된 경우 복구할 수 있도록 Data를 중복 저장하는 것을 의미한다.

- RAID의 구현 유형

〈표 15-2〉 RAID의 구현 유형

하드웨어 방식	소프트웨어 방식
Disk 전용 컨트롤러에 의해서 구성	서버에 별도의 관리 S/W 설치
OS 독립적으로 구성되어 서버 부하 없음	하드웨어적인 RAID 컨트롤러 불필요
컨트롤러 구성으로 데이터 안정성 확보	RAID 구성의 유연성 제공
컨트롤러 장애 시 RAID 정보 손실 가능	OS 손상 시 RAID 구성 정보 손실 가능

- ● RAID의 구성 요소

〈표 15-3〉 RAID의 구성 요소

구성 요소	설명
RAID 전용 Controller	제어 기능
Cache Memory	성능 향상
Striping Data Recording 방식	I/O 성능 향상
Mirroring, Parity	Data의 안정성 보장
Hot-swap & Online Data Rebuild	무정지 구동 및 유지보수

- ● RAID의 Level

1) RAID 0 Level-Striping

중복이 없이 데이터를 여러 개의 디스크에 분할하여 저장하는 방식이다. 단순 Disk Striping, 즉 하나의 파일을 여러 블록으로 나누어 여러 디스크에 저장 저비용이나 장애 대처 기능이 없다.

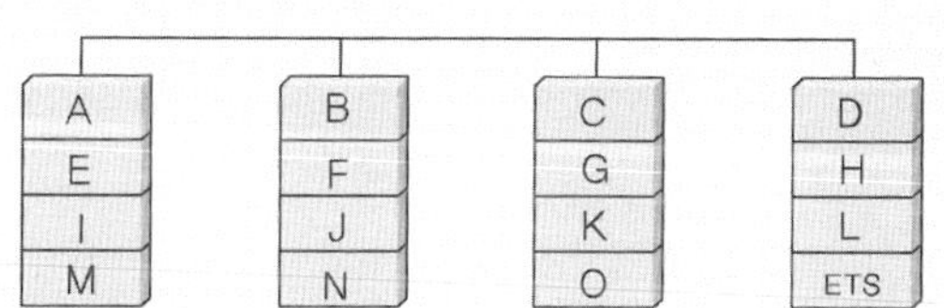

〈그림 15-1〉 RAID 구조-0 level

데이터를 Segment 단위로 각각의 디스크에 분산 저장한다. 높은 I/O 성능, 데이터는 병렬로 Write, 디스크는 비동기 동작한다. 중복 저장 및 오류 교정 정보를 위한 검사 디스크를 두지 않았다. 패리티가 없어서 일부 디스크 고장 시 복구할 수 없다. 단순 데이터 블록의 손실을 생각하지 않고 I/O 성능만 생각한 방법이다.

장애발생에 대비한 여분의 공간을 갖지 않으므로 데이터 복구 기능이 부재하다. 여러 가지 응용 프로그램을 동작시키는 데 있어서 I/O 성능을 높이기 위하여 사용되는 일종의 Mapping 기법이다. 가용 용량이 전체 용량의 100%이다.

대용량 객체의 병렬 입출력이 가능하며 저비용이고 빠른 성능요구 업무 대용량 구현에 적합하다.

2) RAID 1 Level - Mirroring and Duplexing

모든 디스크마다 하나의 중복 디스크를 설치하여 동일 데이터를 중복으로 저장하는 방식이다.

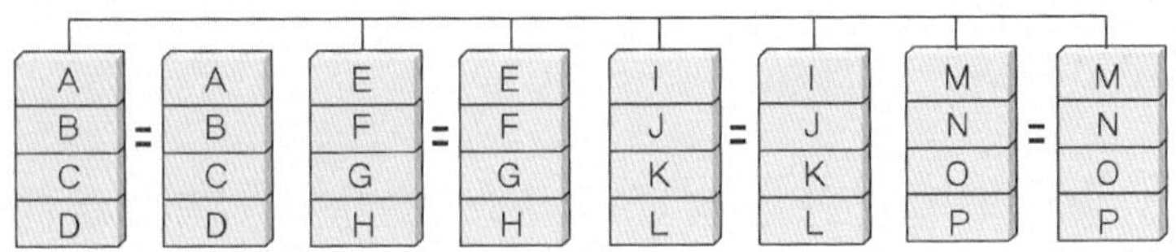

〈그림 15-2〉 RAID 구조-1 level

데이터를 Physical Disk에 복사하여 저장하므로 높은 데이터의 가용성을 보장하고 동시에 빠른 I/O 성능을 보장한다. 디스크 고장 시 자동 전환 가능, 최소한의 Array 구성으로 되어 있다. 장애에 대한 대책 기능이 가장 안정적이다. 하지만 경제성을 고려하지 않은 구조이다.

가격이 고가이며, 이중 데이터 저장한다. 데이터 읽기에 대한 성능을 향상시킨 구조이다. 1차 Disk가 Busy일 때 2차 Disk를 이용할 수 있다. 최소 2개의 드라이브로 구성된다. 가용 용량이 전체 용량의 50%이다.

고비용이지만 데이터의 이중화로 장애 시 안정성을 확보할 수 있다. 높은 신뢰도를 필요로 하는 고장 허용성(Fault Tolerant) 응용에 적합하다. 금융 기관 등 Mission Critical한 업무를 진행하는 데 적합하다.

3) RAID 2 Level - Hamming Code ECC(Error Correction)

자료를 비트별로 각 디스크에 순서적으로 저장하는 방식이다. 비트 수준에서 모든 드라이브의 Parity는 오류를 식별하는 해밍코드와 함께 저장한다. 오류 정정을 위해서 해밍 코드를 사용하며 이를 위해 여러 개의 검사 디스크가 존재한다.

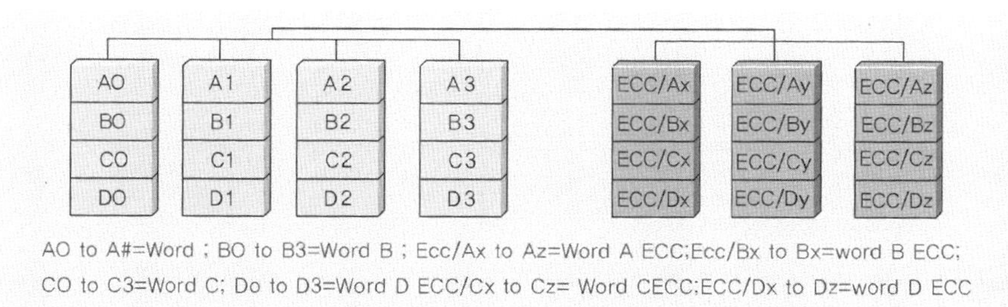

〈그림 15-3〉 RAID 구조-2 level

데이터를 분할하여 Bit 단위의 Interleaving으로 검사 Disk를 사용한다. 다중 전용 패리티 디스크를 사용한다. 한 개의 Disk 고장 시 패리티 디스크 사용으로 데이터를 복구한다. 오버헤드는 낮으나 Random I/O 시에 패리티 디스크에 병목 현상이 발생할 수 있다. 모든 디스크들이 Lock-Step으로 동작한다.

자료 분실을 막기 위해서 Hamming 오류정정 코드를 사용한다. 4개의 저장 디스크를 위해 3개의 오류 정정 디스크를 사용한다. Hamming Code를 이용한 오류 검출과 정정을 위한 것으로 검사에 많은 Overhead와 SCSI 드라이브의 경우 에러 검출 능력이 있으므로 사용되지 않고 개념만 있다. 대용량 객체를 병렬 입출력하며 오류 교정이 가능하므로 높은 신뢰도를 필요로 하는 응용 분야에 사용된다. 상업적으로 구현이 안 되어 있다.

4) RAID 3 Level-Single Check Disk Per Group RAID, Parallel transfer with parity

한 개의 그룹당 중복디스크를 하나만 할당하는 방식이다. 여러 개의 디스크에 데이터에 관련된 정보를 저장하고 독립적으로 단일 Parity 디스크를 사용하는 방식이다.

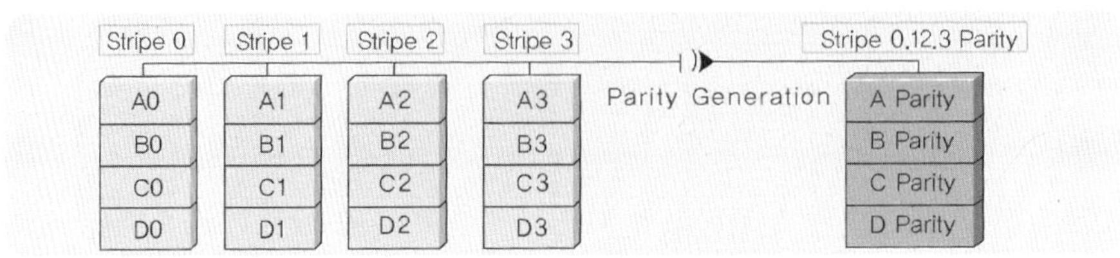

〈그림 15-4〉 RAID 구조-3 level

데이터 디스크에 Segment 단위로 저장하며 별도의 디스크에 Parity 데이터를 저장한다. 데이터에 대한 모든 요청을 동기화된 디스크에서 병렬로 Read/Write한다. 각각의 Disk에 데이터를 Bit 단위로 Stripping하여 기록하며 안정성 확보를 위해 별도의 Disk에 Parity Disk를 저장한다. Management S/W가 Disk Array를 통합적으로 관리한다. 최소 3개의 드라이브가 필요하다. 대용량 데이터 처리에 적합하다.

세그먼트 단위로 I/O가 발생하며 Bit/Byte Interleaving을 하며 특정 검사 디스크를 지정한다. 모든 디스크들이 Lock-Step으로 동작한다. 그룹당 한 개의 패리티 디스크를 할당한다. 모든 드라이브에 걸쳐 있는 데이터 Stripping과 한 드라이브상에 유지되는 Parity 데이터를 생성한다.

5) RAID 4 Level-Independent Data disks with shared Parity disk / Independent Disk Array

RAID 3 Level과 비슷한 방식으로 별도의 디스크에 Block 단위로 저장한다.

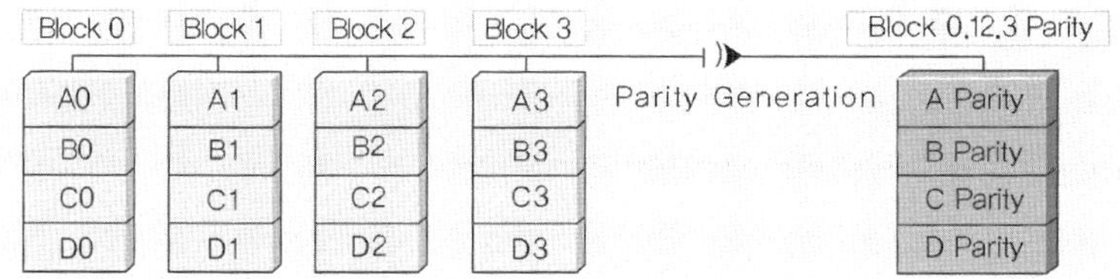

〈그림 15-5〉 RAID 구조-4 level

RAID 3 Level과 데이터 MAPPING과 보호 방식이 비슷하다. 차이점은 RAID 3 Level은 Management S/W가 disk array를 통합적으로 관리하고 RAID 4 Level은 각각의 디스크 그룹들을 독립적으로 관리하는 차이가 있다. 한 디스크로 Read/Write 시 그룹의 모든 디스크로 Read/Write가 필요하다.

독립적인 입출력을 가지며 블록 단위로 I/O가 발생된다. 단일 검사 디스크가 존재한다. 그룹당 한 개의 별도 패리티 디스크를 할당한다. 대용량 객체의 병렬 입출력이 가능하며 소량 데이터를 사용하는 정보 검색응용에 가능하다. 단일 오류 교정 기능이 가능하며 NAS에 적용되고 있다.

6) RAID 5 Level-Rotating Independent Disk Array / Independent Data disks with distributed parity blocks

RAID 4의 Parity의 병목현상을 해결하기 위한 방식으로 데이터와 Parity를 함께 Striping하여 각 디스크에 저장하는 방식이다.

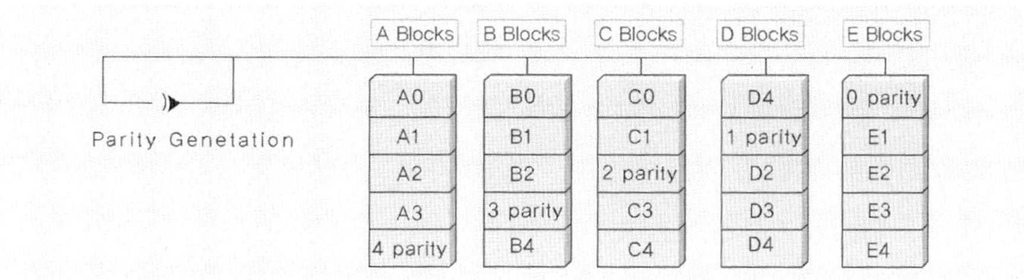

〈그림 15-6〉 RAID 구조-5 level

하나의 Parity Chunk를 여러 개의 데이터 Chunk와 같은 Level에 저장하여 데이터를 보호한다. 패리티 디스크가 별도로 있지 않고, 패리티 데이터를 데이터 디스크에 다른 데이터들과 함께 저장한다는 것이 특징이다. 최소 3개 이상의 디스크가 필요하다. 가용 용량이 전체 용량의 약 75%이다. Parity 구성에 따라 가변적이다.

분산 검사 디스크를 사용하며 패리티 정보를 위한 블록을 분산하여 저장한다. 패리티는 모든 드라이브에 기록, 패리티 계산 시 XOR 알고리즘을 사용하고 단일 실패지점이 존재하지 않는다.

대용량 객체의 병렬 입출력이 가능하며 높은 처리속도를 보장하며 I/O가 빈번한 곳에 적합하다. 소량 데이터를 사용하는 온라인 트랜잭션에 적합하다. OLPT성 업무, 일반 기업 업무에 사용된다.

7) RAID 0+1 Level

RAID 0의 장점인 빠른 처리속도와 RAID 1의 Mirroring을 이용한 구성방식이다.

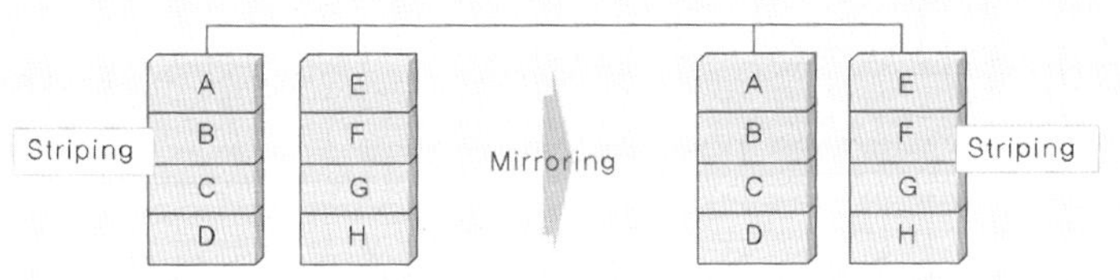

〈그림 15-7〉 RAID 구조-0+1 level

8) RAID DP(Dual Parity)

DP는 이중 패리티(Dual Parity)의 약자인데, RAID-DP라는 것은 넷앱이 독자적 기술로 개발해 새로 발표한 기술이다.

RAID-DP는 기본적으로 RAID-4가 가지는 모든 장점을 그대로 가져간다. RAID-DP가 RAID-4를 기반으로 만들어졌기 때문이다. 이중 패리티라는 말 자체가 알려 주듯이 패리티를 이중으로 가져간다는 것이다. 좀 더 정확히 말하면 패리티 디스크가 하나의 RAID 그룹에 두 개가 들어간다. 그렇다면 두 개의 디스크에 장애가 발생해도 데이터는 멀쩡히 살아 있을 수 있다.

한 개의 디스크에 장애가 생기면 RAID-4나 RAID-5에는 보통 여유분의 디스크인 스페어 디스크(Spare Disk)가 있기 때문에 자동으로 이 스페어 디스크에 기존의 데이터 정보를 기초로 한 패리티 연산을 통해 그대로 원래의 데이터를 100% 살려 낼 수 있다.

문제는 이 데이터를 살려 내는 시간 동안 또 다른 디스크가 장애가 나는 최악의 사태가 흔하지는 않지만 발생은 한다는 것이다. 더군다나 요즘처럼 해가 갈수록 단위 디스크 모듈의 크기가 날로 증가하는 추세에 있어서 이러한 데이터 재생 시간도 비례해서 증가하게 된다. 단순한 확률적인 계산으로 따지면 RAID-DP는 RAID-5에 비해 70만 배 정도 안정성이 향상된다. 물론 어디까지나 확률적인 문제이다. 그럼 여기서 한 가지 의문이 생긴다. 일반적으로 대용량의 볼륨은 몇 개의 RAID 그룹으로 나뉘게 된다. RAID 4의 예를 들면, 파이버 채널 기반의 스토리지를 기준으로 데이터 디스크 7개에 패리티 디스크 1개의 8개 디스크를 하나의 RAID 그룹으로 묶는 것이 일반적이다.

여기에 RAID-DP를 적용하면 데이터 디스크 6개에 패리티 디스크 2개가 돼 결국 디스크 한 개의 용량만큼 가용량이 줄어들게 된다. 하지만 실제적으로는 그렇지 않다. RAID-DP를 적용할 때에는 데이터 디스크 12개에 패리티 디스크 2개를 하나의 RAID 그룹으로 묶는 것이 권장 사항이다. 그렇다면 결국 가용할 수 있는 데이터 공간은 동일하고 안정성은 훨씬 향상되는 두 마리 토끼를 동시에 잡을 수 있게 된다.

● RAID-DP 적용의 당위성

그렇다면 지금 사용하고 있는 스토리지에 RAID-DP를 바로 적용해야 할까. 지금까지도 잘 쓰고 있었는데 갑자기 RAID 레벨을 바꾸는 게 좀처럼 쉽지 않을 것이다. RAID-1을 사용하다가 RAID-5로 바꾼다면 볼륨 전체의 데이터를 백업한 후에 해당 볼륨을 파괴하고 RAID-5로 다시 재구성한 후에 데이터를 복원시키는 '엄청난' 작업이 필요하다.

물론 반대의 경우도 마찬가지다. 그동안에 서비스가 중지돼야 함은 물론이거니와 이러한 작업을 좋아하는 운영자는 아무도 없을 것이다.

RAID‒DP를 사용하고자 한다면 OS가 DataONTAP 6.5인지 확인해야 한다. 만약 그렇다면 데이터의 백업과 복구, 볼륨의 파괴와 재생성, 서비스의 중단과 같은 만나고 싶지 않은 일들은 결코 일어나지 않는다.

볼륨의 RAID만 RAID‒DP로 바꿔 주는 명령 한 줄이면 바로 RAID‒DP로 바뀌게 된다. 어떤 이유에서건 RAID‒DP에서 RAID‒4로 돌아가는 일 또한 같은 과정을 밟는다. 물론 이중 패리티가 저장될 디스크 여유분이 있어야 함은 물론이다.

● RAID의 장점

고가용성 / 데이터 보호
시스템에 있는 디스크의 수가 증가함에 따라 특정 디스크가 장애를 일으킬 가능성도 있지만 Disk Array는 디스크의 장애에 대비한 보완적 면역성을 가질 수 있다.

드라이브 접속성의 증대
운영체제에 여러 개의 물리적 드라이브가 하나의 논리적 드라이브로 보임으로써 논리적 드라이브 수의 제한을 피할 수 있다.

저렴한 비용과 작은 체적으로 대용량 구현
여러 개의 소용량 드라이브로 대용량 드라이브를 대체할 수 있다.

지능형 컨트롤러에 의한 유연성 증가
특정 디스크 장애 발생 시 자가 대체 기능 동작으로 장애 복구 시간 단축이 가능하다.

데이터 분산에 의한 효율성 제고

하나의 디스크 입출력 요구에 대하여 여러 디스크에 데이터를 분산시키고 병렬적으로 입출력을 처리함으로써 효율성이 증가한다.

● RAID의 단점

MBTF[16] 감소

디스크의 수가 증가할수록 그중 하나의 디스크가 장애를 일으킬 확률은 증가한다.

장애대책 비용 고가

장애대책을 위한 비용이 포함되어 있는 개념으로 비용이 고가이다.

오버헤드 발생

단일의 데이터에 대한 분산된 입출력 시 오버헤드가 발생된다.

● RAID 적용 시 고려 사항

현재 디스크 용량과 향후 증가할 디스크 용량을 감안하여 구성해야 한다. RAID 유형 가운데 현재 운영환경 및 응용 프로그램의 성격을 고려하여 결정해야 한다. 성능 대비 가격의 적정성을 고려한다. 운영 시 유지보수 편의성과 다수 컴퓨터와의 공유 가능성도 고려해 봐야 한다.

〈표 15-4〉 RAID 적용 시 고려 사항

적용 가능성	적용기술의 계층, Cache 지원 부분, 디스크 모듈 간의 인터페이스 방식 고려
유지보수성	운영 시 유지보수의 용이성 및 공유 가능 여부 확인
확장성	현재 디스크 용량과 향후 증가 예상되는 디스크 용량을 감안
ROI 고려	성능 대비 가격의 적정성 고려
기술 적용	현재 시스템의 환경과 적용이 가능한 RAID 레벨 고려

---

16) MTBF(Mean Time Between Failures): 평균 무고장 시간으로 어떤 하드웨어 제품이나 구성요소가 얼마나 신뢰도가 있는지에 대한 척도이다.

• 스토리지 시스템의 정의 및 필요성

스토리지 시스템이란 저장 매체로서의 역할을 하는 디스크가 규모가 커지고 독립적으로 수행이 되는 시스템이다. RAID와 같이 여러 개의 디스크를 묶어서 논리적으로 큰 디스크로 사용하려는 기술로 만들어진 확장성에 있다면 이에 독립적 운영 기능을 더한 것이다. 이러한 스토리지 시스템이 본격화된 배경은 아래와 같다.

• 스토리지 통합관리의 필요성

기업 정보화에 따라서 IT 솔루션(DW, ERP, KMS 등)이 도입됨에 따라서 기업에서 필요한 대용량 데이터 처리 요구가 늘어나고 이를 저장할 수 있는 매체 이상의 시스템이 필요했다. 단순 저장 차원을 넘어서는 효율적인 스토리지 형태가 필요한 것이다.

또한 데이터의 멀티미디어화를 들 수 있다. 기업의 데이터뿐 아니라 개인의 콘텐츠도 멀티미디어 디바이스의 증가와 UCC와 같은 콘텐츠가 증가함에 따라서 저장에 고효율화가 필요한 것이다. IT Governance 등 사회적 요구도 스토리지의 발전에 기여한다. 전자메일의 일정 기간 보존 의무화와 각종 종적의 유지와 관련 규제의 발효 등이 그것이다.

서버의 증가에 따라 서버에 연결되어 있는 스토리지의 관리가 갈수록 어려워지고 있다. 또한 무정지 시스템 등이 요구되는 서비스가 많아 백업 및 재난 복구(DRS)가 필요하다.

<표 16-1> 스토리지 통합의 필요성

데이터의 멀티미디어화	멀티미디어 기반 데이터 증가로 용량 증대
대용량 처리 능력	기업 정보를 토대로 한 새로운 비즈니스의 창출(ERP, DW 등)
체계적 관리 요구	기업 자원의 통합적 관리가 필요

- DAS(Direct Attached Storage)의 정의

스토리지의 전형이며 원조로서 시스템에 직접 연결된 스토리지 서버가 채널(SCSI 또는 Fiber Channel)을 통해 대용량 저장장치(Data Server)와 외장형 저장장치를 직접 연결하여 사용하는 방식이다.

작은 용량에 데이터 공유가 필요 없는 저렴한 스토리지 솔루션이며 엔터프라이즈급 스토리지 기술 발달로 장차 SAN으로 업그레이드할 수 있는 SAN-Ready형 대형 스토리지에 적용되고 있다.

- DAS(Direct Attached Storage)의 특징

서버와 전용 케이블로 연결한 외장형 저장장치. 서버/클라이언트 환경에서의 부족한 저장 공간을 가장 쉽게 확보하는 방법으로 서버 자체에 물리적으로 외부 저장장치를 연결하는 것이다.

미디어는 스카시(SCSI, Small Computer Systems Interface), 전용 케이블인 파이버 채널(Fiber Channel), SSA(Serial Storage Architecture) 등 3가지를 사용하며 3가지 미디어 모두 블록 I/O 프로토콜(Block In/Out Protocol)을 사용한다.

각 서버는 자신에게 할당된 각자의 파일 시스템 관리 서버에서 채널을 통해 저장장치에 직접 연결되므로 속도가 빠르다. 다른 서버에 할당된 저장장치 영역 접근이 불가하여 파일 공유가 불가능하다. 통합 저장장치에 연결되는 서버의 수 한계가 있다. 스토리지에 따라 지원되는 접속방식, 접속포트의 개수,

접속에 지원되는 서버 종류가 다르다.

　작은 용량, 데이터 공유가 필요 없는 경우 사용 가능한 저렴한 솔루션에 사용된다. 네트워크에 연결된 각 서버에 외부 저장장치를 추가함으로써 필요한 데이터를 물리적으로 가까운 곳에서 접근할 수 있고 확장이 용이하다.

　하지만 데이터의 증가에 따른 외부 저장장치의 계속적인 추가는 서버의 효율성을 저하시키는 문제가 있다. 또 다른 문제는 네트워크상의 서버가 다운되는 경우에는 중지된 서버에 장착된 저장장치도 사용할 수 없게 되어 중앙 집중식 시스템과 같은 취약점이 있다.

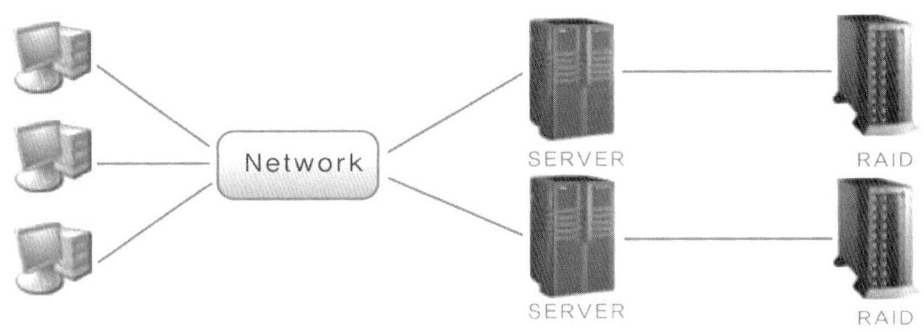

〈그림 16-1〉 DAS의 구조도

● DAS(Direct Attached Storage)의 장점

〈표 16-2〉 DAS의 장점

장점	내용
설치 용이성	스토리지와 서버 간의 연결이 이미 SCSI 케이블로 내장되거나 Point to Point 연결로 짧은 거리에 설치가 용이함
저비용	SCSI 케이블은 비용이 상대적으로 저렴하여 설치가 쉽고 연결거리가 짧아서 소유하는 데 드는 비용이 적음
고성능	연결 자체가 이미 스토리지를 위해 고안되었고 프로토콜도 스토리지 프로토콜인 SCSI 블록 I/O를 사용하기 때문에 어떤 타입의 애플리케이션에도 그 성능이 최적화됨
유연성과 개방성	모든 종류의 스토리지 프로세싱에 최적화되어 있는 일반 솔루션으로 일반 용도의 솔루션을 구현할 때 상당한 유연성과 개방성을 제공
안정성	전용 케이블을 사용하여 데이터 전송 성능 보장을 통한 안정성

- DAS(Direct Attached Storage)의 단점

〈표 16-3〉 DAS의 단점

단점	내용
제한된 확장성	접속 확장이 가능한 SCSI 버스의 수나 처리 가능한 데이터의 용량의 확장이 제한적임
파일 공유 불가능	시스템 간의 파일 공유는 불가능하여 같은 데이터를 필요한 시스템마다 가지고 있어야 하는 비효율적인 중복 저장 발생
총 소유 비용 증가	일반적으로 구매단계에서는 DAS가 저렴한 솔루션으로 여겨지나 대규모의 데이터와 서버를 관리할 경우 비효율적인 관리 비용 초래

- NAS(Network Attached Storage)의 정의

네트워크(LAN, WAN)와 같은 Ethernet Interface를 통해 네트워크에 연결된 저장장치 솔루션으로 파일 및 데이터를 사용자에게 제공함으로써 서버 시스템과 하드웨어 독립성을 부여하는 저장장치 시스템이다.

파일 서버는 파일 공유와 파일 서비스라는 서버로서의 기능으로부터 시작된 솔루션이다. 파일 서버의 한계를 극복한 것이 NAS(Network Attached Storage)이다. NAS는 저장장치의 기능을 강조한 것으로 저장장치 부분의 하드웨어적 성능/기능뿐 아니라 소프트웨어적 기능이 예전의 파일 서버와는 차별화되었다. 그리고 I/O 측면에서도 범용 OS 대신에 파일 서비스에 특화된 전용의 OS를 채용함으로써 보다 나은 I/O 성능을 제공하고 있다.

그리고 역할에 있어서도 기존의 파일 서버가 End-User 단말에 대한 파일 서비스를 제공하는 역할을 강조한 반면 NAS는 End-User 단말에 대한 기존 파일 서버의 역할뿐만 아니라 애플리케이션 서버의 데이터를 네트워크(LAN)를 통해 저장하여 네트워크가 연결된 곳에서는 언제 어디서라도 스토리지를 접속해서 사용할 수 있는 애플리케이션 서버에 대한 저장장치로서의 역할도 하고 있다.

- NAS(Network Attached Storage)의 특징

   ✓ DAS의 Port 수 제한을 극복하는 솔루션
   ✓ LAN 또는 WAN과 같은 네트워크에 연결된 스토리지 시스템
   ✓ Ethernet 등 기존의 네트워크를 이용 유연성, 확장 용이
   ✓ 파일 시스템이 전용 파일 서버에 의해 관리되므로 파일 공유 가능
   ✓ 전용 파일 서버를 경유하여 파일에 접근하므로 접속 단계 복잡
   ✓ 모든 I/O 오퍼레이션이 파일 I/O 프로토콜을 사용
   ✓ 데이터 저장장치와 서버 간의 독립성을 유지
   ✓ 파일 서버와 데이터 저장장치는 전용 케이블로 연결함
   ✓ 장애 시 복구 능력이 SAN보다 떨어짐
   ✓ 대용량 트랜잭션 처리를 필요로 하는 DB 업무에는 부적합
   ✓ UNIX의 NFS(Network File System), Windows의 CIFS(Common Internet File System)와 같은 파일 Access 기능에 적합

- NAS(Network Attached Storage)의 구조

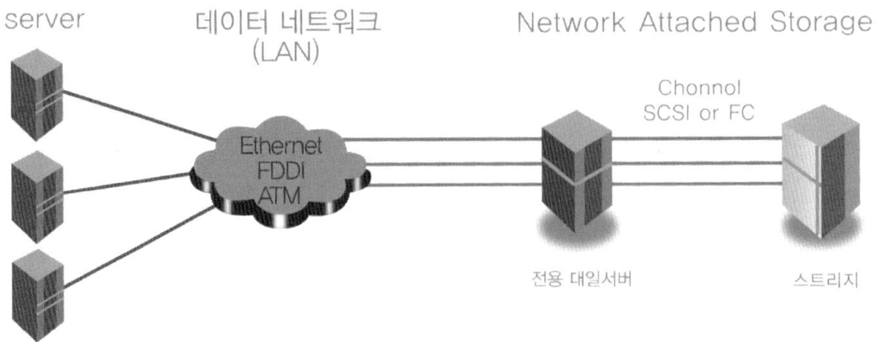

〈그림 16-2〉 NAS의 구성도

- ● NAS(Network Attached Storage)의 장단점

〈표 16-4〉 NAS의 장단점

장점	내용
설치 및 관리 용이성	NAS는 업계 표준이라 할 수 있는 LAN 인프라에 직접 설치되기 때문에 설치가 매우 쉽고 조작 및 관리도 간단
총 소유 비용(TCO) 저렴	이미 설치되어 있는 LAN에 설치되기에 SAN처럼 네트워크 설치 추가 비용이 필요하지 않고 조작과 관리가 쉬워 관리비용도 감소
이기종 시스템 간의 파일 공유와 파일 전송 가능	NFS와 CIFS를 지원하여 NT 계열 및 유닉스 기반의 시스템 간의 파일 공유와 파일 전송이 기본적으로 가능
확장성	NAS 장비 자체는 대용량을 수용할 만큼 확장이 가능하며 사용 중에도 다운할 필요 없이 확장이 용이
강력한 데이터 보호/백업	'스냅샷'이라 불리기도 하는 데이터 보호 솔루션은 오늘날의 NAS를 존재하게 해 준 강력한 데이터 보호 솔루션 NDMP 등을 이용한 리모트 백업 및 테이프 백업장치와 직접 연결
LAN 대역폭의 한계	Ethernet LAN은 사이즈가 너무 큰 데이터의 전송에는 상대적으로 불리하여 오버헤드 및 네트워크 정체 야기
OLTP 환경 성능 저하	파일 서비스에 특화되어 있기 때문에 데이터베이스를 사용하는 온라인 트랜잭션 환경에서는 DAS에 비하여 성능이 저조
응답 대기시간 Latency Time[17]	NAS는 애플리케이션 서버에서 전용 파일 서버까지 네트워크로 접속되고 전용 파일 서버에서 스토리지 사이는 채널로 접속되어 채널로만 접속되는 DAS 또는 SAN에 비해 접속단계가 늘어남으로써 Latency Time이 더 소요

- ● NAS(Network Attached Storage)의 문제점

기존의 LAN, WAN과 같은 Ethernet Interface를 통해 저장장치를 접속하는 형태로 LAN의 속도에 영향을 받게 되며, 최대 지원거리는 25m이다. 파일 서버에 의해 스토리지 용량이 제한되고 데이터 접근 요청에 의한 파일 서버의 병목현상 발생 가능성이 있다. 파일 서버가 지원하는 스토리지 종류만 설치 가능하다. 파일 서버 Shutdown 시 스토리지 접근이 불가하다. 전용 파일 서버를 경유하여 파일에 접근하므로 접속단계가 복잡하다. DAS의 포트 수를 극복한 솔루션이나 장애 시 SAN보다 복구 능력이 떨어진다.

---

17) Latency Time: 시스템에 요구 후 응답을 받기까지의 대기시간, 응답시간

- SAN(Storage Area Network)의 등장 배경

정보기술(IT)이 급속히 발전하면서 기업들의 가장 큰 고민 가운데 하나는 많은 데이터를 어떻게 효율적으로 저장할 수 있는가 하는 것이었다. 기존 저장 방법은 장비에 스토리지를 붙여서 쓰는 DAS(direct attached storage: 직접연결스토리지)를 이용하였으나, 저장할 데이터와 늘어나는 데이터가 한 공간에 존재하므로 데이터의 전송 속도가 떨어지는 단점이 있다.

SAN은 서버와 스토리지 사이의 채널 접속에 파이버 채널 스위치를 넣어 네트워크의 개념을 도입한 것이다. SCSI의 경우 Open System의 채널 인터페이스이긴 하지만 접속 거리가 최대 25m로 네트워크를 구성하기에는 거리 제약이 있으며 스위칭을 위한 고려가 전혀 되어 있지 않는 인터페이스란 점 때문에 파이버 채널을 SAN의 표준으로 정하게 되었다. 파이버 채널 스위치를 중간에 넣음으로써 서버의 접속 포트 하나에서 여러 대의 스토리지를 접속할 수 있고 또한 스토리지의 접속 포트 하나에 여러 서버가 접속할 수 있는 유연성이 생기게 된다.

그러나 여러 서버에서 파일 공유를 하려는 측면에서 생각해 보면 동일 파일 시스템에 대한 관리를 각각의 서버에서 해야 하기 때문에 Locking 문제와 Consistency 문제가 생기게 되고 그런 이유로 파일 공유가 어렵다.

- SAN(Storage Area Network)의 정의

저장장치를 광 채널 스위치(Fiber Channel Switch)를 이용하여 서버에 접속하는 방법이다. 특수 목적용 고속 네트워크로서, 대규모 네트워크 사용자들을 위하여 서로 다른 종류의 데이터 저장장치를 관련 데이터 서버와 함께 연결해 별도의 랜(LAN: 근거리통신망)이나 네트워크를 구성해 저장 데이터를 관리한다. 광 채널을 사용하게 되어 높은 처리 속도를 낼 수 있다.

SAN Switch(Fiber Channel Switch)를 이용하여 이기종의 복수 서버들과

분산된 Storage를 고속 Fiber Channel[18] 망으로 연결하여 하나의 논리적인 저장장치인 것처럼 공유되도록 해 주는 통합 저장장치 솔루션이다.

Block Level Access이며 스토리지 볼륨을 실제로 핸들링하는 파일 시스템의 위치는 서버에 존재한다. TCP/IP와 결합한 IP SAN(FCIP, iFCP, iSCSI)으로 발전하고 있다.

● SAN(Storage Area Network)의 특징

HBA(Host Bus Adapter)를 통해 네트워크에 연결한다. 이런 버스나 채널 같은 연결 특징 때문에 호스트나 애플리케이션 서버는 SAN에 연결된다. 스토리지 장치를 마치 직접 연결된 스토리지 장치처럼 인식한다.

Fiber Channel 기술이 SAN의 채널 기술로 표준화됐다. SAN 구성의 유연성, 확장성, 가용성이 우수하다. 저장장치의 데이터 접근 시 데이터 네트워크와는 별도의 Fiber Channel을 이용하므로 LAN 부하를 방지해 준다.

SAN을 통해 파일을 공유하는 것이 어렵다. 저장장치 및 기타 백업장비 등을 중앙 집중적으로 관리하여 효율성이 높다. 확장성, 연결성은 우수하나 File System 공유는 불가능하다. 매우 고가의 시스템이다. SAN 제조업체 간 장비 비호환성과 네트워크 구성 거리의 한계가 있으며 SCSI 방식으로 최대 10㎞까지 지원하며 네트워크를 이용한 백업을 하지 않는다. 서버 측면에서의 스토리지 공유가 가능하며 스토리지 측면에서의 서버 공유가 가능하다.

---

18) Fiber Channel
   SAN(Storage Area Network)에 사용되는 표준화 채널로서 FWU(Fast Wide Ultra) SCSI의 뒤를 이을 차세대 고속 인터페이스다. FWU SCSI보다 4~5배 빠른 1Gbps의 속도로 데이터를 전송할 수가 있으며, 사용되는 프로토콜이 SCSI와 호환되어 기존의 장치를 그대로 사용할 수 있는 장점이 있다. 또 거리 제한도 거의 없어 서버나 JBOD(Just a Bunch Of Disks, RAID 기능이 없는 하드디스크드라이브 세트)를 데이터 센터에서 최대 8.6㎞나 떨어진 곳에 설치할 수도 있다.

- ● SAN(Storage Area Network)의 구성

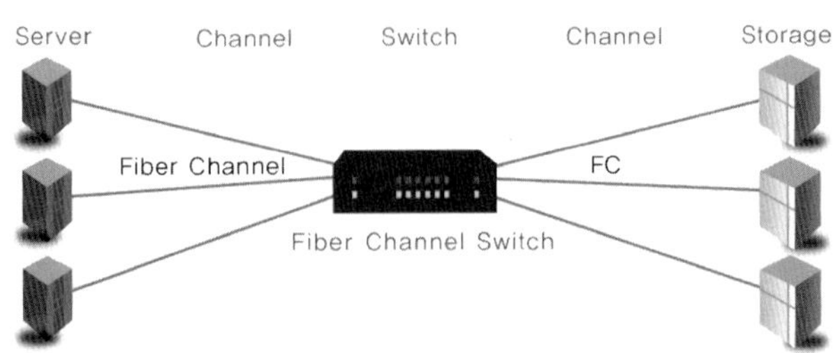

〈그림 16-3〉 SAN의 구성도

구성 요소

✓ 인터페이스(SCSI 또는 Fiber Channel)

✓ 상호 연결 장비(HBAs – Host Bus Adaptors, 브리지, 허브, 스위치)

✓ SAN 라이브러리 시스템과 관리 소프트웨어

✓ 다양한 종류의 스토리지 시스템, 애플리케이션 서버와 네트워크

- ● SAN(Storage Area Network)의 장단점

〈표 16-5〉 SAN의 장점

장점	내용
무정지 확장성	서버와 관계없이 대규모 확장이 가능하며 서버다운 없이 확장 가능
고성능	Fiber Channel은 일반적으로 60MB/s~80MB/s의 전송률로 기가비트 이더넷의 40MB/s의 평균 전송률보다 빠름
재난 복구 솔루션	SAN에 PPRC(Peer – to – Peer Remote Copy)와 같은 재해/재난 복구 솔루션이 결합해 재난 발생 시 저장 데이터의 안전과 신속한 복구
TCO 절감	단일 저장장치의 구성으로 중복 투자 불필요

<표 16-5> SAN의 단점

장점	내용
고비용	고가의 파이버 채널 스위치 장비를 사용
호환성	이기종 간 호환성 체계 미흡
업체 지원	DB 또는 애플리케이션 공급자들의 참여 부족

- ## SAN(Storage Area Network)의 문제점

이기종 서버 환경을 지원하지 않으며 여러 서버들 사이에서 특정 파일 공유 시 Locking, Consistency의 문제 발생 가능성이 있다. 공유 가능한 파일 시스템과 데이터 형식이 제한되어 있다. Fiber Channel의 특성상 거리 제약(10㎞ 이내)이 있다. SAN의 구성 및 백업을 위한 관리 도구의 취약성이 존재한다.

- ## DAS / NAS / SAN의 비교

<표 16-6> DAS, NAS, SAN의 비교

항목	DAS	NAS	SAN
구성요소	Application Server Storage	Application Server File Server Storage	Application Server, Storage, SAN Switch
파일 공유	지원 불가	지원 가능	지원 불가
표준화	벤더별 상이	표준 프로토콜	SNIA 주관
속도 결정 요인	채널 속도	LAN, 채널 속도	채널 속도
QoS	대역폭 보장	Best Effort	고대역폭 보장
프로토콜	FCP, SCSI	iSCSI, FCP, CIFS, NFS, FTP, HTTP	FCP
장점	설치 용이 저렴한 TCO 안정성 높음	이기종 간 파일 공유 설치 및 관리 용이 자체의 TCP/IP 프로토콜	무정지 확장성, 고성능 구성의 유연성, 편리한 관리
단점	제한된 확장성 통합관리의 어려움 보안 문제 확장성, 유연성 부족	LAN 대역폭 잠식 OLTP 성능 저하 확장성 부족 표준화 부족	서버들 사이의 파일 공유 불가 초기 구축 고비용 호환성 체계 미흡 이기종 환경 어려움
활용 분야	소규모 독립 시스템	ISP, ASP, E-mail 서버 EDMS	DB 시스템, DW, Multimedia

- 스토리지 시스템의 발전 방향 – SAN과 NAS의 컨버전스와
  FAN의 등장

기가비트 이더넷이나 파이버 채널 가운데 어느 한쪽에 무게를 실어 한 단계 진보한 형태로 진화시키고자 하는 스토리지 네트워킹 구성으로 되고 있다. FCIP(Fibre Channel over IP), iFCP(Internet Fibre Channel Protocol), iSCSI(Internet SCSI)로 대표되는 IP – SAN, iSCSI(Internet over Small Computer Systems Interface)[19]이 대두되고 있다.

프로토콜 변환에 따르는 부하가 감소해 가격 대비 스토리지 성능 효과를 얻을 수 있어 SAN과 NAS의 이점을 갖춘 기술로 평가되고 있다. 금융권을 중심으로 고속전송이 가능한 고밀도 파장 분할 다중화 장비(DWDM)를 이용한 SAN 구축이 많다.

또한 사용자 파일 데이터 전송 및 가상화 등의 서비스 제공을 위한 FAN(File Area Network)과 같은 진보된 체계적 시스템으로의 스토리지가 진화되고 있다.

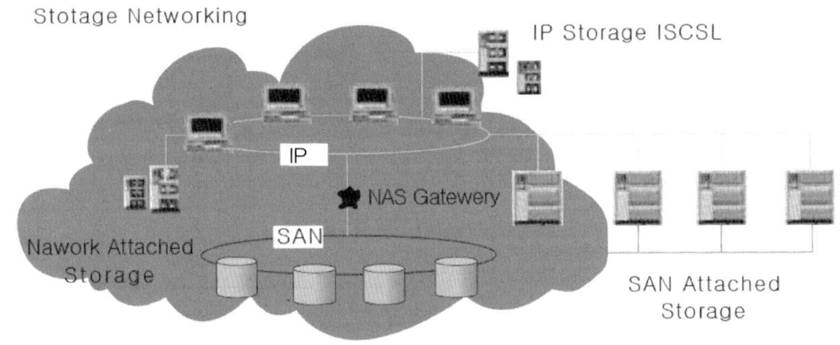

〈그림 16 – 4〉 SAN과 NAS 병행 아키텍처

---

19) iSCSI(Internet over Small Computer Systems Interface)는 IP 네트워크를 이용해 스토리지 데이터를 전송하는 기술로 인터넷프로토콜(IP) 네트워크상의 SAN으로 불림.

● 네트워크 스토리지의 발전

저장장치 접속방법의 형태에 따라서 기존의 방식인 DAS와 네트워크 저장장치 방식인 NAS와 SAN이 있다. NAS와 SAN은 둘 다 네트워크 스토리지이지만 각각 다른 특징이 있다. 'NAS에 데이터를 저장하는 것에 대해서는 데이터의 정합성을 보장할 수 없다'고 하는 몇몇 데이터베이스 애플리케이션의 경우에는 SAN을 사용해야 한다. 수십에서 수백, 수천 대의 서버가 동일한 데이터를 공유해야 하는 경우에는 NAS를 사용해야 한다.

SAN과 NAS의 그 특성에 의해서 공존 발전하는 시스템이다. 이러한 발전은 서로 상호 보완하거나 통합되는 방식이다. SAN을 중심으로 SAN 스토리지를 NAS의 컨트롤러 역할을 하는 장비와 연결해 SAN의 디스크 공간 일부를 NAS 컨트롤러에 할당해 사용할 수 있게 해 주는 솔루션인 'NAS 게이트웨이'가 있다.

주된 타깃은 이미 SAN을 도입해 사용하는 기업에서 NAS의 요구가 있을 때, 새롭게 NAS 스토리지를 도입할 것이 아니라 NAS 게이트웨이라는 NAS 컨트롤러만 도입하도록 해 디스크 자체에 대한 중복 투자를 방지하자는 것이다. NAS 스토리지에서 SAN을 지원하는 것이다. NAS 스토리지에서 이더넷 포트뿐만 아니라 파이버 채널 스위치나 서버의 HBA[20]와 바로 연결할 수 있는 파이버 채널 인터페이스를 지원해 디스크의 일부를 SAN 호스트에 할당하여 사용할 수 있도록 하는 방법이다.

그리고 SAN에 대해서 기가비트 이더넷을 이용한 IP 네트워크를 접목하는 방식이 'IP － SAN'이다. 또한 시스템 내에 안정적으로 데이터를 주고받는 인

---

20) HBA(Host Bus Adnpters)는 SAN상에서의 FCP(Fiber channel Protocol) 전송을 위한 어댑터로서 서버 슬롯에 삽입하여 외장형 하드디스크, 백업장치등에 직접 연결 또는 SAN Switch를 통해 SAN네트워크 구성할수 있도록 해주는 어댑터임.

터페이스인 SCSI를 이용하여 SCSI 커맨드에 TCP/IP를 헤드를 Encapsulation 하여 처리하는 방식인 'iSCSI'가 있다.

- IP – SAN(Storage Area Network)의 정의

SAN으로만 지원을 하다 보면 장비간의 호환성이 부족하게 되고 거리 제약이 생긴다. 또한 별개의 스토리지 전용 네트워크 구축 총 소요 비용이 증가하게 된다. 이러한 문제점을 극복하기 위하여 SAN시스템과 IP를 연동한 것이다. 기존의 FC로 이루어진 SAN과 기가비트 이더넷을 이용하는 IP 네트워킹 기술을 접목하여 운영과 성능의 효율성을 극대화하는 기술이다. 이더넷 기반의 TCP/IP를 스토리지 네트워크로 활용함으로써 기존 SAN기술의 한계점을 극복한 방식이다.

- IP – SAN(Storage Area Network)의 구성도

서버에 IP Storage NIC[21]를 장착하고 IP Storage 스위치를 사용하여 이더넷을 통한 Fiber Channel 스토리지 자원에 접근하는 방식이다.

---

21) NIC(Network Interface Card)는 통신이 가능하도록 시스템의 데이터를 LAN선을 통해 Had나 Switch로 포워딩해주는 장치임

일반적인 IP-SAN 구성방법

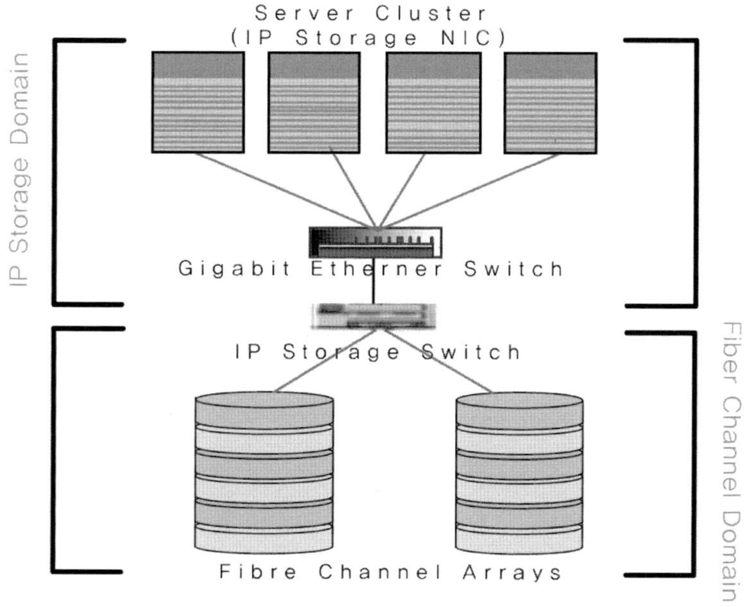

〈그림 17-1〉 IP-SAN 구성도

● IP-SAN(Storage Area Network)의 구축 방식

IP-SAN 구축 방식에는 크게 두 가지가 있다. Fiber Channel을 기반으로 하는 iFCP, FCIP가 있고 IP를 중심으로 SAN을 구축하는 iSCSI 방식이 있다.

1) FCIP(Fiber Channel Over IP)

광역의 FC SAN을 구축하기 위해 TCP/IP 내에 FC 프레임을 캡슐화하는 기능이다.

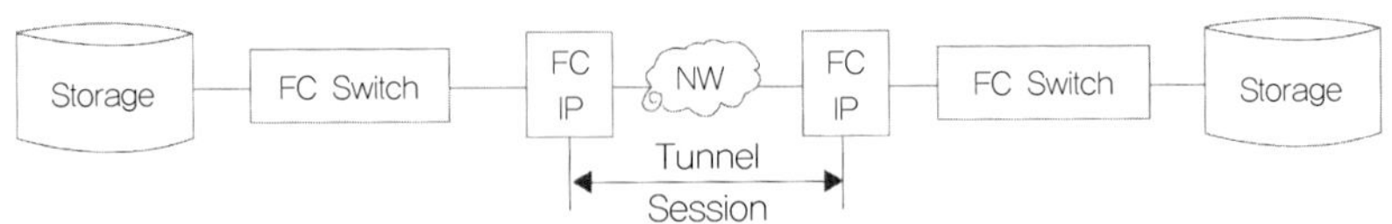

〈그림 17-2〉 FCIP 구성도

2) iFCP(Internet Fiber Channel Protocol)

FC 스토리지 장비를 직접 IP 네트워크에 확장하는 방식이다. 광 채널 라우팅 프로토콜에 독립적이고 한 지역에 손상이 발생해도 다른 지역에는 피해가 없다. 인프라 변경 없이 구축 가능하므로 소프트웨어, 하드웨어 모두 높은 상호 접속성을 제공한다.

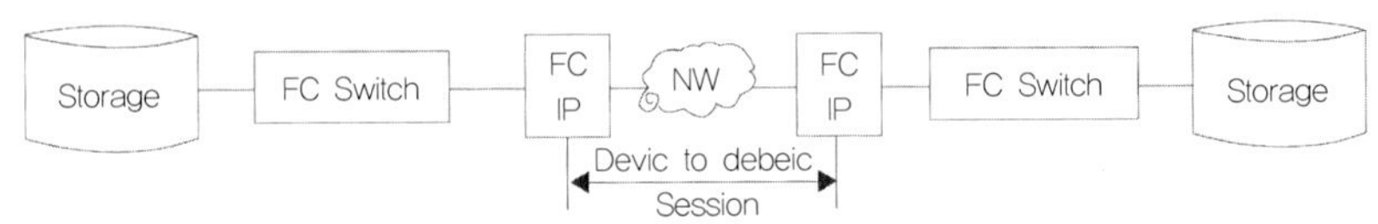

〈그림 17-3〉 iFCP 구성도

3) iSCSI(Internet SCSI)

SCSI 명령을 IP 패킷으로 캡슐화하고 I/O 블록 데이터는 TCP/IP 네트워크를 통해 전달한다. 스토리지를 고유 iSCSI로 가정한다. iSCSI는 광 채널 장비 혹은 FC Protocol과 통신하지 않는다.

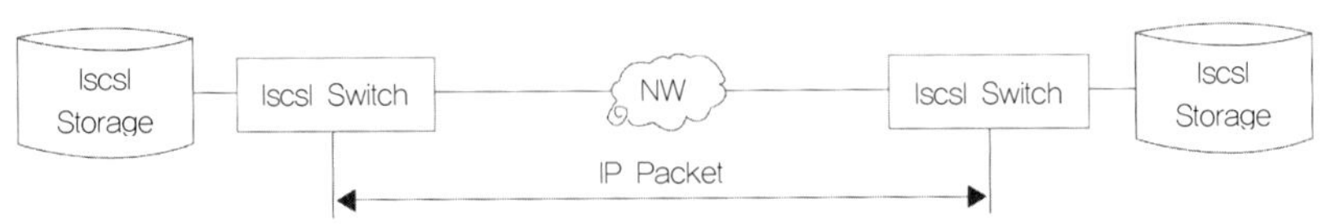

〈그림 17-4〉 iSCSI 구성도

- IP-SAN(Storage Area Network)의 프로토콜 비교

〈표 17-1〉 FCIP, iFCP, iSCSI 비교

구분	FCIP	iFCP	iSCSI
광 채널 프로토콜	종속적 확장성 문제	독립적 확장성 보장	독립적 확장성 보장
SAN 손상여파	공용 SAN 손상	손상 없음	손상 없음
단말 Device	Fiber Channel	Fiber Channel	iSCSI/IP
Fabric Service	IP	Fiber Channel	IP

- IP-SAN(Storage Area Network)의 적용 분야 및 방안

〈표 17-2〉 IP-SAN의 적용 분야

소프트웨어	세부 내용 및 범위
자원 관리 S/W	파일 공유, 볼륨 관리
백업 및 복구 관련 S/W	백업, 재난 복구, 복제, 클러스터링
모니터링 S/W	장비 모니터링, 장비설정, 네트워크, 데이터 패스 설정
응용자원 S/W	DB 및 웹 연동 S/W, 정보 위치 관리 S/W

기존 iSCSI(Internet over Small Computer Systems Interface)의 단점은 SCSI 인터페이스의 단점을 그대로 가지고 있다. SCSI는 호스트 컴퓨터가 주변 장치들에 블록 데이터 I/O를 가능하게 해 주는 프로토콜로서 거리적인 제약이 있어서 25m 이상 연결하게 되면 데이터 전송 시 손상되는 위험이 존재한다.

이에 대해서 SAN을 구성하고 있는 각 구성 부품(H/W업체)들 간의 호환성 문제를 표준화하고 호환성을 보장할 수 있도록 한다.

- 네트워크 스토리지 'iSCSI'

기존 스토리지 시스템인 NAS와 SAN을 통한 시스템 지원에 있어서 서로 가 갖는 장단점이 존재한다. NAS의 경우 디스크 몇 개 가격을 절약한 정도

이고 SAN의 경우 훨씬 근본적인 접근 방법이긴 하지만 여전히 파이버 채널 네트워크가 필요하다. 이러한 것들을 해결하기 위한 방법으로 네트워크 프로토콜에 대한 접근법이 있다. IP 네트워크를 이용해 NAS와 SAN을 모두 사용하고자 하는 필요조건을 만족시키기 위한 다양한 시도가 행해진 것이다. 이러한 이유에 등장한 것이 바로 iSCSI(Internet Small Computer System Interface)라는 프로토콜이다.

- iSCSI(Internet SCSI, SCSI over IP)의 정의

iSCSI란 Internet SCSI(Small Computer System Interface)의 약자로 SCSI 커맨드를 기본으로 하는 데이터를 캡슐화하여 TCP/IP상으로 전송을 하여 거리적 한계를 극복함은 물론 블록 데이터 I/O를 실행할 수 있도록 해 주는 인터넷 표준 프로토콜이다. SCSI는 PC와 주변장치(디스크드라이브, 테이프드라이브, CD-ROM 드라이브, 프린터, 스캐너 등)와 빠르고(block I/O) 유연하게 통신할 수 있도록 해 주는 interface로서, ANSI 표준이다. 2000년에 IBM, CISCO 등이 제안하였고 2003년에 IETF에서 표준안이 확정되었다. iSCSI는 파이버 채널이 가진 원천적 한계인 총 소유 비용, 운용 거리, 상호 운용성 등 측면에서의 단점을 극복하기 위해 고안된 IP SAN 기술 중 가장 각광받고 있는 기술이다.

- iSCSI의 등장

iSCSI는 넷앱과 인텔이 프로토콜의 프로토타입을 만들어 IETF(Internet Engineering Task Force)에 상정했다. 또한 HTTP, FTP 등과 같은 인터넷 표준 프로토콜로 인정받은 이후 TCP/IP상에서 블록 단위의 데이터를 전송할 수 있도록 하는 최적의 솔루션으로 각광받고 있다. IP 스토리지에 사용되는 대표적 프로토콜인 iSCSI는 저렴하게 SAN의 효과를 구현하는 혁신적인 접속 방식이다. iSCSI는 접속 거리 제한은 없으면서 기존 비용 대비 65% 절감

〈그림 17-5〉 iSCSI의 패킷 형태

효과를 입증하고 있다.

● iSCSI의 작동 원리

<그림 17-5>은 전형적인 iSCSI 패킷을 단순하게 그린 것이다. 여기에서 보면 SCSI 패킷에 IP 헤더만 덧붙이면 그대로 IP 패킷이 되는데 이 형태로 전송하게 되면 이더넷 네트워크의 입장에서는 이것을 단지 IP 패킷이라고 생각하고 전송하게 되는 원리이다. 따라서 스토리지나 서버에서는 SCSI 패킷에 IP 헤더를 붙였다 떼었다 하는 작업이 필요하다. 단순히 몇 바이트의 IP 헤더만 데이터에서 탈부착시키는 과정이 더해지는 것뿐 어떠한 데이터의 변환이나 암호화 등의 연산은 일어나지 않으므로 많은 시스템 오버헤드도 필요치 않게 된다.

- iSCSI의 작동 방식

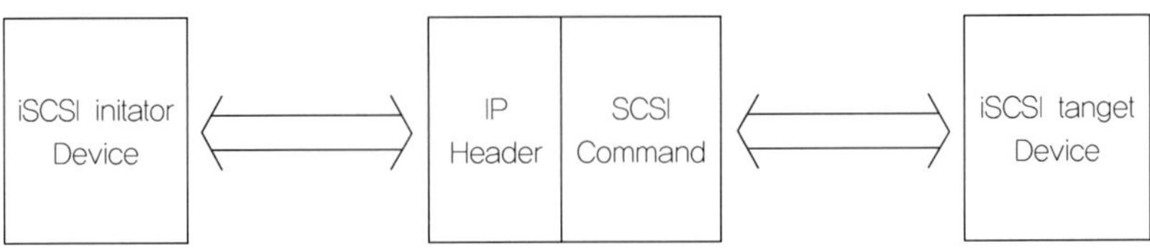

〈그림 17-6〉 iSCSI의 작동 방식

① [initiator] 애플리케이션에서 데이터를 요청한다.

② [initiator] OS는 적당한 SCSI command와 data request를 생성한 후,
IP packet에 담아 Ethernet으로 전송한다.

③ [target] IP packet을 받는 측에서는 SCSI command와 data request로s
분해한다.

④ [target] SCSI controller로 SCSI command를 보낸다.

⑤ [target] SCSI device에서 읽은 데이터를 initiator로 전송한다.

- iSCSI를 이용한 스토리지 통합

스토리지 통합에 따른 데이터처리를 아래와 같이 블록화하여 도식화할 수
있다.

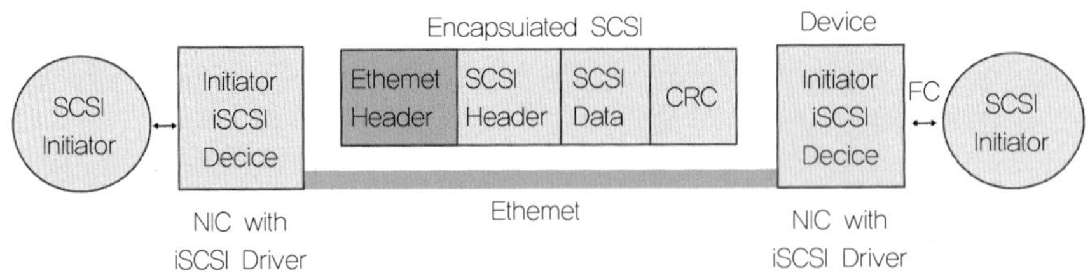

〈그림 17-7〉 iSCSI를 이용한 스토리지 통합 구성도

iSCSI를 이용한 스토리지 통합을 구현하기 위해서는 크게 세 가지 구성 요소가 필요하다.

1) iSCSI Target(=스토리지)

iSCSI가 완벽하게 지원되는 스토리지가 있어야 한다. 즉 디스크 통합의 최종 주체가 되는 스토리지에서 iSCSI 프로토콜을 지원해야 한다. 이럴 경우 해당 스토리지를 'iSCSI 타깃'이라고 부른다.

2) iSCSI 네트워크(=일반 TCP/IP 네트워크)

iSCSI 전용 네트워크가 있는 것은 아니다. 기존 일반 TCP/IP의 이더넷 환경이라면 더 이상 필요한 것은 없다. iSCSI는 표준 TCP/IP상에서 작동하도록 설계돼 있기 때문이다.

3) iSCSI Initiator(=서버)

iSCSI는 기본적으로 서버의 이더넷 랜 카드를 통해 작동한다. 단 여타의 드라이버들처럼 iSCSI 패킷을 이해할 수 있도록 iSCSI 드라이버가 있어야 하고 이러한 iSCSI 드라이버는 각 OS 벤더에서 무료로 제공하고 있다. 이와 같이 기존의 랜카드에 iSCSI 드라이버만 설치해서 사용하는 경우를 소프트웨어 이니시에이터라고 하며, iSCSI와 관련된 연산은 서버의 CPU가 하게 된다. 반대로 iSCSI와 관련된 연산을 하는 전용 카드를 iSCSI HBA라고 하는데 이러한 전용 카드를 사용하는 경우를 하드웨어 이니시에이터라고 한다.

- iSCSI와 FC(Fibre Channel) 비교

〈표 17-3〉 iSCSI와 FC의 비교

FC의 단점	iSCSI의 장점
기존 Ethernet 환경과는 별도의 스토리지망 구축 필요	기존의 Ethernet 환경에서 사용이 가능하며 호환성이 높고 비용이 낮음
스위치 및 HBA 등 고가의 장비 필요	Global Connectivity를 지원하는 TCP/IP 사용
IT Staff의 부족: FC SAN에 대한 기술 습득 필요	기존의 네트워크 전문가 및 자원 활용
10km의 거리 제약	거리 제약 없음
H/W 종속적: 미비한 표준으로 인한 제조사 간의 상호 운용 문제	IETF 표준을 준수하여 높은 호환성 제공
전반적인 높은 구축 비용 및 유지 비율	FC 대비 저렴한 구축 비용(50~90%) 및 유지 비용

- iSCSI 관련 기술

1) TOE(TCP/IP Offload Engine)

부분의 TCP/IP 처리를 host가 아니라 NIC에서 처리하도록 하는 기술이다. 불량 패킷 처리나 분실 패킷 재전송 처리 등의 TCP/IP 처리는 host CPU에 부하를 주어 애플리케이션에서 사용할 수 있는 CPU resource를 줄이는데, 이를 network adapter에서 처리하도록 함으로써 Networking 속도가 빨라지고, 결과적으로 iSCSI 프로토콜 처리도 빨라지게 된다.

2) IP Storage Switch

iSCSI host와 FC SAN을 연결하기 위한 제품으로서 SCSI-to-FC protocol conversion을 수행한다.

- iSCSI의 적용

IP 스토리지에 사용되는 대표적인 프로토콜 중의 하나인 iSCSI는 파이버 채널을 이용하는 SAN에 비해 저렴한 접속 비용이 가장 큰 장점이며, 서버 접속과정에서 호환성 검증이나 접속 거리 제한 등의 기술적인 문제들도 없다. 또한 널리 보편적으로 사용되는 TCP/IP를 기반으로 한다는 점에서 IT 운영 자들이 이해하기 쉽고, 관리하기 편하다는 것도 매력적인 장점이다.

iSCSI가 가져다주는 이점은 비단 저렴한 가격의 SAN을 구축할 수 있다는 것뿐이 아니다. 전체 스토리지 시장의 60% 이상을 차지하고 있는 중소형 서버 DAS(Direct Attached Storage)를 네트워크 스토리지로 통합하는 가장 손쉽고 리스크가 적은 솔루션이다. 또한 iSCSI는 SAN이 가져다주는 이점을 대부분 그대로 제공해 준다.

운영하는 애플리케이션에 따라 선호되는 접속 방식에 약간의 차이가 있다. 기업의 핵심 업무나 ERP(Enterprise Resource Planning) 등의 애플리케이션에 대해서는 IT 운영자들이 서버와 스토리지 접속 방식으로 파이버 채널을 선호하지만, 웹 서비스, 이메일 등 애플리케이션에서는 iSCSI에 대한 선호도가 파이버 채널과 비슷하거나 약간 높다.

iSCSI가 적용되어 효과를 구현할 수 있는 환경은 다양하다. 대표적으로 통합 시스템, 원격 서비스 그리고 비용 절감의 경우에 대해서 적용 사례를 보면 아래와 같다.

애플리케이션 서버 통합

사례	고객 환경	장점
애플리케이션 서버 통합	Internet Disk를 사용하는 애플리케이션 서버를 통합하고자 하는 경우 ⇨ WAS, 그룹웨어, 문서 관리 등	RAID 보호 (O/S 영역의 Booting Disk 지원) 통합 백업 지원
원격분산처리	CCTV와 같이 여러 원격지에 분산된 데이터를 빠르고 안전하게 통합하고자 하는 경우	데이터의 가용성 및 안정성 보장 통합 백업 지원
비용절감	서버 수를 줄이기 위해 가상화 솔루션을 통해 통합하고자 하는 경우	경제적인 원격 데이터 이중화 구현 애플리케이션 환경에 맞게 여러 접속 방식 활용 중복 데이터 제거를 통한 빠른 백업 구현 지원

- iSCSI의 발전

하나의 SAN 장비에서 FC, IP, FICON 등의 mutiprotocol 지원이 가능해
짐에 따라, 기업 내 핵심 애플리케이션은 기존의 FC 기반의 SAN을 이용하여
서비스하고, 윈도우즈나 리눅스로 구성된 비핵심 애플리케이션은 FC/iSCSI
bridge를 활용하는 등, FC와 iSCSI는 상호 보완적이고 통합된 storage intra
로 자리매김할 것으로 전망된다. iSCSI는 중소형 서버를 storage network로
통합하는 데 핵심적인 솔루션으로 사용될 것이다. FC SAN에 비해 저비용으
로 구축 가능하므로, 중소기업에서 SAN, 재해복구시스템 구축에 적용 가능하다.

18 　스토리지 가상화

'가상화(Virtualization)'는 실제 물리적 스토리지로부터 서버 운영체제로 스토리지를 분리한다는 개념이다. 사용자와 애플리케이션에 주어졌던 논리적 스토리지 공간에서 물리적 저장장치를 분리함으로써 스토리지를 일반적으로 활용 가능한 스토리지로 변환시킨다. 이 과정에서 컴퓨터 사용자들은 '더 높은 추상적 레벨에서 자원을 보는 것'과 같다. 즉 간단히 말해 가상화는 스토리지의 '추상화'이다.

● IT 분야에서의 가상화(Virtualization)

가상(假像)은 보통 실제로는 없는 것을 있는 것처럼 느끼는 것을 말한다. 하지만 IT 분야에서 '가상'이라는 용어는 어떤 구성 요소를 그 본래 용도 외의 부가 용도에 활용해 그 가치를 높이는 것을 의미한다.

이런 가상의 개념이 적용된 대표적인 경우가 '페이징(paging)' 기술이다. 페이징이란 하드디스크의 일정 부분을 메모리처럼 사용하는 기술이다. 시스템에 반드시 필요한 반면 사용률이 낮고 성능이 떨어지는 하드디스크를 고가의 메모리처럼 활용하기 때문에 사용자는 투자 절감과 필수 구성 요소의 활용도 상승이라는 두 가지 장점을 얻을 수 있다. 즉 물리적인 하드디스크를 가상화시킴으로써 평범한 디스크 이상의 이점을 얻게 되는 것이다.

이러한 가상화 개념을 디스크 시스템에 적용한 것이 RAID(Redundant Array of Inexpensive disks) 기술이다. RAID 기술이 바로 스토리지 가상화의 시초이다. RAID 기술은 물리적인 하드디스크의 한계를 넘어 투자 비용 절감 및 병렬 처리에 따른 성능 향상을 가져왔다. 이는 물리적인 하드디스크를 가상화했기 때문에 가능했던 것이다.

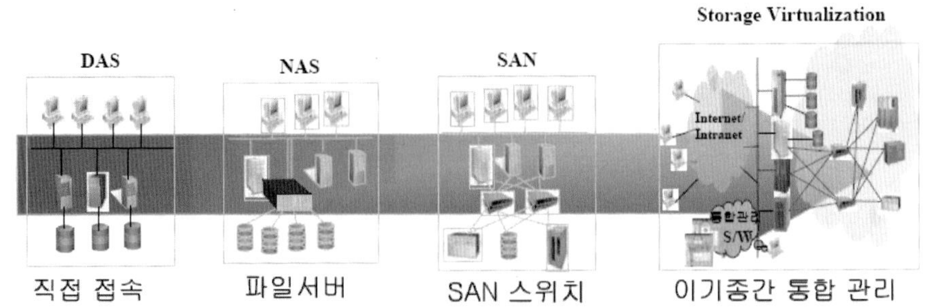

〈그림 18-1〉 스토리지 형태의 변화

이후 개별 장비의 한계를 넘어서기 위해 스토리지 네트워킹 솔루션(SAN/NAS)이 등장하기는 했지만 물리적인 스토리지의 한계를 넘어서지 못했다. 스토리지 가상화는 물리적인 스토리지의 박스 단위를 뛰어넘어 여러 대의 스토리지를 하나의 스토리지 저장 풀로 만들어서 여러 기기에 걸친 볼륨 구성, 기기간 자유로운 데이터 마이그레이션 및 볼륨 복제, 이기종 서버 간 블록 단위 데이터 공유 등 여러 장점들을 실제로 구현하자는 것이다.

- IT 분야에서의 가상화(Virtualization)의 필요성

기업들은 기업 업무 환경을 보다 지능적으로 실시간으로 관리하기를 원한다. 정량적 데이터의 증가뿐 아니라 데이터 관리도 전략적으로 해야 하는 상황이다. 이에 스토리지를 별도로 관리하는 개념보다는 기업 환경에 맞는 스토리지를 지능적으로 관리해야 하는 요구가 있다. 이에 ROI 측면에서도 스토리지 관리 효율성 증가에 따른 관리 비용이 감소하기를 원하는 것이다.

애플리케이션과 사용자 입장에서 보면 스토리지 시스템의 형태나 위치 구성 등을 인식하지 못한 채 스토리지의 역할로 제공되기를 원한다. 정책 관리(Policy Management) 소프트웨어는 자동으로 로드 밸런싱이나 스토리지 추가, 데이터 마이그레이션 같은 조건들을 제어한다. 가상화는 정책관리를 통해 다양한 스토리지를 운영하게 하고 같은 특성과 속성을 지닌 채로 사용자에게

전달한다. 가상화에 의해 만들어진 데이터의 풀은 OS에 의해 위임되는 것이 아닌, 조직의 정책에 의해 접속되고 관리된다. 이 결과는 상당한 사업 가치와 가상화 솔루션에 투자하는 비용에 대한 합리적 이유가 될 수 있다. 기존 스토리지 환경에서의 한계점은 아래와 같다.

- ✓ 낮은 스토리지 활용도
- ✓ 특정 업체에 지나친 의존
- ✓ 낮은 데이터 활용도와 중복 투자
- ✓ 관리의 복잡성

이러한 기존의 스토리지 환경의 단점을 극복하고 스토리지에 대해서 유연성과 명확한 ROI를 확보할 수 있는 솔루션이 필요한데, 이에 대해 스토리지 분야에서 제시하는 것이 바로 '스토리지 가상화' 솔루션이다.

● 스토리지 가상화의 효과

네트워크 스토리지 환경의 이점은 종류와 상관없이 서버를 스토리지에 연결하고, 중단 없이 신속하게 변경할 수 있는 것으로, 스토리지 가상화를 통해서 얻는 장점은 아래와 같다.

1) 복잡한 스토리지 기반 구조의 단순화

스토리지 가상화 솔루션은 복잡한 다수의 물리적인 경로에 대한 가상화를 통해 몇 개의 논리적인 경로를 그룹핑하고 단순화해 서버에 제공한다. 따라서 각각의 서버는 실제 사용하는 물리적인 스토리지 경로보다 적은 수의 논리적인 경로를 갖게 되므로 서버 및 스토리지의 수월한 관리가 가능하다.

2) 스토리지 기반 구조의 관리 기능 향상

스토리지 가상화 솔루션은 서버로부터 시스템 관리 영역과 스토리지 관리 영역을 분리해 스토리지 관리 영역을 전담하고 있다. 스토리지 관리는 전문적인 기능을 보유한 스토리지 가상화 솔루션이 담당하므로 전반적인 관리 능력을 향상시킬 수 있다.

3) 서버의 가용성 향상

스토리지 가상화 솔루션은 가상화된 장비를 서버에 제공하므로 스토리지 구성 변경이 서버에 영향을 주지 않는다. 따라서 스토리지의 물리적인 장애나 구성 변경으로 인하여 시스템을 재부팅할 필요가 없어진다. 이는 시스템 가용성을 향상시켜 애플리케이션 서버의 서비스 중단 없이 수행이 가능하다.

4) 이질적인 환경의 호환성

스토리지 가상화 솔루션을 통해 서버와 스토리지의 연결을 지원하기 때문에 이기종 스토리지나 서버 환경에 대한 지원 능력이 우수하며, 향후 새로운 기술이 도입되더라도 가상화 계층에서 이를 지원하므로 유연하게 대처할 수 있다. 또한 서로 다른 운영 시스템을 가지고 있는 각각 다른 서버가 거대한 중앙 집중 스토리지 풀에 추가될 수 있으며, 동시에 스토리지 풀을 공유할 수 있다. 또한 지능화된 가상화 계층의 추가로 확장성, 보안성, 유연성을 확보할 수 있어, 데이터 복제, 이기종 디스크의 공유 등과 같이 새로운 기술을 수행할 수 있다.

- 스토리지 가상화의 기술 요소

스토리지 가상화 기술에는 논리 - 물리 간의 매핑기법의 Dynamic Stripping

과 Caching 방법이 있다. Disk Controller의 가상 스토리지 관리 소프트웨어 기능(VSM)이 있고 Logical date 자원과 물리적 date 자원 간의 독립 및 분리성을 제공한다. 추상적으로는 기존 스토리지를 활용한 스토리지 풀을 만들자는 것이지만 구체적으로 보면 다음의 세 가지 기능을 제공하고 있다.

1) 블록 단위 가상화

이기종 간의 스토리지가 있는 기업의 경우 여유 공간을 활용하려고 할 때 필요한 개념이다. 이기종 간의 시스템이라면 서로 공유하여 사용할 수 없지만, 가상화가 되어 있다면 그것을 스토리지 개념으로 접근이 가능하다. 이를 가능하게 해 주는 기술이 바로 '블록 단위 가상화'이다. SNIA[22) 모델에 따라 '블록 애그리게이션(Block aggregation)'이라고 부르기도 한다. 호스트가 물리적 스토리지 공간의 LUN(Logical unit number)을 인식하는 것이 아니라 가상화 솔루션이 제공하는 가상 스토리지 LUN을 인식하는 것이다. 물리적인 LUN을 인식하지 않기 때문에 개별 스토리지 장비에 얽매이지 않게 되는 것이다.

2) 스토리지 디바이스 자원 관리

여러 대의 스토리지를 하나의 풀로 인식하는 것은 단지 서버의 입장일 뿐 관리자의 입장에서는 RAID 구성, 패스 설정, 각종 이벤트에 대한 리포트 확인, 장비 상태 확인 등의 작업은 여전히 전혀 다른 툴들을 이용해 각 스토리지별로 진행해야 한다. 여러 기종, 여러 업체가 섞일수록 전체적인 활용률이나 각 스토리지별 성능 수치 등을 보기 어렵고 정책에 따른 스토리지 관리도 불가능하다. 스토리지 디바이스 자원 관리는 이런 불편함을 개선하기 위해 하나의 화면에서 기종, 업체에 상관없이 모든 관리 작업을 수행할 수 있는 솔루션이다.

---

22) SNIA(Storage Networking Industry Association) 스토리지 업체간 체결한 산업협의체

3) 블록 단위 파일 공유

IBM AIX에서 저장한 파일을 SUN 솔라리스에서 불러오면 쉽게 인식되지 않는다. 상당히 힘든 컴파일 작업을 하고도 제대로 인식되지 않는 경우가 흔하다. 동일한 유닉스 계열의 OS 간에도 이런 문제가 생기는 것은 각 OS가 사용하는 파일 시스템이 다르기 때문이다. 가령 IBM AIX는 JFS, SUN 솔라리스는 UFS 하는 식이다. 파일이 이 정도인데 파일을 이루는 블록 단위에 저장된 데이터를 아무 작업 없이 이기종 간에 공유한다는 것은 대단히 어려운 일이다. NAS 기술이 나오면서 이기종 서버 간 파일 공유를 이더넷상에서 구현하는 것은 가능해졌지만 대용량의 고속 블록 I/O를 처리하기 위한 SCSI 레벨의 블록 단위의 데이터 공유는 현재까지 방법이 없다. 하지만 이 기술이 채택되면 이기종 서버 간의 원활한 데이터 공유가 가능해져 데이터 활용도가 폭발적으로 증가하는 것은 물론 이기종 간의 클러스터링도 구현할 수 있어 향후 그리드 컴퓨팅의 인프라를 손쉽게 구축할 수 있게 된다.

● 파일 지능화(File Intelligence)와 파일 공유 가상화의 차이

NAS(Network Attached Storage) 파일은 파일 지능화는 가지고 있으나 스토리지 가상화를 제공하지는 않는다. 대부분의 가상화 작업은 SAN을 위해 이루어진다. SAN에서의 스토리지는 기본적인 블록단계의 스토리지로 서버에 의해 인식된다.

SAN 스토리지는 아주 드문 경우를 제외하고, 파일에 대해서는 알지 못한다. 그리고 같은 SAN에 연결되어 서로 다른 OS를 운용하고 있는 서버들만이 자체 몫으로 할당된 스토리지의 영역을 인식한다. 가상화가 없이는 SAN에 접속되어 같은 운영체제를 실행하고 있는 서버들이라도 관리자에 의해 사전에 할당되고 관리되는 자체 스토리지를 가져야만 접속이 가능하다.

- 스토리지 가상화 방식

기존의 스토리지 기반에서 가상화할 수 있는데, 크게 NAS 시스템과 SAN 시스템 환경하에서 가상화를 하는 부분이다. 전적으로 하나의 마스터 서버에서 실행되거나, 병용되는 여러 서버에서 분산 실행되는 소프트웨어로 실현할 수 있는 등의 방식이 있다.

1) NAS 환경의 가상화

SAN 환경에서보다 먼저 가상화 개념이 도입되었다. NFS, CIFS라는 표준 프로토콜을 사용한다. LVM 같은 서버 기반의 가상화는 지원하지 못한 반면, 네트워크에 연결되어 있는 많은 NAS 클라이언트에 다양한 저장 공간과 권한을 제공한다.

데이터 저장 공간을 효율적으로 이용할 수 있는 기법인 동적 가상화 엔진을 도입했고, 이기종 스토리지 환경에서도 NAS와 SAN 및 IP SAN을 동시에 지원할 수 있는 일종 게이트웨이 장비가 나오기도 했다.

사용자 데이터 공간의 효율적인 사용을 위한 동적 가상화 엔진 방식은 물리적인 스토리지 구성을 지능적으로 자동 최적화 저장 풀에 통합시킬 수 있는 동적 가상화 엔진 기술이다.

또한 이기종 스토리지 환경의 NAS 가상화 지원을 위한 게이트웨이 방식이 존재한다. 이기종의 스토리지 시스템을 연결해 데이터 처리하는 방식으로 일종의 인밴드 방식이라 볼 수 있다.

2) SAN 환경의 가상화

SAN 환경의 가상화는 서버에서 데이터에 대한 액세스와 관리 기능으로 나눌 수 있는데, 액세스 기능은 보안, 스토리지 공유를 포함하는 스토리지 자원의 통합 및 데이터 공유를 포함하는 SAN 파일 시스템 등을 위한 가상 볼륨을 제공한다. 네트워크, 서버 프리 백업, 아카이빙, HSM을 위한 서비스, 스토리지 네트워크 관리를 위한 가상 장비 관리 기능을 제공한다.

SAN 구조에서 하나의 'SAN 어플라이언스'로 실현하거나, 가상 볼륨 공간이나 파일을 제공하기 위해 메타데이터를 사용하는 SAN에서 또는 도메인 컨트롤러나 라우터로 연결된 스토리지 네트워크 내 도메인에서 스위치상의 소프트웨어로서도 실현할 수 있다. 또한 SAN 컨트롤러에서 부가가치 소프트웨어와 함께 특수한 스토리지 시스템에서 실현할 수 있다.

● 스토리지 가상화 구축 방식

1) 서버 기반 가상화

서버의 가상화는 가장 단순하고 오래된 모델로 소프트웨어 솔루션이다. 각각의 운영 서버에 스토리지 가상화 기능을 수행하는 소프트웨어를 설치하여 구현하거나, 별도의 전용 서버에 가상화 소프트웨어를 설치하고 SAN 환경에 연결하는 방법 등이 있다.

운영 서버의 가상화는 가상화 소프트웨어가 SAN 환경에 연결되어 있는 모든 서버에 이루어지므로 관리의 단순화 및 통합화 측면에서 역행하고 있으며, 전용 서버의 가상화는 가상화와 관련된 요구가 항상 전용 서버를 우회해야 하므로 전용 서버의 안정성이 문제가 된다.

2) 스토리지 기반 가상화

스토리지 컨트롤러에서 가상화 솔루션을 탑재하는 방식으로 가상화의 범위가 하나의 스토리지 장비에 제한되어 호환성 및 확장성이 떨어진다는 단점이 있다. 하지만 다른 방식에 비해 안정성이 우수하여 현재 SAN 환경에서 일반적으로 적용될 수 있다.

3) 네트워크 기반 가상화

네트워크에서 가상화 기능을 구현하는 것이 가장 이상적인 형태이다. 모든 스토리지가 스위치와 같은 네트워크 장비와 통합된 고성능 서버를 통해서 가상화를 구현하는 방식으로 크게 인밴드(In‐Band)와 아웃밴드(Out‐of‐Band)로 구분할 수 있다. 인밴드 방식은 컨트롤 데이터와 데이터가 같은 경로를 사용하는 방식으로 데이터 경로의 대역폭이 가상화해 주는 장비로 인하여 좁아질 수 있으며, 이 장비의 장애로 인해 전체 SAN 환경에 장애가 생길 수 있다는 단점이 있으나 구성이 간단하고 구현하기 쉽다. 아웃밴드 방식은 컨트롤 데이터 경로를 데이터 경로와 분리하여 구현하는 방식으로 대칭 방식에서 나타나는 단점을 해소하였으나, 모든 서버에 가상맵(Virtual Map)을 알려 주어야 하므로 일반적으로 구성이 더 복잡하다.

〈표 18‐1〉 스토리지 가상화 구축 방식

구분	설명
서버 기반	✓ 서버에 가상화 어플리케이션을 설치하여 사용하는 방식 ✓ 소프트웨어 업체들이 제시하는 관리 솔루션
스토리지 기반	✓ 스토리지 자체 가상화 기능 보유 ✓ 장비 자체에 기능 포함되어 있어 고가
네트워크 기반	✓ 여러 개 디스크를 연결하는 SAN에 별도의 시스템을 구축하는 방법 ✓ SAN 스위치에 가상화 어플리케이션이 구동되는 별도 서버를 연결하는 가상화 기법

● 스토리지 가상화 구현 방식

스토리지 가상화를 구현하는 방식은 크게 인밴드(Inband)와 아웃밴드(Outband)로 구분할 수 있다.

1) 인밴드 방식

서버와 가상화된 스토리지 사이의 모든 I/O가 가상화 엔진을 통과하는 방식으로 가상화를 위한 커맨드 I/O뿐 아니라 실제 데이터 I/O까지 가상화 엔진을 통과해 서버와 스토리지로 가는 방식이다.

인밴드 방식의 단점으로 흔히 지적되는 것은 서버와 스토리지 사이에 한 층이 더 있어 오버헤드 때문에 데이터 I/O 성능이 떨어질 수 있다는 것과 서버나 스토리지의 용량과 I/O 요구량이 폭발적으로 늘어날 경우 확장성이 뒷받침되지 않으면 병목 현상의 원인이 될 수 있다는 것이다.

반면 스토리지에 있는 컨트롤러가 혼자 처리해야 했던 I/O 처리, 캐시, RAID 컨트롤, 쓰기 I/O 미러링 등을 가상화 엔진과 분산해서 처리함으로써 성능 향상을 기대할 수 있다. 또 엔진에 캐시를 탑재할 경우 스토리지에 있는 캐시에 대해 일종의 L2 캐시로 작동해 응답시간을 향상시킬 수 있다는 점, 연결되는 스토리지의 기종이나 업체에 상관없이 단 하나의 라이선스만을 가지고 기기 간 볼륨 순간 복제, 원격지 미러링 등의 복제 서비스를 구현한다는 점 그리고 병렬 형태의 증설을 지원할 경우 소형 디스크의 병렬 구성으로 대형 스토리지를 능가하는 성능을 낼 수 있다는 점 등이 장점으로 꼽힌다. 향후 SAN 스위치가 가상화를 직접 담당하는 형태로 발전할 경우 이 역시 인밴드 방식의 가상화가 된다.

2) 아웃밴드 방식

서버와 스토리지 사이의 데이터 I/O에는 가상화 엔진이 개입하지 않고 커맨드 I/O만을 관리하는 방식이다. 이 방식의 장점은 가상화에 따른 오버헤드가 적고 OS 위에 올라가는 소프트웨어 방식의 클라이언트 모듈을 사용하기 때문에 상대적으로 다양한 스토리지 장비의 연결을 지원한다는 점이다. 또 SAN이 구성되지 않은 스토리지에도 적용할 수 있다. 하지만 자체 프로세싱 능력이 없거나 약하고 캐시가 없기 때문에 인밴드 방식과는 달리 기존 스토리지의 성능을 향상시켜 주는 역할은 기대할 수 없다. 또한 반드시 서버에 소프트웨어가 올라가기 때문에 서버의 자원을 소모한다는 점, 복제 서비스의 사용을 위해서는 연결된 스토리지 업체의 솔루션에 의존해야 하므로 라이선스 통합이 쉽지 않다는 점 등은 단점으로 지적된다. 현재 시장에 나와 있는 제품군으로 볼 때 상대적으로 확장성이 떨어진다는 점도 문제라 할 수 있다.

● 스토리지 가상화 구축 시 고려사항 및 활성화 요소

〈표 18-2〉 스토리지 가상화 구축 시 고려사항

구분	설명
호환성	특정 운영체제, 밴더, 물리적 스토리지 장치 호환성
안정성	Failover 및 Data 유실에 대한 안정성 고려
가능성	디스크 추가 시, 볼륨 할당 등의 관리 시 서비스 중단 없이 스토리지 관리 가능
관리	모든 스토리지가 단일 환경에서 쉽게 통합 관리
성능	구축 전과 비교하여 디스크 성능 유지

기업의 필요에 따라 구축되고 적용되지만 가장 고려되어야 할 부분은 ROI이다. 이러한 가상화 장비 투자 대비 효과가 있어야 한다. 이에 도입 활성화가 되기 위해서는 스토리지 구축 방법에 따른 높은 가격이 개선되어야 한다.

가상화 엔진에 따른 또 다른 오버헤드나 장애가 발생되어서는 안 된다. 성능이 개선되고 사용되는 레퍼런스가 많아지므로 안정성이나 효용성이 우선 검증될 필요가 있다.

ILM(Information Life Cycle Management)의 정의에 대해 '가장 적절하고 비용 효율적인 IT 인프라스트럭처를 이용하여 정보가 생성되고 소멸되기까지 정보의 비즈니스 가치를 결속시키기 위한 정책, 프로세스, 업무, 도구들의 구성이다.'라고 표현할 수 있다. 갈수록 방대해지는 정보의 관리 문제, 스토리지의 최적화 문제, 애플리케이션과 정보의 가용성 문제, 비즈니스 위험을 최소화하기 위한 각종 법률과 규제에 대한 컴플라이언스 이슈 등을 등에 업고서 ILM이라는 개념은 계층적 스토리지 관리(HSM, Hierarchical Storage Management)의 계보를 이어받고 빠른 속도로 진화하고 있다.

● HSM(Hierarchical Storage Management)의 정의

HSM이란 사용자가 정한 규칙과 정책에 따라서 디스크로부터 제2의 저장장치인 테이프 라이브러리나 주크박스로 자동적으로 이관해 주는 '정책(policy)' 기반의 데이터 관리 전략적 시스템이다.

스토리지 계층 관리(HSM, Hierarchical Storage Management) 기술은 IBM에 의해 처음 개발됐다. IBM이 창안한 HSM 기술은 오늘날의 ILM처럼 초기에 많은 사람들로부터 IT를 선도할 기술로 여겨졌다. 스토리지 관리에 있어 이 기본적이고 필수적인 HSM 기술은 데이터를 분할된 여러 스토리지 계층 간 이동시킴으로 인해 시간과 스토리지 미디어 비용을 절약할 수 있는 필요성을 인식시켜 주었다.

계층적 스토리지 관리 기술을 사용해 전혀 또는 자주 사용하지 않는 데이터 파일을 컴퓨터의 로컬 온라인 스토리지에서 Tivoli Storage Manager가 관리하는 오프라인 스토리지로 자동으로 투명하게 마이그레이션한다. 자주 사용

하지 않는 파일을 오프라인 스토리지로 자동으로 마이그레이션하면 관리자가 수행하는 시간 소모적인 파일 정리 작업이 줄어들고, 특정 온라인 스토리지 공간의 사용 가능성이 장기간 향상되며, 쉽게 검색할 수 있는 많은 데이터 파일의 관리 비용이 줄어들게 된다.

● ILM과 HSM의 관계

최근의 ILM에 대한 관심은 리포팅과 프라이버시에 대한 새로운 필요성들에 의해 대두됐다. ILM 솔루션을 구현하는 것은 단순히 이메일 관리 소프트웨어 운영 또는 아카이빙[23] 용량 처리를 하는 것보다 더 많은 것을 요구한다. 고객들은 '데이터가 얼마나 가치가 있는가?', '내가 데이터를 삭제해도 되는가?', '데이터 가용성에 대한 필요성과 스토리지 예산 간 어떻게 균형을 이룰 것인가?' 등에 대한 핵심 비즈니스 질문에 대해 대답을 할 필요가 있다.

ILM은 HSM의 아키텍처를 사용하고 있다. 그러나 ILM의 범위는 HSM보다 훨씬 크다. ILM은 HSM의 특성을 묘사하는 기술적인 로드맵보다는 기업의 정보와 그 정보가 어떻게 관리받아야 될 필요가 있는가를 자세히 관찰함으로써 시작될 수 있다. ILM이라는 더욱 넓은 관점은 HSM과 달리 거의 모든 IT의 발단을 의미한다. ILM은 기술 단계 이전의 전체 엔터프라이즈에서 시작하며 스토리지 관리자들은 IT 리더의 위치가 아니더라도 반드시 ILM 프로젝트에 관여되는 것을 권장하고 있다.

● HSM(Hierarchical Storage Management)의 필요성

정보가 생성되면 불과 하루에서 일주일 사이에 그 정보에 접근하는 빈도수

---

23) 아카이빙이란 온라인 디스크에 있는 데이터를 장기 보관용 라이브러리로 이관함과 동시에, 사용자에게 온라인 디스크에 저장된 데이터와 동일한 온라인 액세스를 제공함으로써, 대용량 온라인 디스크를 유지하는 데 드는 비용을 절약함은 물론 데이터의 안정적인 장기보관을 가능하게 해 주는 기능이다.

는 급격히 낮아지게 되고 약 한 달이 지나면 거의 접근되지 못하는 데이터로 전락하게 된다. 하지만 정보의 성격에 따라 당장은 사용할 일이 없지만 수년 이 지난 후에 법적 근거에 대한 제시 또는 금융 데이터의 사용자 조회 요청 등이 있을 수 있다. 거의 사용하지 않지만 향후 언젠가는 사용할 가능성이 있 는 것에 대해서 효율적 관리가 필요하다.

〈표 19-1〉 HSM의 필요성

스토리지의 부족	데이터를 생성하고 사용하는 애플리케이션이 늘어남에 따라 데이터 저장을 위한 스토리지에 대한 요구가 급증
백업 비용의 증대	백업받아야 할 데이터의 양이 늘어남에 따라 백업 솔루션의 비용이 커지고, 백업 시간이 늘어남
단순 백업의 한계	백업된 데이터는 오프라인이며, 백업 프로그램 등 툴을 통해서만 접근이 가능
디스크관리 비용	MIS 저장된 데이터의 사용률을 감안할 때, 디스크 관리비용이 디스크 자체의 비용을 능가함
데이터 계층 분류	단순히 저장되어 있는 사용률이 낮은 데이터와 빈번히 사용하는 데이터를 분류하여 데이터를 관리해 줄 경우, 스토리지 비용을 절감할 수 있음

- HSM 솔루션 기대 효과

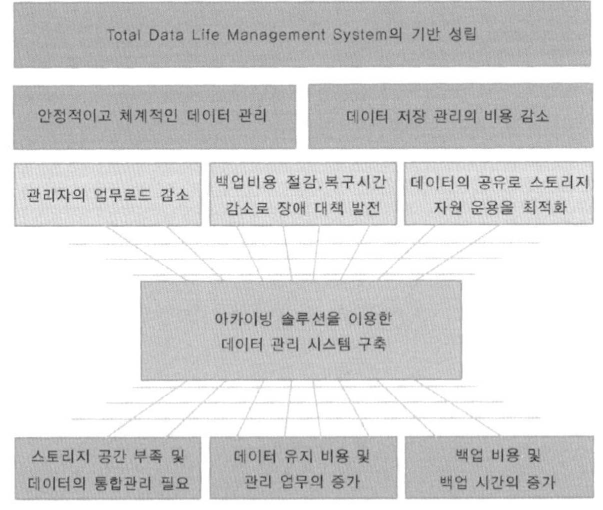

〈그림 19-1〉 HSM 솔루션의 기대 효과

✓ 관리자와 사용자가 수행하는 시간 소모적인 파일 정리 작업 감소

✓ 특정 온라인 스토리지 공간의 사용 가능성이 장기간 향상

✓ 온라인 데이터 증가에 따른 온라인 스토리지를 추가로 구입해야 하는 필요 감소

✓ 포괄적인 데이터 보호를 위해 Tivoli Storage Manager와의 자동 통합 및 조정

✓ 쉽게 검색할 수 있는 많은 데이터 파일의 관리 비용 감소

● HSM 활용 영역

〈표 19-2〉 HSM의 활용 영역

멀티미디어	방송 디지털 아카이빙, 동영상, 음악파일, 전자도서관
금융 부문	수표원장, 전표, 대출원장 이미지, 녹취데이터
의료 부문	PACS 영상자료, 이미지 관리, 처방전
공공 부문	문서보관소, 위성 데이터, 항만/공항/도로 인프라에 대한 시설관리 도면/매뉴얼, 법률문서 및 판례관리
일반기업	설계 및 공정관리 산출물, 제품 및 설계도면 등

● 디스크 기반의 스토리지 VTL의 개요

기존 테이프 백업장치의 제한된 성능, 확장성, 복구시간의 문제점을 극복하기 위해서 테이프 백업장치의 대안이 디스크 백업장치(D2D)의 확장성 및 고가용성 디스크 사용으로 인한 고비용 대비 제한적인 성능의 문제점을 해결하기 위해서 등장했다.

- VTL(Virtual Tape Library)의 정의

　디스크를 테이프처럼 사용할 수 있도록 디스크를 테이프 라이브러리로 에뮬레이션한 솔루션이다. 과거에는 테이프에 데이터를 백업, 복구하였는데, 이를 디스크로 전환함에 따라서 성능 및 안정성의 향상을 목적으로 한 백업장치 솔루션이다. 이는 디스크의 비용 하락과 고용량화에 따라서 가능하게 된 부분이 있다.

- VTL(Virtual Tape Library)의 형태와 특징

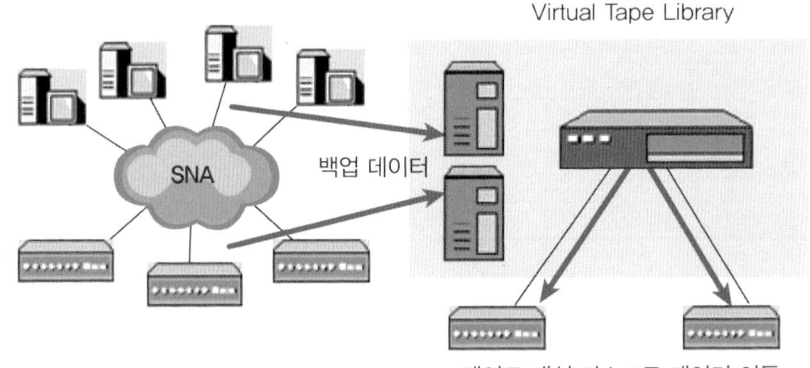

〈그림 19-2〉 독립형 VTL 구조

　디스크만으로 구성된 방식으로 기본적으로 미디어 추출은 지원하지 않는다. 테이프 라이브러리로 2차 백업을 구성했고, 원격지 보관용 테이프를 만들 필요가 있을 때 백업 소프트웨어를 활용해 가상 테이프에 있는 데이터를 실제 라이브러리에 있는 미디어에 복사한 후 이 미디어를 꺼낼 수 있다. 원격지 미디어 소산을 위해 분리된 VTL을 손쉽게 통합할 수 있다. 복사되는 모든 데이터가 CPU를 거쳐 I/O 시스템을 두 번 사용하기 때문에 테이프 복사본 생성에 소요되는 부하를 관리하기 위해 백업 서버를 보강해야 한다.

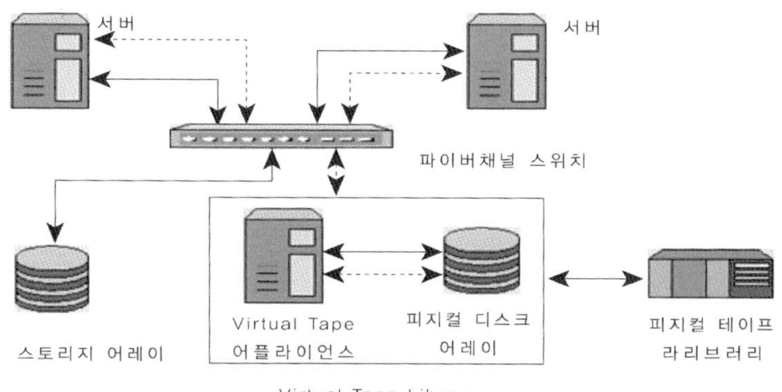

〈그림 19-3〉 일체형 VTL 구조

기존 라이브러리뿐만 아니라 독립된 VTL용으로 만든 백업 소프트웨어 라이선스를 구입해야 하므로 라이선스 비용 또한 증가한다.

테이프 추출이 가능한 방식으로 가상화한 VTL 백업 장비에 재난 복구 및 장기 보관용 테이프의 요구를 충족시키기 위해 VTL과 테이프 라이브러리를 일체화한 솔루션이다. 백업 소프트웨어는 오직 VTL만을 인식하기 때문에 한 대의 로봇 라이선스만 필요하다.

VTL이 백그라운드에서 복제본을 만들기 때문에 테이프를 복제하기 위해 대용량 백업 서버가 불필요하다. 라이브러리에서 버추얼 테이프를 꺼내기만 하면 원격지로 보낼 테이프를 자동으로 생성한다.

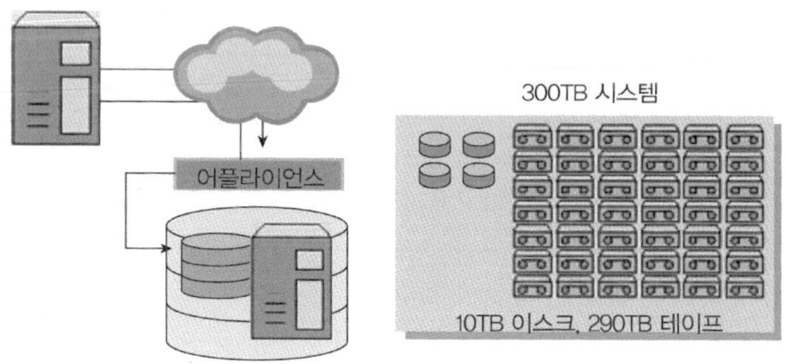

〈그림 19-4〉 스토리지 확장형 VTL

VTL과 테이프의 완전한 통합시스템의 경우 데이터는 디스크에서 오프라인의 테이프로 이동하며, VTL에 있는 데이터 처리프로세스가 데이터 전송을 담당한다. 네트워크의 성능 저하를 유발하지 않고, 미디어 서버의 CPU 자원을 사용하지 않으면서도 테이프 생성을 만들어 낼 수 있다.

- VTL(Virtual Tape Library)의 기대효과

〈표 19-3〉 VTL의 기대효과

구분	내용
백업 시스템 구성	✓ 가상 테이프(디스크) 인식을 통해 기존 테이프 장비와의 호환성 유지 ✓ 백업 서버나 백업 대상 서버와 데이터 네트워크의 부하 감소 ✓ 디스크 기반의 RAID 구성으로 미디어의 안정성 보장 ✓ 기존 백업 환경을 유지
비용 측면	✓ 고속의 백업장치 공유가 어려우나 VTL을 사용한 서버 간 백업장치 공유 가능 ✓ VTL을 가상의 백업 테이프로 인식하므로 추가 백업 소프트웨어 라이선스 필요 없음 ✓ 연속적인 병렬 백업 기능으로 디스크 조각 낭비 방지 ✓ 테이프장치 사용과 동일하므로 기존 운영자의 재교육 필요 없음

- VTL(Virtual Tape Library)의 발전형태

〈표 19-4〉 VTL의 발전형태

구분	설명
용량	단위 디스크 드라이브 용량의 고용량화에 따라 전체적인 장비의 고용량화
성능	내부 버스 대역폭 증가에 따른 고성능화
안정성	장비 구성요소의 이중화, 다중화 지원으로 인한 안정성 확보
호환성	다양한 운영체제 플랫폼과 백업 소프트웨어와의 연동을 통한 호환성 확대
기능성	단순 디스크를 테이프 백업장치로 가상화하는 것에 그치는 것이 아니라, 자체적으로 복제 등 다양한 소프트웨어기능 탑재

파일과 관련된 네트워크 영역의 진보된 체계적 시스템으로 사용자 파일 데이터 전송 및 가상화 등의 서비스를 제공한다.

- FAN(File Area Network)의 정의

네트워크를 기반으로하는 이질적인 IT환경에서 파일 관리가 필요하다.
이런 환경에서 파일에 대한 가상화 및 논리적 장치 등을 통해 블록단위로 파일을 관리하는 것이다.

- FAN(File Area Network)의 요소기술

✓ 파일 가상화 / WAFS와 WAN 최적화 / 진보된 파일 리플리케이션
✓ 분배 및 밀집된 파일 시스템 / 문서 관리 소프트웨어 / 분류 및 인덱싱 소프트웨어
✓ 정보 수명 주기 관리 및 데이터 이동 소프트웨어
✓ NAS 클러스터

- FAN(File Area Network)의 구성 요소

1) 스토리지 장비 FAN

SAN 또는 NAS 환경과 마찬가지로 스토리지 인프라스트럭처다. 앞으로

FAN은 점점 더 발전 가능한 고성능 솔루션이 될 것이다. 그러나 FAN이 고성능 솔루션으로 발전하기 위한 유일한 전제 조건은 데이터와 자원 분배를 가능하게 하기 위한 네트워크 스토리지 환경의 레버리지를 반드시 도입하는 것이다.

2) 파일 전송 장비 / 인터페이스 FAN

스토리지 인프라스트럭처(NAS 등) 또는 게이트웨이 인터페이스(SAN 등)의 직접적으로 통합된 부분으로 블록이 아닌 CIFS/NFS의 표준 프로토콜상의 파일 요청 사항에 대해 관리한다.

3) 네임스페이스(Namespaces) FAN

앤드 유저를 위한 파일 내용을 배치(Organize), 전달(Present), 저장하는 성능과 함께 파일 시스템의 존재를 전제로 한다. 이러한 파일 시스템 데이터의 실행과 접근 등 조직화는 모두 네임 스페이스에 비준한다. 즉 네이스페이스는 FAN을 정의하고 구축하는 필요 근간이라 할 수 있다.

파일 관리와 통제 서비스 FAN의 아키텍처 내에서 다른 솔루션과의 대비되는 중심 콘셉트는 전체 기업의 새로운 가치를 창조하기 위한 네임스페이스와 함께 상호 작동하는 소프트웨어 정보다. 배치 시스템에 의해 이러한 서비스는 파일 시스템 또는 네트워킹 장치 내에서 직접적으로 통합 가능하며, 자체 독립된 서비스로도 작동이 가능하다.

● SAN과 NAS 그리고 FAN의 상호 연관성

대부분의 파일 서버와 NAS 장치는 마지막이 파이버 채널(SAN) 스토리지 형식이라고 할 수 있다. 이에 모든 스토리지 접근 블록 데이터 포맷을 중심으로 하고 있고, 이러한 모든 블록 스토리지 공간은 그것이 NTFS이든 UFS이든 데이터베이스 관리 시스템이든지 간에 어떠한 파일 시스템 종류에 의해

어떠한 방법으로든 관리된다. 궁극적으로는 SAN과 NAS의 차별성이 없어져
가고 있다.

- FAN(File Area Network)과 SAN의 비교

〈표 20-1〉 FAN, SAN의 비교

종류	SAN(Storage Area Network)	FAN(File Area Network)
기본 컨셉	FC 혹은 iSCSI가 수송 프로토콜 배열된 LUN이 타켓 FC/iSCSI 블록의 요청 사항에 대한 관리	파일 수송 프로토콜(CIFS / NFS) 파일 서버상의 파일 시스템 볼륨이 타깃 CIFS / NFS 파일의 요청 사항에 대한 관리
기본 서비스와 고객 과제	중앙 관리 체계 데이터 센터 간의 SAN 확장 자원의 운영과 가상화	중앙 관리 체계 원거리 간의 데이터 연결 자원의 운영과 가상화
고객 혜택	빠른 속도의 스토리지 기초 전송 배열 스토리지 시스템의 통합 풀과 개별로 배열에 대한 관리 스토리지 이용화 증가 볼륨 마이그레이션 서비스 강화 ROI 근간 혜택-CapEx 그리고 OpEx	파일 레벨 기초의 네임스페이스 크기 조정 파일 서버의 통합(MS and NAS) 풀과 개별로 배열된 파일 서버의 관리 파일 서버 이용화 증가 파일 마이그레이션 서비스 강화 ROI 근간 혜택-DaoEx, OpEx

- FAN(File Area Network)의 구축 및 도입

FAN이 현재의 기술 환경에서 눈에 띌 수 있는 중요한 발달 가능성 중 하
나는 파일을 겉으로 보이는 장치를 통해 그것의 가치를 밖으로 끄집어내는
능력이라고 할 수 있다.

이것이 파일 수준 가상화이며, 궁극적으로 파일 수준 가상화가 매우 편협한
장치에 의존하는 것이 아니라 비즈니스 필요성 또는 기업 광역 IT 프로세스
에 기초해 다각적인 파일 시스템을 위한 네임스페이스를 근간으로 한다는 점
에서 중요하다.

기업 IT 관리자들은 이러한 배경에서 파일 네트워킹을 위한 투자를 심각하게
고려하고 있다. 즉 파일 컨트롤이 가능한 추상화-가상화를 위한 시스템 도입

을 주시하고 있다. 그러나 기본적인 목적 및 기준 없이 단순히 FAN을 통한 관리 이익의 달성을 목표로 하는 것은 기업에 치명적인 결과를 가져올 수 있다.

- FAN(File Area Network)의 혜택

1) 기업의 유동성과 민첩성 확보

사용자들에게 파일 위치와 이동의 투명성을 만들어 주고, 결정적이고 편의적인 파일 이동을 제공한다. 또한 다운 타임을 없애 주며 비즈니스 연속성과 재해복구를 도와준다.

2) TCO(Total Cost of Ownership) 감소

지사 간 IT 인프라 구조를 통합시켜 주며 원거리 데이터 백업에 대한 비용을 줄여 준다. 또한 파일 스토리지로 데이터 센터 관리화가 가능하게 도와준다.

3) 유연성과 탄력성을 향상

파일의 데이터 센터 관리화를 단순화시켜 주며, ILM에 근간하여 종합적인 파일 마이그레이션을 가능하게 해 준다. 또한 WAN 최적화 간 파일 관리와 보안 프로토콜을 유지시켜 준다.

분산처리 시스템과 클러스터링

● 분산처리 시스템의 개념

컴퓨터는 통신 네트워크를 통하여 약결합으로 연결되고 업무나 정보들을 처리하는 시스템의 집합을 의미한다. 하나의 대형 컴퓨터에서 수행하던 기능을 지역적으로 분산하여 여러 개의 미니컴퓨터로 분담, 통신망을 이용하여 상호 처리한다. 단지 기술의 변화가 아닌 컴퓨팅 환경의 문제점을 해결하기 위한 패러다임으로 볼 수 있다.

〈표 21 - 1〉 분산처리 시스템의 특징

구분	내용
연산 속도 향상 (Computation Speed Up)	하나의 연산을 동시에 처리할 수 있는 여러 개의 부연산으로 분할한다면 처리속도 향상을 통해서 생산성 향상 가능
자원 공유 (Resource Sharing)	원격지에 있는 자원의 공유를 통한 활용 가능
신뢰성 (Reliability)	분산 시스템의 어떤 사이트에서 결함이 발생되더라도 나머지 사이트들은 동작을 계속하는 무정지 시스템 구현 가능
통신 (Communication)	여러 사용자 간에 메시지 전달이 가능하고, 지역적으로 멀리 떨어져도 수행 가능
고가용성 (High Availity)	지역적으로 분산된 백업 체계를 가지며 일정 수준의 성능을 수행할 수 있는 기능
편리성	사용자에게 편리하게 제공되며 투명성 보장
서비스 응답시간	근거리의 빠른 응답 속도

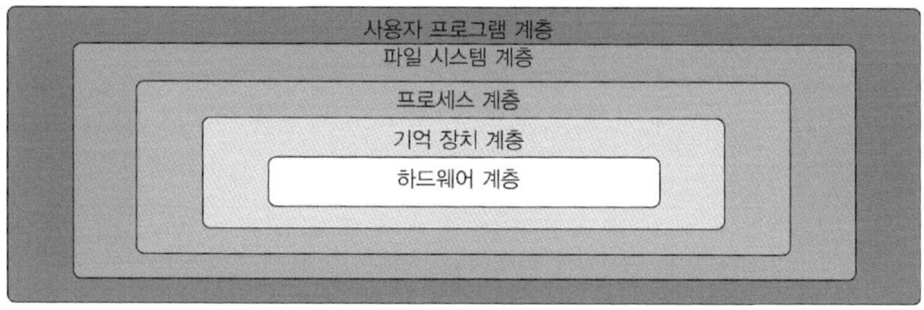

〈그림 21 - 1〉 분산처리 시스템의 계층 구조

〈표 21-2〉 분산처리 시스템의 특징

계층	설명
하드웨어 계층	컴퓨터 시스템의 기본적인 처리 능력 및 저장 능력을 제공해 주는 계층으로 통신 기능이 포함
기억장치 계층	기억장치관리자는 시스템의 기억장치를 관리하고, 프로세스들을 할당해 주는 역할을 수행
프로세스 계층	프로세스의 생성, 종료 및 프로세스 간의 문맥교환 및 프로세스 간의 동기화를 위한 기본적인 기능 제공
파일 시스템 계층	파일은 데이터를 저장해 두는 기억공간을 의미하는 것으로 대표적인 분산 파일 시스템은 LOCUS, Andrew, NFS 등이 있음
사용자 프로그램 계층	원격모드의 접근 가능, 자원의 위치 파악 후에 사용

〈표 21-3〉 분산처리 시스템의 투명성

계층	내용	분산 DB와 비교
Performance	성능 증가 시스템, 재구성	
Concurrency	객체 위치 무관 병렬 처리	병행 투명성
Scale	규모에 맞는 확장	
Access	지역 / 원격 무관하게 접근	분산 투명성
Replication	여러 지역 중복 허용 / 일관성	복제 투명성
Failure	한 시스템 고장 나더라도 전체 시스템 가용	장애 투명성
Migration	논리적 서버 참조, 물리적 위치로 이동	
Location	서버 위치 정보 없이 접근	위치 투명성

〈표 21-4〉 분산처리 시스템의 분류

계층	내용
완전 연결 구조	각 노드가 시스템 내의 모든 다른 노드와 직접 연결하는 구조 통신 전달 속도 향상, 신뢰성 향상 / 비용 상승
부분 연결 구조	부분적으로 각 노드와 연결, 부분적 시스템 고장 시 통신 불가능한 구조 완전 연결 구조에 비해 비용 절감 / 통신 전달 속도 낮고, 신뢰성 낮음
계층 구조	노드의 Tree 구성 / Parent 노드 고장 시 노드 통신 불가 장점: 부분 연결 구조에 비해 비용 절감
Star 구조	임의의 중심 노드가 다른 노드 연결, 구조 단순, 제어 집중 중앙 컴퓨터 고장 시 전체 네트워크 정지
링형 구조	각 노드가 정확하게 2개의 다른 노드와 물리적으로 통신

〈표 21 - 5〉 분산 시스템의 운영체제

운영체제 구분	NOS(Network OS)	DOS(Distributed OS)
특징	노드의 운영체제(LOS)가 N/W과 관계없는 독자적인 OS를 갖고 N/W 사용은 사용자 프로그램에 의해 제어	시스템 내에 하나의 OS 존재, 전체 N/W을 통틀어 단일 OS로 수행 지역 / 전역 시스템 관리
장점	소프트웨어 사용 / 실행이 간단	로드 밸런싱, 연산 속도 향상
단점	사용자마다 사용성이 다른 사용 이질성	구성 비용 과다, 시스템 확장성 한계
기능	파일 전송은 FTP, 원격 지원 사용 용이 다수의 호스트 연결 -〉 신뢰도 상승	자료 이동(Data Migration): 파일 전체, 일부 연산 이주: RPC, Message Pass 프로세스 이주: 전체 또는 일부 다른 시스템에서 실행
서버인지	필요	불필요
거리	근거리	대규모
로그인	서버마다	1회
유지보수	어려움	용이

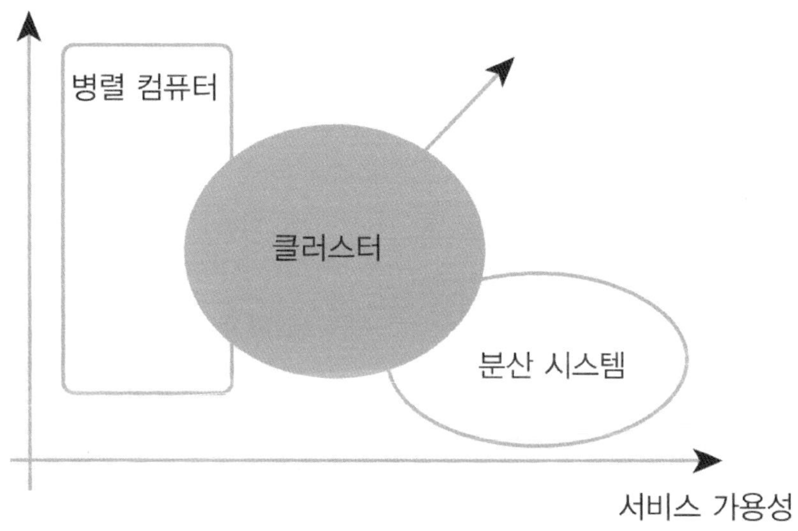

〈그림 21 - 2〉 분산처리 시스템의 비교

<표 21-6> 분산 시스템의 비교

특징	병렬컴퓨터	클러스터링 시스템	분산 시스템
노드 수	수십 개~수천 개	수십 개 이하	수천 개 이하
성능 평가 기준	반환시간(Turn-Around Time)	작업량(Throughput)	응답시간(Response Time)
노드의 독립성	없음	없음	요구됨
노드 간의 통신기법	주로 요구되지 않음	요구됨	요구됨
노드의 크기	작다	크다	크다
내부 노드의 보안성	필요 없음	외부에 노출된 형태라면 필요	필요
노드의 운영체제	동일 운영체제	주로 동일	다른 운영체제 가능

클러스터링

- 클러스터의 정의

PC 또는 Workstation을 고속 네트워크를 이용하여 병렬로 연결하여 사용자에게 슈퍼컴퓨터 시스템의 고성능 기능을 제공하는 기술을 의미한다. 고성능 프로세서와 초고속 네트워크를 이용한 범용 컴퓨터들을 클러스터링하여 구성한 병렬 처리 시스템으로 고성능, 고가용성, 확장성을 지원한다. 가변적인 업무처리를 하거나 컴퓨터의 고장에 대비하여 시스템 운영의 지속성을 확보하여 고가용성(High Availability)을 구현하기 위한 전략으로 사용된다. 시스템 환경에서 고가용성 방법 중 하나가 Clustering이며 Fault Tolerant System과 유사하다.

- 클러스터의 등장배경

저가형 범용 프로세서 개발 및 성능 향상에 따라 이러한 프로세서들을 연동하여 고가의 슈퍼컴퓨터 역할을 해 보려는 시도에서 출발했다. 또한 고성능 네트워크 장비(Gigabit Switch, SCI 등)가 범용화됨에 따라서 활용하려는 측면에서 사용할 수 있게 된 것이다. SMP 형태의 서버가 클러스터의 기술의 근간을 이룬다.

최초의 Cluster는 NASA의 Goddard Space Flight Center에서 16대의 486PC를 연결하여 만든 Beowulf Cluster이다. 인터넷 기반 기술의 급속한 발전에 따른 고성능 서버에 대한 수요가 증가하고 있다. 고성능 컴퓨터를 통한 대용량 자료 처리, 멀티미디어 작업 등의 서비스 요구가 증가되고 있는 현실이다.

- 클러스터의 구성

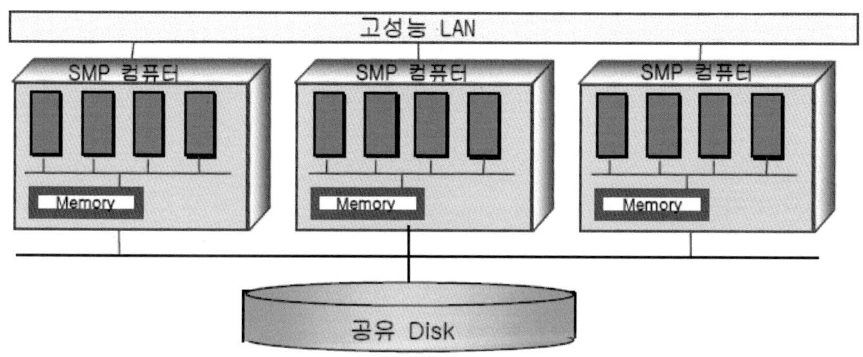

〈그림 21 - 3〉 클러스터의 구성

CPU, 메모리를 가진 각 SMP 노드들이 공유 Disk를 사용하며 하나의 시스템 이미지를 가지는 형태이다. SMP[24] 노드 간의 Connection은 고성능 Interconnection Network를 통해 통신을 한다.

---

24) SMP

- 클러스터의 장점

가격 대비 성능이 우수하고 시스템 유지 비용을 절감할 수 있다. 기존 고성능의 서버를 구매하는 고가의 비용 대신에 가격이 저렴한 시스템들을 연결하여 고성능을 낼 수 있는 방식이어서 가격 대비 성능이 높다.

사용자가 직접 상용 부품을 사용하여 즉각적인 업그레이드가 가능하고 PC 또는 Workstation 개발 환경을 그대로 사용할 수 있다.

- 클러스터의 핵심 기술

1) 고가용성(High Availability) 기술

Cluster 환경에서 하나의 컴퓨터가 고장이 나더라도 다른 컴퓨터가 업무를 이어받아 수행함으로써 시스템 전체는 중단 없이 서비스가 가능하도록 하는 기술이다.

2) 관리 기술

Cluster를 관리하는 소프트웨어를 제공하는데, 이러한 시스템 관리 소프트웨어의 기본적인 기능으로서 프로그램 병렬화 처리, 부하 균등화 및 동적인 시스템 재구성 기능을 제공한다.

3) 확장성 기술

Cluster로 연결하는 Node 컴퓨터들이 많아질수록 시스템의 전제 성능이 선형적으로 증가하도록 하는 기술이다.

4) 단일 시스템 이미지(Single System Image)

여러 PC 또는 워크스테이션으로 연결된 클러스터 시스템을 사용자에게 하나의 시스템인 것처럼 보이게 하는 기술이다. SSI 지원 소프트웨어는 필요한 기능을 발휘하기 위하여 OS 상위에 미들웨어 형태로 구현한다.

〈표 21-7〉 클러스터의 활용 사유

비용 측면	고성능 PC 및 워크스테이션의 보편화에 따른 가격 효율성 고성능, 고가격 슈퍼컴퓨터 CPU 성능 향상 한계
성능 측면	데이터 및 사용자 증가에 따른 노드 확장이 가능하며 선형적 성능 증가 지원
가용성 측면	한 노드에서 장애 발생 시 다른 노드로 부하분산 및 재분배
관리 측면	Management Node를 통한 S/W 분배 및 관리 효율 증대

● SMP와 클러스터의 비교

〈표 21-8〉 SMP와 클러스터의 비교

구분	클러스터링 시스템	SMP
구조	여러 개의 SMP 노드가 하나의 시스템 이미지를 가지는 구조	단일 노드로 공유 메모리에 최대 64개 CPU까지 지원
확장성	데이터 및 사용자 증가에 따른 노드 확장이 가능하며 선형적 성능 증가 지원	CPU 확장은 가능하나 선형적 성능 증가 지원 불가
가용성	한 노드에서 장애 발생 시 다른 노드로 부하분산 및 재분배	단일 노드에서는 지원 못함(업무 중단)
비용	저가의 시스템을 연결함으로써 비용 절감	대용량 SMP 시스템 사용으로 고가

● FT(Fault Tolerance)와 클러스터의 비교

〈표 21-9〉 FT와 클러스터의 비교

구분	FT(Fault Tolerance)	클러스터 시스템
시스템 다운 시간	99.999% 연간 5분 미만	99.9% 연간 8시간 이상
복구 소요시간	Zero Switch Over	Fail over에 따른 지연 발생
데이터 보호	메모리와 디스크 모두 보호	디스크만 보호

구분	FT(Fault Tolerance)	클러스터 시스템
도입 및 실행	단일 서버와 같은 단순, 간편한 도입	복잡한 스크립트 개발 및 테스트
어플리케이션 수정	없음	수정 필요
소프트웨어	단일 OS / 어플리케이션 사용	이중 OS / 어플리케이션 사용
특징	단일 서버와 같은 간편한 도입 모든 H/W 이중 구조 단일 H/W에 의한 시스템 데이터 무결성 메모리상의 데이터 보호 복구에 따른 시간 지연 없음 성능 저하 및 지연 없음 어플리케이션 변경 필요 없음 단순 관리, On-Line 부품 교체	도입 계획 수립 및 복잡한 이중 서버+스토리지 구성 다운 발생 가능, 발생 시 데이터 손실 및 불량 데이터 발생 메모리상의 데이터 보호 불가 Fail Over Time 발생-복구에 따른 시간 지연 발생 성능 저하 및 지연 발생 어플리케이션 수정 필요 전문 인력 유지보수 필수 시스템다운 후 부품 교체 확인

● 클러스터의 종류를 통한 활용

1) 고성능(계산용) Clustering

주로 과학기술 분야에 사용되며 슈퍼컴퓨터 응용 분야가 모두 해당된다. 예를 들어 기상 예측과 같은 유체 역학적인 문제들은 거대한 크기의 행렬문제로 표현할 수 있는데 이와 같은 거대한 행렬을 계산용 Cluster의 수백 대의 컴퓨터에 나누어 주어 계산하게 한 다음 그 결과를 최종 얻게 된다. 물리, 화학, 기상학, 생명공학, 기계/항공공학, 그래픽 애니메이션 등에서 사용된다.

2) 부하분산(로드 밸런싱) Clustering

비즈니스에 필요한 보다 실용적인 시스템을 제공한다. 컴퓨터의 클러스터에 가능한 균등하게 프로세싱 로드를 공유하도록 고안되었다. 웹서비스와 같이 한 사용자가 요구하는 작업량은 크지 않지만 동시 사용자의 전체 수가 수천~수만과 같이 크기 때문에 한 대의 컴퓨터로는 처리할 수 없는 경우를 위한 Cluster 구조이다. 사용자의 작업 요청을 일차적으로 받아들이는 부하분산 컴퓨터가 있으며 이 컴퓨터가 실제로 서비스를 처리하는 여러 컴퓨터 중에서 현재의 부하량이 적은 컴퓨터를 선택하여 사용자의 요청을 전달해 준다.

NAT(Network Address Translation) 네트워크 주소 변환, 부하분산 서버가 특정한 IP 주소를 실제 작업 서버에 매핑하는 기술에 사용된다.

3) 고가용성 Clustering

하드웨어와 소프트웨어의 오류 가능성을 고려하여 클러스터의 가능한 모든 서비스를 유지하도록 고안되었다. 두 대 이상의 컴퓨터로 구성되는 클러스터 구조에서 한 대 이상의 컴퓨터에 고장이 발생하는 경우 전체 서비스 중단을 막기 위해 여분의 컴퓨터를 미리 할당하는 방법이다. 예를 들어 두 대의 컴퓨터가 동일한 기능을 수행할 수 있도록 동일한 하드웨어와 소프트웨어를 설치하고 두 대의 컴퓨터 사이를 고속의 네트워크로 연결하여 서로 상대방의 현재 상태를 검사하고 고장 시 상대방의 서비스를 대신 수행할 수 있다. 입출력 분야와 모니터링 분야에 사용된다. 디스크나 파일 시스템 손상 시 데이터 복구 목적으로 사용되며 노드나 데몬의 동작상태를 감시하는 기능도 사용된다.

● 클러스터 기술의 활용 분야

〈표 21-10〉 클러스터 기술의 활용 분야

활용 분야	주요 내용	활용례
생명 탐구	게놈을 통한 유전병 규명 DNA 연구의 획기적 개선	유전자 메커니즘 규명 DNA 데이터베이스 분석
영상 분야	영화제작(특수효과, 렌더링 시간 단축)	타이타닉, 쥬라기공원 등의 컴퓨터 그래픽
설계 분야	안전한 토목 구조물 및 건축물 설계, 자동차 설계	교량의 구조 해석 시뮬레이션 등 시험용 자동차 제작기간 및 비용 절감
기상 분야	폭우의 조기 예측을 통한 재난 방지, 기후 변화 등 기상 예측	태풍 진로, 폭우 지역 및 강수량 예측

클러스터링의 응용이면서 장애 처리 시스템 관점으로 고가용성과 결함 허용 시스템에 대해서 살펴보도록 하자.

● 결함 허용 시스템의 개요

아무리 시스템을 견고하게 만들어도 시간이 갈수록 장애 원인은 누적되므로 장애의 발생 가능성은 존재한다. 대다수의 사용자가 예측하지 못했던 시스템 다운을 경험(Unplanned Down Time)하게 된다. Mission – Critical 업무의 중단으로 인한 막대한 손실이 발생하기도 한다. 이러한 상황에서의 무정지 시스템이 필요한 것이다. 이러한 장애시를 위한 시스템에는 결함 허용(Fault Tolerant) 시스템과 고가용 (High Availability) 시스템이 있다.

● 결함 허용 시스템(Fault Tolerant System)의 정의

시스템의 주요 장치들을 중복 구성하여 결함이 발생되어도 업무를 중단 없이 계속 수행할 수 있는 장애에 대한 대책을 가진 시스템이다. 하드웨어 오동작, 소프트웨어 오류 또는 정보 손상이 일어날지라도 주어진 임무/기능을 올바르게 수행할 수 있다. 장애 부분이 정상 가동되고 있는 시스템 동작에 영향을 미치지 않고 수리 가능한 시스템을 의미하며 이상 발생 시 신속한 자기복구가 가능하며, 이상 발생 부분이 정상 가동되는 부분에 영향을 미치지 않고 자체적으로 수리가 가능하다. 시스템 가동률을 극대화하고 데이터 무결성과 일관성을 유지하며 데이터를 안전하게 보호하고 기업의 생존 전략을 위한 의미에서도 결함 허용시스템이 필요하다.

- 장애의 유형

〈표 22-1〉 장애의 유형

장애 원인	설계상의 실수, 외부 환경 영향, 구현 시의 실수, 부품 결함, 재난
장애 지속시간	영구적-일시적, 주기적-비주기적
장애 범위	시스템 전체 혹은 국부적
장애 부분	프로세서, 메모리, I/O 장치, 네트워크 연결, 전원 장치, 운영체제, 데이터베이스, 어플리케이션 프로그램
장애 상태	항상 일정한 결함 혹은 시간에 따라 변화

- 가용성이란

가용성이란?

시스템 품질요소 가운데 가장 중요한 요소로 주어진 시간 동안 주어진 환경하에서 프로그램이 장애 없이 운영되는 특성이다.

평균고장간격 MTBF(Mean Time Between Failure): 수리할 수 있는 설비의 고장에서부터 다음 고장까지 동작시간의 평균치
평균고장수명 MTTF(Mean Time To Failure): (원래) 수리하지 않는 부품 등의 사용시작부터 고장 날 때까지 동작시간의 평균치
평균수리시간 MTTR(Mean Time To Repair): 수리 시간의 평균치

가용성 계산식
가용도 = MTBF / (MTBF + MTTR)) * 100%

- 결함 허용 시스템의 특징

① 하드웨어 구성을 최대화하는 운영체제의 복수 운영(고장 시 다른 하드
   웨어로 실행)
② 하드웨어 오류 탐지와 수정(에러 탐지 코드 이용)
③ 유휴 프로세서를 고장 감시 기능으로 활용(프로토콜 감시)

- 결함 허용 시스템의 기능

〈표 22-2〉 결함 허용 시스템의 기능

하드웨어 중복성 (Redundancy)	시스템의 모든 주요 요소들은 백업 시스템을 가지고 있어서 결함이 발생한 경우에는 대신하여 동작함
결함 감지 검출 (Fault Detection)	결함의 발생을 인식하는 기능을 가지고 있으므로, 결함 복구를 위하여 선행되어 수행
결함 발생 위치 확인 (Fault Location)	결함의 내용과 위치를 찾는 기능으로 결함 검출의 일부분으로 볼 수도 있음
재구성(Reconfiguration)	결함이 발생한 상황에서도 시스템이 중단되지 않고 동작을 계속할 수 있도록 하는 기능
보수(Repair)	고장 난 부품을 시스템의 정상적인 동작에 영향을 주지 않는 상태에서 보수할 수 있음
결함 파급효과 방지 (Fault Isolation)	결함 발생 후 그로 인해서 파급 될 수 있는 위험에 대해서 방지하는 기능
회복(Fault Recovery)	보수가 완료된 부품은 시스템의 동작에 방해를 주지 않고 다시 시스템에 추가될 수 있음
데이터 보존 (Data Integrity)	어떠한 결함 발생의 경우에도 데이터의 내용이 손상되거나 유실되지 않도록 함
시스템 재구성 (System Reconfiguration)	시스템의 결함 부분을 제외하거나 다시 구성하여 기존 기능을 수행하도록 구성하는 기능

- 결함 허용 시스템의 적용 단계

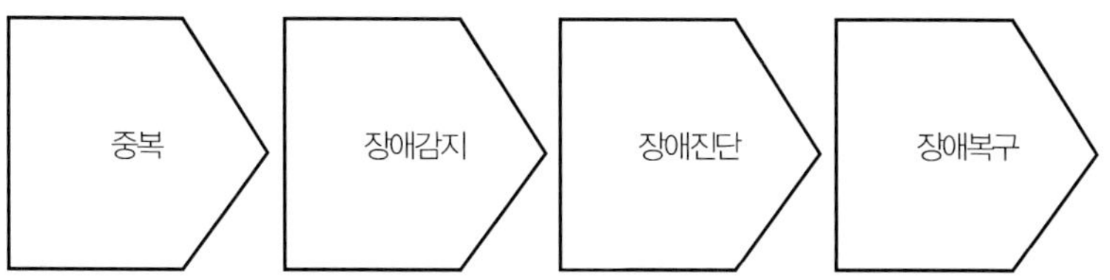

〈표 22-3〉 결함 허용 시스템의 적용 단계

단계	내용
중복(Redundancy)	장애에 대비해 하드웨어 이중화
장애감지 (Fault Detection)	하드웨어로 구성된 Compare Logic을 통하여 수행 시스템 Fault가 발생되면 OS는 각 모든 하드웨어 모듈들의 상태를 분석하여 어느 모듈이 Fault를 유발시켰는가를 분석하여 알아냄
장애진단 (Fault Diagnosis)	Fault가 일시적인지 영구적인지 판단해 영구적인 경우 해당 모듈을 시스템 구성에서 제거 Fault Location: 결함 위치 확인, Fault Isolation: 장애 부분 운영 배제
장애복구 (Fault Recovery)	Fault를 유발한 모듈을 시스템에서 제거하여 시스템을 재구성 Fault Repair: 장애 장비 보수, Fault Recovery: 회복

- 결함 허용 시스템의 기법

〈표 22-4〉 결함 허용 시스템의 하드웨어적 기법

TMR(Triple Modular Redundacy)	하드웨어 3중복 3개 이상의 프로세서가 같은 입력에 대해 동일연산 수행
Duplication with Comparison	결함감지를 위한 하드웨어 2중복
Stand by Sparing	결함감지를 위한 여분의 하드웨어
Watchdog Timer	주기적 타이머 가동을 통한 초기화
Self Purging Redundancy	복수의 하드웨어 중 출력결과가 틀린 하드웨어는 계산과정에서 배제
RAID	디스크 미러링, 패리티 비트 분산저장
Hot Standby 방식	두 개의 프로세서 동기 상태에서 프로세스 수행
Check Point(중간검사) 방식	한 프로세스를 주와 보조 프로세서에 중복 할당

〈표 22-5〉 결함 허용 시스템의 소프트웨어적 기법

Check Pointing	소프트웨어 실행 중에 검사시점을 설정하여 오류발생이 발견되면 발생 이전의 검사시점으로 되돌아가 재수행
Recovery Block	재수행(Rollback and Retry)에 근거, 검사시점에서 오류가 발견되면 지정된 이전 시점으로 되돌아가 같은 기능을 가진 다른 소프트웨어 모듈을 실행
Conversation	재수행(Rollback and Retry)에 근거한 Recovery Block의 확장형, 복수의 프로세서 정보를 교환하는 프로세서들 간에 적용 가능한 기법
Distributed Recovery Block	Recovery Block 기법을 분산 환경으로 확장 적용 하드웨어 결함과 소프트웨어 결함을 동일한 방법으로 대처 가능
N Self-Checking Programming	두 개 이상의 Self-Checking 컴포넌트가 수행되면서 하나는 주어진 기능을 수행하고 다른 하나는 컴포넌트 대기상태, Self-Checking에 의해 실행 컴포넌트의 결함 발견 시 대기 컴포넌트가 수행컴포넌트 기능을 수행
N-version Programming	하드웨어 결함 허용 기법의 Triple Modular redundancy가 유사, N개의 독립적인 소프트웨어 모듈의 수행결과를 비교하여 다수의 수행결과를 채택

〈표 22-6〉 결함 허용 시스템의 데이터베이스 기법

Roll Back(Undo)	트랜잭션 작업 철회
Log File	commit 안 된 작업 로그화일로 회복
Check Point	중간 검사점을 두어 결함 발견 시점 이후만 회복
Shadow Paging (그림자 페이징)	트랜잭션 실행 동안 수행 페이지 테이블과 그림자 페이지 테이블(트랜잭션 실행 직전 상태)

시스템 입출력이나 시스템 내의 모듈 간의 정보 교환 시 발생되는 Noise나 하드웨어 결함 등의 정보에 이상이 생기는 것을 감지하거나 방지하기 위해 정보를 추가하는 기법이다.

〈표 22-7〉 정보 결함 허용 기법

Parity Code	한 정보 내에 BIT 1의 개수가 홀수인가 짝수인가를 감지
M OF N Code	일정 길이의 정보 내에 BIT 1의 개수가 M개가 되도록 하는 기법
Check Sum	한 블록의 정보의 합을 정보블록 내에 추가하여 감지
Berger Code	한 정보 내의 BI 1의 개수를 2진수로 표시하여 정보에 추가

● 결함 허용 시스템의 적용 분야

〈표 22-8〉 결함 허용 시스템의 적용 분야

OLTP 분야	항공 예약시스템, 은행/증권 온라인 시스템, 분산처리 등
고신뢰도 요구 분야	핵 반응, 핵 발전소, 항공기 관제탑 제어, 우주 비행 등의 Mission-Critical 업무 분야
장시간 오류 없이 동작을 요하는 분야	무인 우주 항공 제어, 24×365 연중무휴 컴퓨터 가동 서비스 분야
고가용성 요구 분야	전화 교환망 제어, 항공 예약 시스템, VAN 사업자

인간의 안전을 중시하며 재산 피해(증권, 금융 업무 등) 위험이 있는 분야 중심으로 구축되었다. 요구되는 결함 정도가 높을수록 적용되는 결함 허용 기법도 복잡해지고 필요한 여분의 부품의 양도 증가한다. 주로 하드웨어 결함 허용 기법을 사용하며, 소프트웨어 결함 허용 기법만을 적용한 시스템은 드물다. 최근 Mirrored memory, Mirrored disk, On-line repairing 기법들이 사용되고 있다.

● 결함 허용 시스템의 발전

하드웨어 신뢰성, 가용성이 증대되고 있는 실정에 반해 소프트웨어 신뢰도는 상대적으로 저하되는 경향이 있어 품질향상과 결함 허용 기법의 적극적인 연구가 요구된다. 소프트웨어 결함 허용 기법은 하드웨어 결함 허용 기법 및 DB 결함 허용 기법보다 초기 단계 수준으로 적극적인 연구가 필요하다.

하드웨어 결함 허용 기법이나 소프트웨어 결함 허용 기법 중, 어느 한쪽으로 치우치는 것보다 조화롭게 각 시스템 구성 요소에 작동할 수 있도록 하는 것이 바람직하다. 범용적으로 사용되는 다양한 어플리케이션이 별도의 수정 없이 결함 허용 시스템에서 운용이 가능해야 한다. 처리 방식에 따라 하드웨어 구조와 적용해야 할 결함 허용 기법도 달라진다. Fault Tolerant System의 기술이 보편화되고 일반 컴퓨터 시스템 구조 설계에도 적용되고 있다. 멀티

프로세싱, 다중 입출력이 적용되고 있고 결함탐지 메커니즘은 계속해서 발전
하고 있다.

● HA(High Availability)의 개요

Fault Tolerant 시스템은 자원을 이중 구조로 구성하여 장애를 극복한다.
하지만 이는 자원을 중복 구성하기 때문에 비용 부담이 발생한다. 장애 손실
비용이 막대한 Mission-Critical 업무에는 Fault Tolerant 시스템을 사용한
다. 장애로 인한 서비스 중단이 발생하더라도 사용자는 그러한 장애를 감지하
지 못하는 가운데 서비스 중단 시간을 최소화하면서 서비스가 재개되게 하는
고가용 기술(High Availability)이 있다. 클러스터 기술을 이용한 고가용 솔루
션은 기존 시스템을 이용하면서 확장성과 가용성을 제공한다.

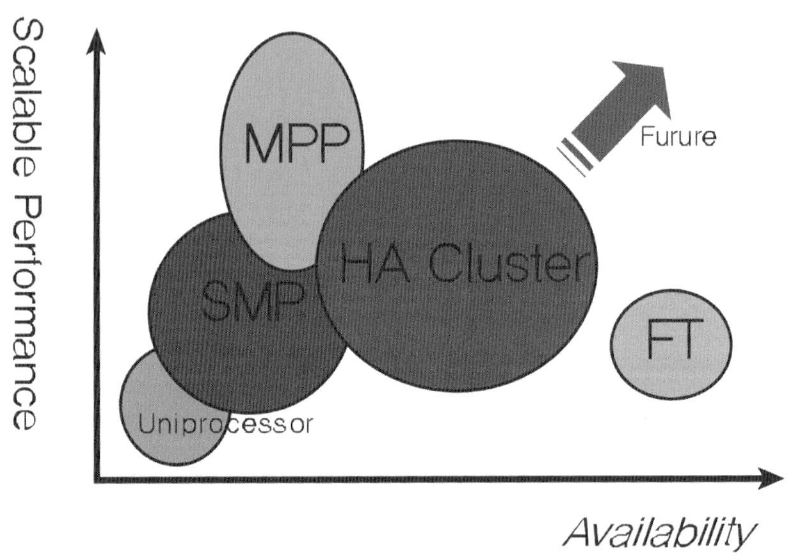

〈그림 22-1〉 HA Cluster의 발전 방향

- HA(High Availability)의 정의

두 대 이상의 시스템을 하나의 클러스터로 묶어서, 한 시스템의 장애 발생 시 최소한의 서비스 중단을 위해 클러스터 내의 다른 시스템이 신속하게 서비스를 Takeover하는 기능을 포함한 시스템이다. High Availability라고 하며, 작게는 OS Disk mirroring에서 크게는 시스템을 이중화하여 기업의 중요 업무 중단을 최소화하는 기능이 있다.

시스템의 고가용성을 높여 장애 발생 시 업무 서비스의 중단을 최소화하고 기업의 Mission - Critical한 업무에 대한 지속적인 서비스의 필요성이 증대됨에 따라서 그 필요성이 증대되고 있다.

- HA(High Availability)의 요구사항

✓ RAS(Reliability, Availability, Serviceability)
✓ Dynamic Configuration and Upgrade
✓ Disaster Recovery
✓ Single System Image
✓ 저렴한 소유 비용(TCO, Total Cost of Ownership)
✓ 통합 운영 관리

- HA(High Availability)의 시스템 구성

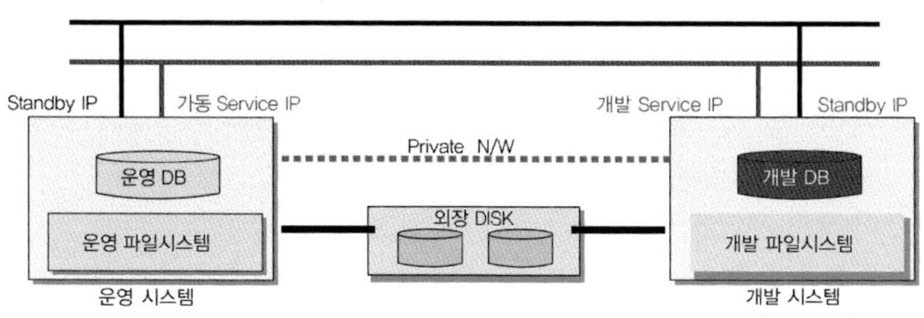

〈그림 22 - 2〉 HA의 시스템 구성

HA 구성에 참여하는 각 시스템은 2개 이상의 네트워크 카드를 가지면서 네트워크를 통해 상호간의 장애 및 생사 여부를 감시한다. Standby 네트워크는 Service 네트워크 장애 시 백업용으로 사용되고, Private 네트워크는 HA에 참여하는 시스템들만 통신하는 전용 네트워크로 Heart-Bit 네트워크라고도 한다. 외장 Disk는 가동, 개발 시스템에서 공유할 수 있어야 하며, Concurrent access 또는 순차적인 Access 방식에 따라 HA가 다르게 구성된다.

- HA(High Availability)의 시스템 유형

1) Hot-Standby

가장 단순하면서도 많이 사용되는 구성유형으로 평상시 백업 시스템을 구성하여 대기상태로 있다가, 가동 서비스를 담당하는 서버에 장애 발생 시 자원을 백업 시스템으로 Failover[25]하는 방식이다. 가동 시스템과 평상시 대기 상태 또는 개발 시스템으로 운영되는 백업 시스템으로 구성된다. 외장 Disk는 가동 시스템에서만 Access가 가능하고, 장애 시에만 백업 시스템이 Access하는 방식이다.

2) Mutual Takeover

두 개 시스템이 각각의 고유한 가동 업무 서비스를 수행하다가, 한 서버에 장애가 발생되면 상대 시스템의 자원을 Failover하여 동시에 2개의 업무를 수행하는 방식이다. 장애 발생 시 Failover에 대비해 각 시스템은 2개의 업무를 동시에 서비스할 수 있는 시스템 Capacity를 갖추도록 고려해야 한다. 외장 Disk는 해당 시스템에서만 Access가 가능하다.

---

25) Failover란 네트워크 또는 시스템 자원이 비정상적으로 종료될 때를 대비하여 대기시켜 놓은 중복된 시스템으로 자동적으로 전환하는 것을 의미한다. 업무를 넘기거나 업무 전환의 의미와는 달리 실패 시 넘겨진다는 백업 시스템의 의미이다.

3) Concurrent Access

여러 시스템이 동시에 업무를 나누어 병렬 처리하는 방식으로, 한 시스템에 장애가 발생해도 다른 시스템으로 Failover하지 않고 가용성을 보장한다. 외장 Disk는 HA에 참가하는 전체 대상 시스템이 Concurrent Access 가능하며, 주로 Database S/W와 쌍을 이루어 구성되는 것이 일반적이다. 대표적인 예로는 Oracle의 RAC(Real Application Cluster)가 있다.

- HA(High Availability)의 시스템 구성

〈표 22-9〉 HA의 기본 구성

N+1 구성	필요한 자원(Power Supply, 냉각 팬)의 개수 N보다 여분의 자원을 준비하여 장애가 발생 시 대비. N+1 구성
Hot Sparing Automation	여분의 디스크를 준비하여 디스크 장애가 발생 시 자동으로 디스크 교체 후 장애 디스크는 온라인 또는 오프라인 중에 교체
Single Point of Failure	장애가 발생하는 경우 시스템 다운을 야기하는 부분 프로세서, 메모리, 디스크, 전원 장치, 팬, 어댑터, 케이블 등등
Hot-Pluggable 구성	시스템 운영 중에 장애 자원을 교체할 수 있는 기술
HA 솔루션 구성	Single Point of Failure를 제거하는 것

〈표 22-10〉 HA의 프로세스

CPU Dynamic De-allocation	SMP 시스템과 같이 CPU가 여러 개인 경우, CPU의 상태를 점검하여 장애가 발생하는 경우 Online 중에 장애 발생 CPU에서 수행 중인 업무를 다른 정상적인 CPU로 넘기고 장애가 발생한 CPU를 중단시키는 기능
HA 솔루션을 이용한 클러스터 구성	멀티 컴퓨터 구성에서 Primary 노드가 다운되는 경우 Backup 노드가 자원과 업무를 넘겨받아 서비스를 수행하는 구성
ECC(Error Checking and Correction)	패리티 비트 등을 이용하여 메모리상의 에러를 검출하고 수정하는 기술

1) 디스크 저장장치

RAID 기술을 이용한 고가용성 기술이다. Twin-Tailed 디스크 구성: RAID

를 이용하는 경우 디스크 자체의 장애에 대한 대비책은 있으나, 디스크가 장착된 서버가 다운되는 경우의 대책은 없다. 그런 경우에는 HA 클러스터 서버들에 디스크를 Twin - Tailed 방식으로 구성하여 한 서버가 다운되는 경우 그 서버의 디스크들을 백업 서버에 넘겨 계속 서비스가 되게 하는 방법이 사용된다. SAN 기술을 이용하여 디스크를 서버와 별도로 구성함으로써 서버의 장애를 디스크와 분리한다.

2) 네트워크, I/O 어댑터

HA 솔루션을 이용하여 어댑터 자원을 중복화하고 장애가 나는 경우 IP 어드레스를 Takeover하거나, Dynamic Path Optimization 등의 기능을 통해 장애에 대한 대비책을 마련한다. 시스템 운영 중에 장애 어댑터들을 교체할 수 있는 Hot - Pluggable 어댑터를 사용한다.

3) 전원 장치

시스템에서 요구되는 전원 n개에 여분의 Power Supply를 추가하여 구성하고 정전을 대비하여 UPS(Uninterrupted Power Supply)를 준비한다.

4) 네트워크 연결

여러 네트워크 경로를 준비하여 Multi - Homed 네트워크 연결을 구성하여 장애에 대비한다.

5) 서비스 프로세서

별도 프로세서를 통해서 시스템 상황을 감지하고 장애에 대한 기술적 지원을 한다. 장애가 발생하면 모뎀을 통해 자동으로 장애를 통보한다. 모뎀을 통해 원거리 지역의 시스템을 모니터링하고, 장애에 대한 기술적 지원 업무도 수행한다.

6) 재난 대비 솔루션

한 지역에 지진, 홍수 등의 재난이 발생하는 경우를 대비한 솔루션이다. 대개 LAN상에서 구현되는 HA 솔루션은 WAN상으로 확장한 솔루션을 이용한다. 다른 지역에 백업 데이터 센터를 두어 재난에 대해 대비한다.

● HA(High Availability) 시스템의 동작 방식

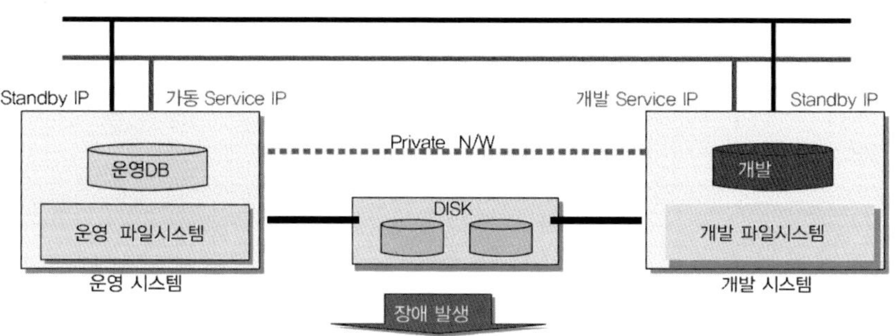

〈그림 22-3〉 HA의 동작 방식

1) 시스템 전체 장애 시

한 시스템으로부터 Keep alive packet이 오지 않는 경우 백업 시스템은 상대 시스템이 Down되었다고 판단하고 이미 정의된 자원(Volume Group, File systems, IP Address, Application)으로 Failover한다. Failover 순서는 미리 정의된 Scripts에 의해 Network 자원 => Disk 자원 => Application 자원 순서로 진행된다.

2) Network Adapter(Card) 장애 시

가동 시스템 내의 Service Adapter 장애 시에는 Standby adapter가 Service adapter의 IP Address를 Takeover한다. 가동 시스템 내의 전체 N/W Adapter 장애 시에는 백업 시스템의 Standby Adapter로 가동 시스템의 Service IP Address 가 Takeover된다.

3) TCP/IP Network 장애 시

네트워크 전체 장애 시에는 백업 시스템으로 Failover해도 동일한 네트워크 문제가 존재하므로 특별한 동작을 하지 않는다.

- HA(High Availability)와 Fault Tolerant System의 비교

〈표 22-11〉 HA와 FT의 비교

비교 항목	HA	Fault Tolerant
Fail over Time	30~300초	0초
Concurrent 유지보수	불필요	필수
동일성능 대비 가격	2배	10~20배
운영체제	범용 운영체제(Unix, Windows)	독자적 운영체제 사용
하드웨어	범용 하드웨어	독자적 특수 하드웨어

- HA(High Availability)의 시스템의 한계

External Disk 자체 장애 발생 시 HA Solution만으로는 해결이 어렵다. 장애 발생으로 시스템이 Down되지 않는 경우 자동 Takeover가 되지 않는다. 시스템 성능이 저하되는 경우에 자동 감지가 불가능하다. DB 및 Application 이 Down되는 경우에는 일반적으로 Failover하지 않는다. DB 및 Application 자체 Bug일 경우 Failover가 의미 없다. HA 구성에 따른 정보교환으로 시스

템의 안정성, 보안성, 성능에 Overhead가 존재한다.

● HA(High Availability)의 구축 시 고려사항

HA(High Availability)를 구성하는 방식과 대상 서버에 대해서 결정할 필요가 있다. 백업 서버 Capacity를 추정하여 구성해야 한다. HA 대상 시스템들에 대한 OS 자원 및 사용자 자원을 동기화해야 한다. 보호될 자원 결정 및 자원 동기화가 필요하다. External Disk의 보호 방안(2중화 여부)이 필요하다.

● HA(High Availability)의 전망

기업의 Mission Critical한 업무에 대해 무정지 시스템 구성을 위해 시스템 및 Application 소프트웨어와 Co-Work하여 Clustering 방식으로 HA를 구성하는 추세이다. HA의 장애 및 가용성 기능에서 발전되어 업무 부하분산 기능까지 포함하는 것이 필요하다. Application 시스템 또는 WEB 시스템은 가용성을 높이기 위해 여러 대의 서버를 별도의 Load Balancer를 통해 장애 및 부하분산을 하는 것이 효과적이다. 하드웨어 관점의 서버 벤더 HA Product와 소프트웨어적인 관점의 Application 벤더의 HA Product 기능을 혼합해서 구성하는 것이 대세를 이룰 것으로 판단된다. 재난복구에 대비해서 데이터 센터 내에 Local HA 구성에서 좀 더 넓은 지역으로 Remote HA를 구축하는 Solution이 활성화될 전망이다.

아무리 시스템을 견고하게 만들어도 시간이 갈수록 장애 원인은 누적되므로 장애의 발생 가능성은 존재한다. 정보시스템을 구축하면서 장애가 발생될 것이라고 예상을 하는 것은 아니지만 장애 상황에서 대응은 반드시 고려해야 할 사항이다. 그러한 상황에서 서비스 중단 없이 계속 서비스를 할 수 있는 시스템들로 발전하고 있다.

● DRS(Disaster Recovery System)의 정의

천재지변이나 해킹 등을 통해서 예상치 못한 재난이 발생하더라도 데이터와 응용 프로그램이 손실되지 않으며 서비스가 중단되지 않고 계속 운영되는 시스템을 의미한다. 이러한 시스템은 실시간으로 자동으로 Recovery 가능한 기능을 포함하고 있어서 BCP(Business Continuity Plan)를 실현하는 데 필수적인 시스템 형태로 자리 잡고 있다.

● DRS(Disaster Recovery System)의 필요성

✓ 모바일, 웹 등 외부채널 증가에 따른 무중단 서비스 필요
✓ 금융산업 환경 및 제도변화에 따른 compliance의 실현
✓ 다양한 시스템 증가에 따른 안정성 보장
✓ 증가하는 거래의 안정적 처리 및 가용성 확보
✓ 신속한 백업 및 복구 필요

● 재난 복구 시스템의 구축 기준

〈표 23 - 1〉 재난 복구 시스템의 구축 기준

구분	기준	설명
복구 시간	3~6시간 이내	은행, 증권사, 카드, 관계기관 및 통합시스템 운영기관
	24시간 이내	보험사(외국계 포함)
환경	100km 이상 원격지	지진, 전쟁, 홍수 등을 고려
설비	물리적 보호	출입자 통제
	논리적 보호	비인가 접근 통제, 이중화된 통신망

● 재난 복구 시스템의 유형별 구분

　재난 복구 시스템은 그 사용성에 따라서 구분을 몇 가지로 할 수 있다. 각각 복구 시간의 차이가 있으며 장단점을 가지고 있다. 복구 소요 시간이 짧은 시스템일수록 비용이 많이 들게 된다. 그러므로 요구되는 수준에 따라서 어떠한 유형을 가지고 구축할지 결정해야 한다.

〈표 23 - 2〉 재난 복구 시스템의 유형별 구분

유형	설명	복구 소요시간 (RTO)	장점	단점
Mirror Site	주센터와 동일한 수준의 정보기술 자원을 원격지에 구축, Active - Active 상태로 실시간 동시 서비스 제공	즉시	✓ 데이터 최신성 ✓ 높은 안정성 ✓ 신속한 업무재개	✓ 높은 초기 투자 비용 ✓ 높은 유지보수 비용 ✓ 데이터의 업데이트가 많은 경우에는 과부하 초래 부적합
Hot Site(Data Mirroring Site)	주센터와 동일한 수준의 정보기술 지원을 원격지에 구축하여 Standby 상태로 유지(Active - Standby) 주센터 재해 시 원격지 시스템을 Active 상태로 전환하여 서비스 제공 데이터는 동기적 또는 비동기적 방식의 실시간 미러링을 통하여 최신 상태로 유지, 일반적으로는 실시간 미러링을 사용하는 핫사이트를 미러 사이트라 일컫기도 함	수시간 (4시간) 이내	데이터 최신성 높은 안정성 신속한 업무재개 데이터의 업데이트가 많은 경우에 적합	높은 초기 투자 비용 높은 유지보수 비용

유형	설명	복구 소요시간 (RTO)	장점	단점
Warm Site	중요성이 높은 정보기술자원만 부분적으로 재해복구센터에 보유 데이터는 주기적(약 수시간~1일)으로 백업	수일~수주	구축 및 유지 비용이 핫사이트에 비해 저렴	데이터 다소의 손실 발생 초기 복구수준이 부분적임 복구 소요시간이 비교적 긺
Cold Site	데이터만 원격지에 보관하고, 이의 서비스를 위한 정보자원은 확보하지 않거나 장소 등 최소한으로만 확보 재해 시 데이터를 근간으로 필요한 정보자원을 조달하여 정보시스템의 복구 개시 주센터의 데이터는 주기적(수일~수주)으로 원격지에 백업	수주~수개월	구축 및 유지 비용이 가장 저렴	데이터의 손실 발생 복구에 매우 긴 시간이 소요됨 복구 신뢰성이 낮음

- DRS 시스템의 유지 관리 문제점

〈표 23-3〉 DRS 시스템의 유지 관리 문제점

문제 항목	현황
비용	초기 비용, 유지 관리 위한 노력과 비용 필요
ROI	투자 비용 대비 ROI는 재난 발생 외는 없음
인원, 시스템 변동	변동에 대한 적용이 실시간으로 이루어지지 않음
데이터 센터 대처능력	데이터 센터의 대처 능력 배양 필요

- DRS 시스템의 효율적 운영 개선안

DRS 센터를 구축하여 운영하는 방안에 있어서 효율성을 늘리고 데이터의 안정성을 고려하는 방안이 있다. Production Site와 DR 센터를 분리해서 두고 처리하는 방식과 Production 사이트 자체에 DR 센터를 포함하여 Mirror하는 방법이 있다. 각각 사이트 내용이나 서비스의 내용에 따라서 장단점을 갖는다.

- DRS 운영 시 고려사항

1) 업무의 정보시스템 의존도 증가

✓ 최악의 경우를 대비한 재난 복구 방법을 준비하여 기업의 운용 시스템을 재개
✓ 운영 중단 요인을 식별하여 변화하는 사업목적과 운영에 대비

2) 해킹, 테러 등 위협 요인의 증가

✓ 최악의 경우를 대비한 재난 복구 방법을 준비하여 기업의 운용 시스템을 재개

3) 조직 분산화 등으로 인한 경영 환경 변화

✓ 실시간에 정보보호(비밀성, 무결성, 가용성, 인증성, 이용성) 등을 확보
✓ 재난예방책, 재난에 대한 대응책 마련을 통해 조직 구성원 및 고객의 안전과 복지를 증진

〈표 23-4〉 DRS 시스템의 유지 관리 문제점

고려사항	설명
시스템 및 네트워크 측면	비용 문제로 형식적으로 구축 시 제대로 된 재해복구가 어려움 / 실제 상황에 맞는 대비 훈련 필요
운영 및 관리 측면	시스템과 데이터, 네트워크 등 평소에 함께 운영해야 함. 시스템이나 운영 환경 변화의 지속적 반영 DRS에 대한 주기적인 검증 및 테스트 실시
유지보수	변경과 관련하여 유지보수에 중점적 관리 필요
기타	공급업체와의 SLA

- DRS 구축 절차

1) 업무영향분석(BIA: Business Impact Analysis)

재해 발생으로부터 정상적인 업무가 중단된 경우에 조직 및 기업에 잠재적으로 미치는 영향 및 정량적 피해규모를 규명하고 현재 Business 측면에서 재해의 위험에 노출되어 있는 정보를 분석한다.

2) 복구 프로세스 계획 수립(BCP: Business Continuity Plan)

BIA(Business Impact Analysis)를 통해 Consulting을 실시하고 난 후 실제 재해 발생 시 운영할 수 있는 복구 프로세스를 수립한다.

- DRS 운영 방안

1) 온라인 처리업무

✓ Mirror Site방식 적용: 인터넷 뱅킹 등 온라인 실시간으로 처리되고 중요도가 매우 높은 Transaction의 경우에 적용하는 방식이다.
✓ Hot Site 방식 적용: 온라인으로 처리되는 실시간 처리가 아닌 Transaction인 경우에 도입하여 처리한다.

2) Batch 처리 업무

✓ Hot, Warm, Cold Site 방식 혼합 적용한다. Batch 성격으로 처리되는 기타 업무이다.

- DRS 문제점

Cold Site, Warm Site, Hot Site, Mirror Site별 복구 시간 및 경비에 많은 차이가 발생한다. 실제 운영상에 비용 대비 가장 적절한 방법이 무엇인지 선택하기가 어렵다. 재해복구센터 구축 및 운영 비용이 과다 발생할 수 있다. 국내 국토상으로는 동일한 재해 영향권에 있어서 안전한 위치 확보에 어려움이 있다. 전문재해복구 서비스 업체에 의뢰하기 보다는 각 사가 독자 복구시스템 구축을 구축하고 있다. 재해복구에 대한 명확한 계약체계가 부재하다.

- DRS 해결 방안

재해복구와 관련해 상호협조체계나 자원 공동 사용 등에 대한 공감대를 형성하여서 기업과 재해복구 서비스 제공 벤더와 명확한 계약 내용을 보증할 수 있는 체계 구축이 필요하다. 규모의 경제를 이루면서 지역적 제한을 초월한 전문서비스를 주도할 수 있는 전문 재해복구 서비스 업체를 발굴한다.

● ASP(Application Service Provider)의 정의

소프트웨어 기반의 서비스 및 솔루션을 데이터 센터로부터 인터넷을 통해 고객에게 배포/관리하는 회사에서 제공하는 서비스를 의미한다. 네트워크, 어플리케이션, 시스템 등 표준화된 IT 서비스 및 솔루션을 IDC(Internet Data Center)를 통해 다수의 기업 고객에게 제공하는 서비스 형태를 의미한다.

인터넷 기술을 이용한 Enterprise Applications를 호스팅하는 새로운 비즈니스의 의미도 갖는다. 그룹웨어, ERP, CRM, SCM 등 기업 어플리케이션들을 각 기업의 전산환경이 아닌 IT 및 인터넷서비스 업체의 데이터 센터에 설치하고, 기업들은 인터넷을 통해 데이터 센터에 접속하여 필요한 어플리케이션을 자유롭게 이용할 수 있도록 하는 저비용 고효율의 소프트웨어 임대 서비스를 한다. 기업에서는 어플리케이션을 개인별로 설치하지 않고도 일정한 사용요금을 지불하고, 중앙의 데이터 센터로 접속하여 해당 어플리케이션을 사용할 수 있다.

인터넷이나 전용선과 같은 WAN을 이용하여 중앙 데이터 센터로부터 어플리케이션을 설치, 호스팅, 이행, 관리 지원한다. 고객과 ASP 업체와 소프트웨어 벤더 사이에는 아래와 같은 관계로 서비스한다.

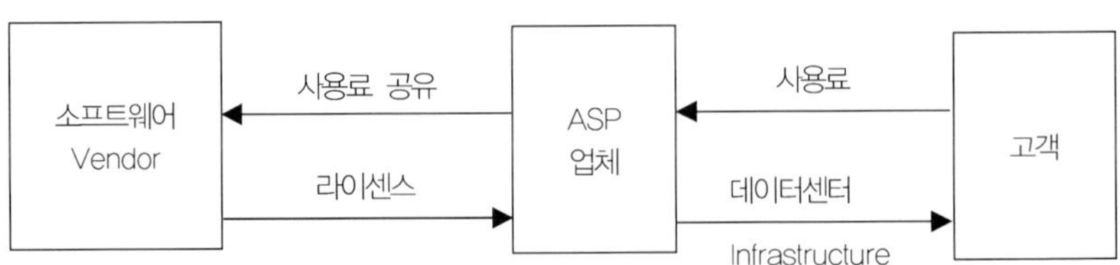

〈그림 24-1〉 ASP의 개념

- ASP(Application Service Provider)의 특징

어플리케이션은 중앙에서 관리하며 사용자는 인터넷을 통해 접근하도록 되는 시스템이다. 하나의 어플리케이션으로 다수의 고객에게 서비스를 하는 일대다형 모델이다. 사업의 범위와 형태가 매우 다양하고 광범위하다. 종량제 방식 서비스로서의 소프트웨어를 사용한다. 외부에서 관리 및 서비스에 대해 책임 운영한다.

〈표 24-1〉 ASP의 특징

특징	내용
경제성	기업의 업무 시스템 구축 및 유지 비용의 절감
신속성	필요한 서비스에 대한 신속한 제공
편리성	기업 시스템의 확장성 및 신기술 적용의 용이성
어플리케이션 중심	어플리케이션에 대한 이용과 관리 제공
외부에 의한 관리	ASP 소유의 중앙 혹은 분산된 장소에서 원격 관리

- ASP(Application Service Provider)의 장점

어플리케이션 전문가 조직의 활용과 입증된 솔루션을 이용할 수 있다. 어플리케이션에 대한 비용 절감 및 유지보수를 단순화할 수 있다. 짧은 기간 내에 시스템 구축과 신속한 ROI(Return on Investment)가 가능하다. 보다 효율적인 고객 서비스와 업무효율 증대의 효과가 있다.

〈표 24-2〉 ASP의 장점

장점	내용
초기 투자 비용 감소	전사적인 정보시스템 구축 시 소요되는 대규모 투자 비용을 월 단위의 소프트웨어 임대료로 대체함으로써 기업의 초기 투자 비용 감소
Outsourcing	도입 완료된 시스템이 외부의 전문가에 의해 관리됨으로써 시스템을 안정적으로 운영할 수 있으며 운영 인력에 대한 비용 부담을 없앨 수 있고, 외부의 전문가 최대한 활용 가능
재작업 비용 감소	내부 전산실 요원에 의해 관리될 때보다 외부 전문가에게 위임할 경우, 시행착오를 줄일 수 있어서 재작업 비용의 획기적 감소 가능
기여도 상승	사용기업의 경우 고유의 목적사업에 기업자원을 집중하여 비즈니스 경쟁력 향상

장점	내용
	을 추진할 수 있음
인력에 대한 불안감 해소	사용기업의 경우 간접부서인 전산실의 인력 운영에 대한 부담을 대폭 줄일 수 있음
정보의 보안	사용기업의 전산실 환경보다 향상된 보안기술 및 차단 기법으로 안전한 Data 관리가 가능
시스템 가용성의 최대화	우수한 기술력을 가진 IT 전문가의 24시간 상주 체제로 시스템 Down Time의 최소화 및 시스템 활용도 최대화

- ASP(Application Service Provider)의 구성

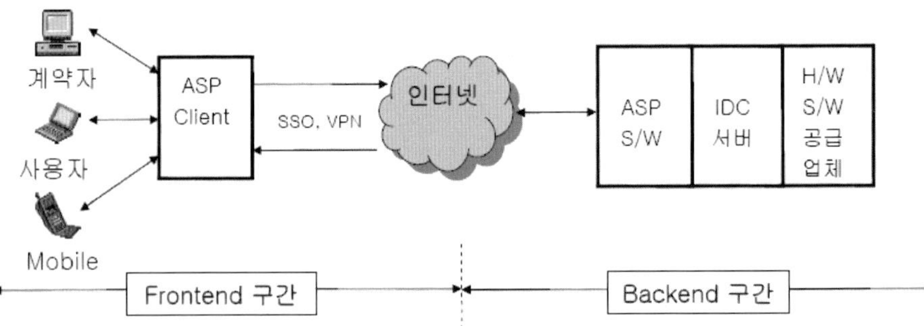

〈그림 24-2〉 ASP의 구성

- ASP(Application Service Provider)의 핵심 기술

〈표 24-3〉 ASP의 핵심 기술

구분	기술 분야	핵심 기술
하드웨어	IDC(InternetDataCenter) 헬프 데스크	물리적, 관리적, 기술적 보안 암호화, SSO(Single Sign ON) LDAP(Light Direct Access Protocol)
소프트웨어	응용 어플리케이션 플랫폼	ERP, CRM, Groupware 통합 플랫폼
DB / 네트워크	객체 지향, 멀티미디어 광대역 통신망	OODB, 멀티미디어 처리 초고속 인터넷

- ASP(Application Service Provider)의 기능

〈표 24-4〉 ASP의 기능

기능	내용
서버 호스팅	최상의 High End 서버를 사용함으로써 시스템 성능의 최대화 운영요원 및 운영비 지출의 최소화로 기업의 비용 절감 효과 System의 각종 보고서 및 필요 자료 지원 서비스
보안	침입 탐지 / 차단 시스템 컴퓨터 바이러스 발생에 대한 예방 및 대응 보안 시스템 점검 및 서비스 실시간 모니터링 및 리포팅
백업 관리	정보시스템 백업 관리를 위한 별도의 전산실 직원 불필요 스케줄에 따른 부분 백업, 전체 백업으로 데이터의 안전한 보관 저렴한 비용의 맞춤형 백업 서비스 기대
어플리케이션 서비스	급변하는 정보기술 환경과 경영 환경의 변화에 대한 전략적인 대응 ERP, 그룹웨어, 문서관리, 지식관리를 통한 기업의 경쟁력 향상 B2B(Business to Business) 솔루션 제공

- ASP(Application Service Provider)와 아웃소싱 비교

〈표 24-5〉 ASP와 아웃소싱의 비교

구분	ASP	자체추진방식(In-house)	Outsourcing
S/W	ASP 사업자가 구매하며 특정 업무를 위한 개선 비용은 분할 납부	기업이 직접 구매하여 자신의 환경에 맞게 직접 개선(Customizing)	직접 또는 외주 업체가 구매하나 개선은 외주 업체가 담당
H/W	ASP 사업자가 구매하여 자신 또는 IDC 등에 설치	기업이 구매하여 자신의 사업장에 설치 관리	외주 업체가 관리하는 방식이 많음
보안	ASP 사업자가 일괄 제공	기업이 책임	외주 업체 이용 가능
비용	초기 투자 비용이 적고 유지 관리 비용도 저렴	초기 투자 및 유지 관리 비용 부담이 큼	초기 투자가 크고 유지 관리 (외주)비용도 상당

- ## 사업 모델에 의한 ASP의 분류

〈표 24-6〉 사업 모델에 의한 ASP의 분류

분류	내용
기업 ASP	기업 활동에 요구되는 비즈니스 프로그램을 제공(ERP, CRM)
지역 ASP	인근 지역의 소규모 업체들을 위한 다양한 프로그램 제공
전문가 ASP	특수 목적을 위한 응용 프로그램의 제공
수직 시장 ASP	특정 산업군을 지원하는 응용프로그램의 제공
대량 비즈니스 ASP	대규모 프로그램의 제공과 함께 일반적인 중소규모 비즈니스 제공

- ## 인프라 서비스 범위에 의한 ASP의 분류

〈표 24-7〉 인프라 서비스 분류에 의한 ASP 분류

분류	내용
WSV (Web Software Vendor)	자신의 비즈니스를 ASP 모델로 적용시킨 소프트웨어 기업 데이터 센터를 가진 네트워크 제공업체와 제휴
SA(Service Aggregator)	데이터 센터를 가지고 있지 않으며 ERP, CRM 등 다양한 어플리케이션을 제공, 구현, 관리
AIP(Application Infrastructure Provider)	데이터 센터의 구현과 관리, 웹 호스팅 통신 사업
FSP (Full Service Provider)	전 ASP 영역의 업무 솔루션을 모두 제공 ASP 사업을 위한 인프라를 보유하고 동시에 다양한 어플리케이션에 대해 전문성을 보유하며 자체 데이터 센터 소유

- ## ASP와 XSP, MSP의 비교

〈표 24-8〉 ASP, XSP, MSP의 비교

항목	XSP	ASP	MSP
서비스 대상	네트워크-어플리케이션	IT 인프라 운영관리	비즈니스 프로세스
종류	ASP, PSP, DESP 등	상용 플랫폼, 솔루션	Desktop, 서버관리
주요 기술	TCP/IP 인터네트워킹	분산처리, 객체기술	NMS, Remote Control 기술

- ASP의 성공 요소

① 고객의 목적에 부합되는 어플리케이션의 제공
② 고객 관리를 위한 기반 서비스
③ 고객의 데이터에 대한 Data Protection 능력
④ 전체 시스템 관리 능력을 향상시키기 위한 인적 자원에 대한 투자와 시
  설 투자

- ASP(Application Service Provider)의 도입의 장애 요소

사내 정보를 데이터 센터에 두고 원격으로 접속하는 모델에 대한 심리적 부담감이 있고 고객 업무에 대한 ASP 업체에 대해서 이해도가 낮다. 그리고 ASP가 제공하는 정형화된 틀의 유연성이 부족하다. 왜냐 하면 ASP 모델의 고객 업무를 위해서 제한된 Customizing밖에 할 수 없기 때문이다.

- ASP의 수익 모델 창출 방안

경제성 및 신뢰성: 고객 만족, 신뢰를 기반으로 기업 시스템 구축 및 유지 비용의 절감
과금 시스템: 임대 서비스의 사용 방법과 빈도에 따른 합리적인 요금 제도의 확립
풍부한 S/W: 다양한 사업영역과 기업의 업무를 수행할 수 있는 시스템 제공

- ASP의 기대 효과

〈표 24-9〉 ASP의 기대 효과

고객 측면	사업자 측면
✓ SLA를 통한 효율 극대화 ✓ IT 구축 기간 단축 및 운용비 절감 ✓ 투자 기회 비용 절감 및 위험 감소 ✓ 신속한 구축 및 서비스 적용으로 경쟁력 제고	✓ 가입자 기반의 안정적 수익구조 구축 ✓ 지속적인 네트워크 기반 수익 창출 ✓ 소프트웨어 시장 확대 기회(CRM 등) ✓ ASP와 연관된 기업용 어플리케이션의 시장 확대 기회
기술적 측면	비즈니스 측면
✓ 보안 및 권한 관리 기술의 발전 ✓ 컴포넌트 기반의 어플리케이션 프레임웍 개발 기회 ✓ 사용자 중심의 화면 통합 기술 제공	✓ 총 소유 비용의 최소화 ✓ 현금 흐름 예측 가능 ✓ 내부 IT 인력의 효율성 증대

- ASP의 다양한 서비스 xSP(Extended Service Provider)

고객사가 계약을 통해 xSP 서비스 업체가 소유하는 시설을 활용하는 것으로 서비스 업체는 다수의 고객에게 표준 서비스를 제공하는 것이다. 통신, IT, 서비스 세 시장을 기반으로 한 새로운 형태의 ASP 비즈니스 모델을 의미한다.

1) 통신시장

통신시장의 근간은 기간 서비스로서, 기간사업자들은 거대한 관리, 인프라 구축 투자 손실의 딜레마적인 상황을 해결해야 하는 상황에서 선투자에 대해서 신중한 입장이다. 인프라를 구축 비용에 대한 리스크를 줄이며 서비스를 하고자 한다.

2) IT시장

IT 솔루션 벤더들 및 서버, 스토리지, 애플리케이션 사업자들은 통신 기간망 사업자들의 광범위한 서비스 확대를 원하고 있다.

3) 서비스제공업체

이 세 가지 시장이 통합된 형태의 서비스 출현에 지대한 관심을 보여 왔다. 심지어 기존 IT 분야에 비해 덜 표준화된 IT 서비스 시장에서도 표준화된 서비스 구현 방법 및 가격정책을 요구하는 압력이 최근 증가되고 있는 추세이다.

- xSP(Extended Service Provider)의 서비스 종류

〈표 24-10〉 xSP의 서비스 종류

종류	내용
네트워크 서비스	제공 서비스는 인터넷, 전용선 혹은 VPN으로 제공
외부 관리	고객 소유의 시설 관리가 아닌 xSP 자체적으로 혹은 파트너 소유의 시설에 의해 제공
일대다 서비스	표준 서비스 제공, 다수고객관리
서비스 요금 기준	분 단위, 시간 단위, 연 단위

- xSP(Extended Service Provider)의 서비스 분류

〈표 24-11〉 xSP의 서비스 분류

xSP 구분	특징
하단의 xSP (NSP, SISP, DESP)	✔ 전문적 기술력에 바탕을 둔 주요 서비스 제공 ✔ 계약 시 특정한 기술서비스 제공에 대한 범위 기준 명시 ✔ 기술 및 통신 관련 분야 전문 업체들이 주요 시장 ✔ 비교적 특정 산업 분야별 의존도가 낮고 모든 분야에서 수요 발생 ✔ 임베디드 서비스이기 때문에 사업의 확장성과 보급성에 이어 시장 우위 선점이 용이하나 투자 비용 대비 매출 불균형 초래 가능성 잠재
상단의 xSP (CSP, SISP, PSP, PESP)	✔ 전문적 기술력에 바탕을 둔 주요 서비스 제공 ✔ 계약 시 비즈니스 운영에 관련된 서비스 범위 기준 명시(CRM, SCM 등) ✔ 산업 분야별 전문화된 솔루션 및 서비스 제공 ✔ 불특정 고객 대상이기보다는 산업 분야의 특정한 고객을 대상으로 하기 때문에 사업의 확장성이 용이하지 않은 반면, 전문화된 분야의 높은 부가가치 서비스 사업 등의 특징

● xSP(Extended Service Provider)의 사업전략

　서비스 제공을 위한 인프라 구축 투자 비용과 매출 이익의 균형이 이루어
지지 않을 수 있다는 점을 고려해야 한다. 시기적인 진입 상황과 시장 환경이
뒷받침되어야 한다. 적절한 고객 맞춤형 서비스, 고객의 수요에 대한 현실직
시와 영업 및 마케팅 효과를 극대화시킬 수 있어야 한다. 그리고 서비스 인프
라 구축을 위해 분야별 업체들과의 파트너십 체결을 넘어선, 서비스 제공과
통합된 서비스 공급망을 구축하기 위한 긴밀한 비즈니스 협력이 필요하다.

25 유틸리티 컴퓨팅(Utility Computing)

IT 기술이 유틸리티화되고 있다. '유틸리티 컴퓨팅'이란 전력, 수도, 도시가스 등 유틸리티산업에서 소비자별로 사용량을 검침하고 그 사용량만큼 요금을 부과하는 요금정책 및 고객서비스 방식을 IT 분야에 적용한 기술이다.

● 유틸리티 컴퓨팅(Utility Computing)의 정의

서버, 스토리지, 네트워크, 소프트웨어 등 IT 전반의 요소를 하나의 서비스 개념으로 파악하여, 구입하거나 자체 개발하지 않고 중앙 집중적인 서비스 공급자와의 계약을 통해 실제로 사용한 양에 의해 요금을 지불하는 컴퓨팅 패러다임을 의미한다. 고객은 서버나 소프트웨어(SW)를 직접 구매, 소유하지 않고 임대해 사용하며 비용을 지불하는 방식이다. 현재까지의 IT 서비스 제공 모델과 가격 모델을 근본적으로 변화시키는 것으로 미래의 정보 환경의 변화에 대한 수용 모델을 제공해 준다.

하나의 서버와 애플리케이션을 여러 고객이 동시에 임대해 사용하는 환경에서는 유틸리티 컴퓨팅 기술이 최적의 솔루션이다. 유틸리티 컴퓨팅의 핵심 기능은 하나의 서버나 데이터베이스, 통신, 네트워크를 다수의 사용자가 동시에 사용하는 환경에서 각 사용자의 정확한 시스템 사용 현황을 파악할 수 있느냐 하는 것이다.

정보시스템의 환경이 애플리케이션, 데이터베이스, 디스크 등 여러 곳에 흩어져 있으면서 이들이 다양한 형태로 서로 연결되는 구조를 취하고 있다. 이러한 환경에서 이를 수용하는 서버를 늘리려면 환경 자체를 확대해야 한다. 분산 환경에서는 서버들이 물리적으로 떨어져 있어야 환경 제어가 가능하기 때문이다. 이러한 환경 변화에 대처하되 관리자의 부담을 덜어 주는 관리가 필요하

다. 서비스 수준, 자산 최적화, 복잡성 등을 관리하고 IT 서비스에 공공(유틸리티) 요금제를 적용하는 해법이 필요한 것이다. 서비스 수준을 관리한다는 것은 현업의 필요성에 부합하도록 컴퓨팅 자원을 적절하게 제공하는 것을 말한다. 현재 기업 내의 컴퓨팅 시스템들에 대한 활용도는 극히 낮다. 이는 각 시스템의 용량이 정점 수요에 맞춰 할당돼 있기 때문이다. 시스템들의 사용 현황을 모니터링해서 서버를 통합 정리하면 상당한 재정적인 절감효과를 얻을 수 있다. 이러한 것이 유틸리티 컴퓨팅의 도입 이유이고 장점이라 할 수 있다.

- 유틸리티 컴퓨팅(Utility Computing)의 특징

✓ '사용한 양만큼 비용'을 지불하는 개념
✓ IT 자원과 서비스를 '필요한 만큼 즉시' 사용할 수 있는 개념
✓ IT 인프라 전부를 Service Provider가 소유하는 개념
✓ 고객의 요구사항을 충족하는 맞춤 서비스와 서비스의 표준화를 동시에 구현 가능
✓ 사용자 입장에서는 초기의 투자 없이 IT 사용량에 해당하는 요금만 지불 가능
✓ 고객이 서버나 소프트웨어를 직접 구매하지 않고 임대해 사용하며 비용을 지불하는 것
✓ 전력, 수도, 도시가스 등 유틸리티 산업에서 사용자별로 사용량을 검침하고 그 사용량만큼 요금을 부과하는 요금정책 및 고객서비스 방식을 IT 분야에 적용 가능
✓ 서비스 수준이 만족스럽지 않으면 '자원사용의 변경 요청'을 할 수 있으며, '공급회사를 교체'할 수 있는 개념

● 유틸리티 컴퓨팅(Utility Computing) 기술요소

〈표 25 - 1〉 유틸리티 컴퓨팅 기술 요소

요소기술	주요 내용
분산 컴퓨팅(Grid)	지리적으로 분산된 컴퓨팅 자원을 Grid Network을 이용하여 공유하도록 하는 기술
가상화(Virtualization)	이기종 컴퓨터, 스토리지 및 기타 네트워크 자원에 대해 동적이고 효율적인 풀을 구성하는 것 하드웨어, 데이터 등이 네트워크상의 어느 곳에 있더라도 가용한 자원에 대해 쉽게 접근할 수 있도록 하나의 통합된 관점 제공
논리적 분할(Partitioning)	단일 또는 여러 대의 서버에 대해 하나 이상의 독립적인 운영 환경을 구현할 수 있도록 시스템 자원을 물리적 또는 논리적으로 분할하는 기술
자동화된 관리(Automation)	컴퓨터 자원과 서비스를 스스로 진단하고 문제점을 해결하는 기술 Self - Configuration, Self - Optimizing, Self - Protecting, Self - Healing 기술 등
최적자원제공(Provisioning)	가상화 / 분할된 서버, 스토리지, 네트워크 등의 자원을 요구에 따라 조합하여 할당하는 기술

● 유틸리티 컴퓨팅의 특징 - 가상화와 자동화

1) 주문형용량확장

고객이 필요로 하는 용량 이상의 IT 자원(CPU, 디스크 등)을 무료로 미리 설치했다가 기존 시스템이 장애를 일으키거나 시스템에 부하가 생겼을 때 여벌의 자원을 활용하고, 이에 대해 사용 시간만큼 지불하는 것이다. 즉 초과분에 대해서만 사용량 기준 요금제가 적용된다.

2) 사용량기준요금제

IT 자원의 사용량을 실시간으로 측정하고 사용량에 따라 요금을 부과하는 것으로 수도나 가스, 전력과 거의 동일한 방식이다. 이 역시 수요에 따라 용량을 할당하는 가변 소비 모델(variable - consumption model)과 사용한 용량만큼 결제하는 가변 비용 모델(variable - cost model)로 나눌 수 있다.

3) 월별할부제

IT 자원을 구매할 때 한 번에 비용을 지불하지 않고 월별로 지불하는 방식
이며 중도 해제가 가능하다.

- 유틸리티 컴퓨팅(Utility Computing)의 장점

시스템 도입과 소유에 따른 투자 부담이 거의 없고, 필요에 따라 서비스를
탄력적으로 이용할 수 있어 IT 비용 예측이 가능하다. 수요 변동에 탄력적으
로 대응할 수 있다. 짧은 시간 내에 사용량, QoS(Quality of Service) 등을
필요한 수준으로 변경할 수 있다. 이를 통하여 위험도를 낮출 수 있다. 검증
된 솔루션과 신기술을 안정된 패키지 형태의 서비스로 제공받을 수 있다.

유틸리티 컴퓨팅의 핵심은 운영관리의 필요성을 최소화하는 자체관리시스
템이다. 이는 유틸리티 컴퓨팅의 지향점이 서비스 수준을 향상시키는 동시에
하드웨어와 소프트웨어 비용뿐만 아니라 운영관리에 드는 노동 비용까지 절
감하는 것이기 때문이다. 아울러 필요할 때 용량을 할당함으로써 활용도를 높
이고 작업 로드의 변화에 유연하게 대처하는 한편 노드가 고장을 일으켰을
때 시스템을 재구성하는 복원력과 시스템의 연속성을 보장하는 것이다.

- 유틸리티 컴퓨팅(Utility Computing) 서비스 구현을 위한 필요조건

〈표 25 - 2〉 유틸리티 컴퓨팅 서비스 구현을 위한 필요조건

측면	조건	비고
서비스 수요자	컴퓨팅 자원이 필요할 때 즉시적인 연결을 통해서 바로 서비스 공급이 가능해야 함.	예) 온라인 이벤트 최대용량의 장비 구입-〉전문 IT 서비스 제공 회사 의뢰
서비스 공급자	다양한 고객들의 다양한 요구에 대해 일정한 수준의 서비스가 지속적으로 제공 가능해야 함.	종류, 양에 상관없이 충분한 IT 자원을 보유-〉개별 기업의 IT 자원에 대한 요구를 즉각적으로 해결해 줄 수 있음(수도, 전기와 같은 공급 역량 필요).

- 온 디맨드 컴퓨팅

이러한 유틸리티 컴퓨팅 개념을 가능케 하는 것이 바로 온 디맨드 컴퓨팅이다. 글로벌 IT 벤더들이 각각 강조하고 있는 차세대 컴퓨팅 전략이 모두 컴퓨팅 수요의 변화에 따라 유연하게 대처할 수 있는 제품 및 가격 전략이라는 점에서 공통점을 보이고 있다. 온 디맨드 컴퓨팅 관리를 지원하는 3가지 주요 관리 속성은 서비스 지향적인 아키텍처, 자가관리(인프라), IT를 하나의 서비스로 제공하는 것 등이다.

1) 서비스 지향적인 아키텍처

모든 IT 전문가들은 다른 종류의 서비스 및 정보를 얻기 위해 서로 다른 소스를 사용한다. 개별 사용자가 다르기 때문에 역할의 측면에서 기본 모델을 세울 수 있다. 이를 효율적으로 사용하기 위해서는 좋은 기술이 필요한 동시에 많은 개별 사용자들과의 상호 작용이 필요하다.

최근 시장에서 강하게 부는 웹 서비스 바람의 내부를 보면 그 핵심에 서비스 지향적 아키텍처(SOA)가 존재한다. 웹 서비스는 온 디맨드 컴퓨팅 기술이 적용되는 대표적인 환경이며, 질적인 서비스 관리 측면에서 볼 때 유틸리티 컴퓨팅과 함께 가는 핵심 기술이라 볼 수 있다.

2) 자가관리(인프라)

효율적인 관리를 위해 자동화가 필수다. 자동화는 종종 여러 종류의 분석학과 연결이 되며 문제해결에 매우 중요한 요소다. 예를 들어 우선 근본원인을 분리해 트러블 티켓(trouble‑ticket)으로 관리하고, SLA와 다른 비즈니스 영향력에 적절히 적용(mapping)해야 한다. 자기 치유 기능이 있는 인프라는 문제가 발견되면 자동으로 문제가 해결된다. 이때 비즈니스에는 장애가 거의 없으며, 있어도 최소 수준에 불과하다. 비즈니스 계획을 세우기 위해 자동적으로 서비스의 사용 내역을 확인하는 것, 성능 트랜딩, 인프라 최적화 분석, 복구에서부터 서비스 제공에 이르는 모든 것에 대한 형상 변화 자동 관리 등의 분야에서도 자동화는 중요하다.

3) IT를 하나의 서비스로 제공

근본적으로 인프라 전체를 통해 비즈니스 연관성에 기초한 운영을 시도하려는 노력이 진행되고 있다. 이러한 견지에서 보면 인프라는 비즈니스의 중요한 부분으로 역동적으로 작용하고 있는 것이다. 이유는 단순하다. IT의 비즈니스 '상품'은 IT 서비스이기 때문이다.

● 보안과 스토리지 관리

유틸리티 컴퓨팅 환경에서는 ID의 관리와 상관관계 분석이 중요하다. 곧 보안이 생명인 것이다. 유틸리티 컴퓨팅의 보안은 시스템 전반의 ID를 관리하고, 일관성 있는 보안정책을 적용하며, 명령과 제어를 중앙 집중화하는 데서 출발한다.

사용자와 서비스의 관계를 파악하고, ID의 전체 라이프사이클을 관리하고, 사용자에게 시스템·애플리케이션·디렉터리·데이터베이스를 원하는 대로 공급하고, 워크플로우를 자동화하고, 사용자 로그인을 단일화하는 것이 ID 관리다. 더 나아가 ID 매핑과 상관관계 분석을 지원하는 ID 연방화로 가고 있는 추세다.

보안 정책은 웹 애플리케이션과 플랫폼의 액세스 제어를 집행하고 모든 서버의 감사를 자동화함으로써 일관성을 유지할 수 있다. 보안 이벤트 관리와 상관관계 분석의 중앙 집중화는 타사의 보안 제품들을 지원하며 맞춤화할 수 있는 비즈니스 뷰들을 포털에 제공할 수 있어야 한다. 또한 유틸리티 컴퓨팅은 비즈니스의 연속성을 보장하고, 스토리지 자원을 최적화하며, 스토리지 하드웨어와 소프트웨어를 중앙에서 유연하게 관리할 수 있는 스토리지 관리 솔루션을 요구한다. 비즈니스의 연속성은 메인프레임, 리눅스, 유닉스, 윈도 전반을 최단 시간에 백업 및 복구할 수 있고, 단 한 번의 클릭으로 재해복구가 가능하며 엔터프라이즈 백업이 중앙 집중화될 때 비로소 완벽하게 보장된다.

● 유틸리티 컴퓨팅 모델과 IT 아웃소싱 서비스

컴퓨팅 유틸리티 서비스가 전혀 새로운 IT 환경의 혁신이 아니라 기존 아웃소싱 및 인프라 관리 서비스로부터 진일보한 대안으로 볼 수 있다. 이처럼 IT 환경이 외부 전문업체가 특정 기업의 IT 인프라에 대한 서비스를 제공하는 방식에서 점차 공공 유틸리티처럼 관리되고 제공되는 방식으로 변모하고 있는 것이다. 유틸리티 컴퓨팅 서비스 시장에서는 통신업체, 전통적인 IT 아웃소싱업체, 시스템통합업체에서 적용되고 있다.

1) 통신업체

통신업체들은 자신들이 수요자이면서 서비스 전달을 가능하게 하는 네트워크를 보유하고 있을 뿐만 아니라 신속한 서비스 제공, 서비스 보증, 계량 시스템 등과 같이 고객 서비스와 관련된 핵심 역량을 확보하고 있다는 장점이 있다.

2) 아웃소싱업체

IT와 네트워크 시스템에 대한 보다 광범위한 서비스 역량과 전문성을 확보하고 있다. 이들은 서비스 영역의 범위에 따라 로엔드 시스템에서 핵심 메인프레임과 하이엔드 서버 및 데스크톱까지 서비스를 제공하는 업체와 메시징 서비스와 같은 애플리케이션을 위한 로엔드 서비스 시스템 기반으로 데스크톱 환경에 대한 서비스를 제공하는 업체로 구분할 수 있다.

3) 시스템 통합업체

기존 IT 인프라의 구축 서비스에 주력해 왔는데, 시스템 통합 역량을 새로운 유틸리티 컴퓨팅 서비스에 적합한 서비스 모델로 변화시키는 일이 요구된다. 유틸리티 컴퓨팅 시장에서는 특정 산업에 특화된 서비스 제공 역량이 운영 및 유지관리 서비스 영역으로 확대됨에 따라 시스템 통합업체들이 IT 인프라 운영 역량을 강화하거나 해당 업체를 인수하는 것도 새로운 시장 구도에 적응할 수 있는 한 방안이 될 것으로 보인다.

● IT 시장과 업계 구도의 변화

유틸리티 컴퓨팅의 대두는 IT 서비스 시장뿐만 아니라 서비스 업체 및 기술벤더와 고객사까지 포함하는 업계 구도에도 큰 파급효과를 가져올 것으로 예상된다. 즉 IT 서비스 업체와 기술 벤더 및 기업을 직접 상대하는 재판매업체라는 기존 구도를 새로운 구도로 대체할 것으로 보인다. 새로운 구도하에서는 IT 서비스와 기술의 많은 부분이 IT를 온 디멘드 서비스로 제공하는 유틸리티 제공업체에서 판매하게 될 것이다.

IT 산업 전체로 볼 때 유틸리티 컴퓨팅 기반의 시장 구도하에서 각각의 IT 업체들은 해당 시장 포지셔닝 전략에 따라 새로운 마케팅 및 영업 전략의 수립이 필요하다. 유틸리티 제공업체와 같이 최종 고객에게 판매하는 경우에는 전화나 전기와 같은 전통적인 유틸리티 서비스 업체와 마찬가지로 보다 소매 기법의 접근 방법이 요구될 것이다. 반면에 기술 공급자로서 포지셔닝한 업체들은 점차 대규모 물량을 소화해 내는 소수의 서비스 제공업체에 초점을 맞춰야 할 것이다.

- 유틸리티 컴퓨팅(Utility Computing) 향후 전망

IT 서비스는 지속적으로 표준화, 정형화되는 추세이며, 서비스 공급자는 인건비 기준 계약이 아닌 표준화된 서비스 계약으로 이익을 추구하려 하고 있다. 유틸리티 컴퓨팅은 IT 서비스 시장에 영향을 미칠 뿐만 아니라 서비스 공급자와 벤더들 간의 경제구조를 변화시키게 된다. 즉 벤더가 최종 고객에게 직접 IT 서비스와 기술을 판매하던 방식에서 유틸리티 공급자에게 IT 서비스와 기술을 판매하는 방식으로 변하게 된다. 유틸리티 서비스화 추세는 전문적 기술 컨설팅과 SI 사업을 점차 축소시키고, IT Planning, Design, 통합에 대한 부분을 고객이 서비스 공급자에게 제공받는 형태로 이루어질 전망이다.

- 유틸리티 컴퓨팅(Utility Computing) 실현 원동력, 가상화

〈표 25-3〉 유틸리티 컴퓨팅의 실현 원동력인 가상화

애플리케이션 가상화	애플리케이션이 무엇인지 파악할 필요가 거의 없으며 시스템 역시 자유롭게 이동될 수 있고 로드 밸런싱 기법을 적용하더라도 클라이언트 쪽에는 아무런 영향이 없음.
스토리지 가상화	유연하게 공급할 수 있는 SAN과 NAS 기술로 이루어진다. 물론 시스템들이 스토리지의 물리적인 위치를 파악할 필요가 거의 없음.
데이터 액세스 가상화	웹 서비스가 아주 효과적이다. 그러나 일반 웹 애플리케이션도 네트워크와 스토리지 연결이 가상화돼 있으면 서버를 요구에 따라 추가하고 제거할 수 있음.

- 유틸리티 컴퓨팅(Utility Computing) 서비스

〈표 25-4〉 유틸리티 컴퓨팅 서비스

서비스 구분	서비스 내용
서버 및 스토리지 종량제 서비스	서버나 스토리지 관련 기존 구매/임대 모델을 유틸리티 서비스로 전환하는 것
내부 데이터 센터 유틸리티 컴퓨팅	내부 데이터 센터는 서비스를 제공하고 사용량 기준으로 대금을 청구
그리드 컴퓨팅	사용자가 그리드상에서 가용한 시스템에 접속하여 지원을 활용할 수 있음
재호스팅 / 아웃소싱	기업이 아웃소싱 또는 호스팅 서비스 업체와 기존의 자산 또는 제공 서비스 기준이 아닌 사용량 기준으로 계약하는 방식

- 유틸리티 컴퓨팅(Utility Computing) 사업에 대한 고객의 요구

⟨표 25-5⟩ 유틸리티 컴퓨팅에 대한 고객의 요구

Restructuring	유연한 작업 환경에서 생산성 향상과 저비용 Infrastructure 필요
Consolidation	비용 절감과 통합된 관리를 위해 독립된 사업체의 중앙 통합 시스템 필요
Expanding	고객 사업의 시장 확대 및 확장을 위하여 Web과 인터넷 이용 증가 필요

※ 유틸리티 컴퓨팅 사업을 가능케 하는 고객들의 가장 큰 동인: 비용

- 유틸리티 컴퓨팅 사례

⟨표 25-6⟩ 유틸리티 컴퓨팅 사례

구분	전통적인 아웃소싱	Managed Hosting 서비스	유틸리티 컴퓨팅
인력	IT/네트워크 인력을 고객이 관리	공급자 직원 관리 (고객의 인력 관리X)	공급자 직원 관리 (고객의 인력 관리X)
IT/네트워크 자산	고객 소유	고객 소유	공급자 소유
인프라스트럭쳐 공유 경로	공유 없음	부분적 공유	완전 공유
서비스 제공 장소	고객 사이트	원격으로 제공	원격으로 제공
서비스 수준 합의	고객 정의	고객 정의 또는 표준화	표준화
가격	고객 정의	고객 정의 또는 표준화	표준화 및 사용량 기준

- 유틸리티 컴퓨팅(Utility Computing) 서비스 유형별 비교

⟨표 25-7⟩ 아웃소싱, ASP, 유틸리티 컴퓨팅의 비교

구분	아웃소싱	ASP	유틸리티 컴퓨팅
자산소유	사용자	서비스 제공자	서비스 제공자
서비스 대상	Total 서비스	Application 위주	인프라 위주 서비스
특징	개별 기업 시스템 위탁 운영, 고객별 맞춤 서비스	표준 어플리케이션 제공, 중앙 집중 관리 방식	표준 맞춤 서비스 제공 필요 서비스 즉시 제공
장점	IT 전 분야, Total 아웃소싱 가능	필요한 어플리케이션만 선택 가능	최소의 초기 투자와 향후의 소요 비용 예측 가능

- 유틸리티 컴퓨팅(Utility Computing)의 효과

〈표 25-8〉 유틸리티 컴퓨팅의 효과

효과	비고
외부 환경, 특히 정보 환경의 급격한 변화에 재빠르게 대응하는 것이 가능해짐	현재 기업들은 필요한 IT 자원의 대부분을 피크 사용량을 고려하여 직접 소유하고 있음 -〉 기업들은 자신들이 IT 자원을 소유하지 않고서도 그때그때 필요한 시점에 이를 즉시 대여하여 사용 가능
IT 자원에 대한 투자 부담을 급격히 경감시킬 수 있음	IT 서비스 제공자가 충분한 가용 자원을 유지함으로써 사용 기업은 IT 자원의 직접적인 소유로 인한 과잉 투자와 운영 및 관리에 따르는 낭비 문제를 해결 가능
자신이 가지는 핵심역량에 집중 가능	기업의 핵심 경쟁력 강화를 지원하는 IT 시스템의 운영을 전문 업체에 일임함으로써 자신들의 핵심 역량을 개발하고 활용하는 데 보다 많은 기업 자원을 집중할 수 있음

  SaaS(Soft ware as a Service)

소프트웨어 재사용에 대한 요구는 과거부터 지금까지 계속되고 있다. 과거 객체 지향이나 모듈 등을 통해서 재사용하려는 클래스 단위의 Re‒use가 있었다. 하지만 이는 시스템마다의 특성을 다시 적용해 줘야 하는 소프트웨어 특성상 복잡도로 인해서 많이 사용되지는 못했다. 그리고 IDL(Interface Description Language) 같은 메타데이터 활용과 MS에서는 플랫폼 독립적으로 재사용할 수 있는 COM(Component Object Model)과 같은 객체를 준비하였다. 이러한 것도 언어와 플랫폼에 완전 자유로울 수는 없었다. 이에 대해서 언어와 플랫폼에 더 자유로는 무언가를 만들고자 했는데 이것이 바로 '서비스'이다. 서비스가 가지는 가장 큰 특징이 바로 언어와 플랫폼에 독립적인 재사용 가능한 모듈이라는 것이다.

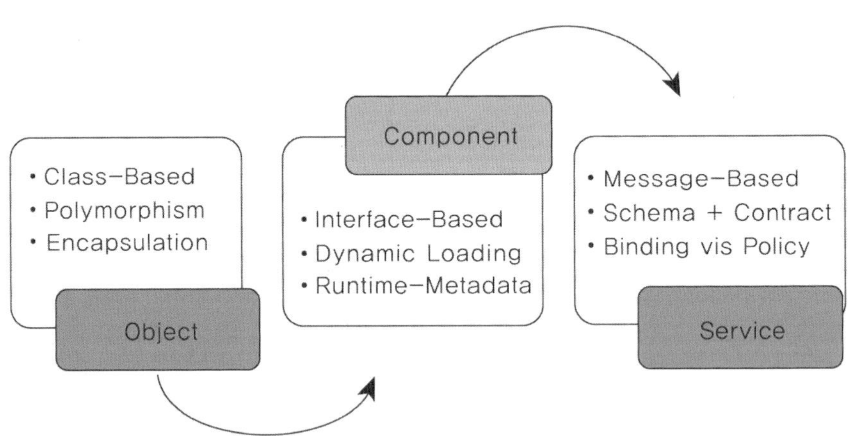

〈그림 26‒1〉 재사용 패러다임의 진화, 서비스

- SaaS(Software as a Service)의 등장 배경

SOA의 등장을 통해서 기존 시스템들을 연결하여 재사용 기반을 만들고자 했으며 그 중계자로 UDDI를 사용하려고 했다. 이러한 것들은 검색이라는 것에서 한계에 부딪혔다. 모든 것을 담아내고 검색을 해서 필요한 Function을 공급받는다고 이상적으로 꿈꿔 왔던 것이 현실적인 제한에 막힌 것이다. 이러한 상황에서 SOA가 원했던 것 중 큰 뼈대 중 하나가 상호 호환성이다. 그리고 이러한 상호 호환성을 기반으로 하는 매쉬업(Mash-up)을 필요로 했다. 또한 이것은 웹 2.0의 속성 중에 하나로서의 진화적 의미도 가지는 것이다. 이러한 것들 사이에서 탄생한 것이 SaaS(Software as a Service)이다.

SaaS는 기존의 소프트웨어 유통방식인 판매나 구축 및 유지보수 등의 프로세스에서 벗어나 웹과 인터넷을 통해 사용자에게 필요한 소프트웨어의 구축, 유지보수 등의 전체적인 프로세스를 제공받는 형태를 의미한다.

SaaS의 등장을 크게 경제적 측면과 기술적 측면으로 구분할 수 있는데, 기술적인 측면으로는 표준화의 진전과 네트워크 인프라의 고도화가 있고 경제적인 측면으로는 구매자 중심의 SW 시장 재편과 비용 절감을 들 수 있다. 표준화의 진전으로 표준에 기반을 둔 SW 개발을 통해 시스템의 복잡성을 낮추고, 확장성과 통합성을 높임으로써 IT를 기술 중심에서 비즈니스 중심으로 변모시키고 있다. 특히 웹을 중심으로 하는 많은 기반기술이 표준화되면서 웹을 통한 시스템의 상호 운용성 문제를 개선하게 되었으며, 네트워크 인프라의 고도화 작업으로 광대역 인터넷망이 보편화되면서 고객이 필요로 하는 수준의 서비스를 제공할 수 있는 물리적인 환경을 마련하게 되었다.

다음으로 IT 기술의 성숙과 보편화를 통해 IT 벤더들의 독점적인 지위가 약화되면서 고객 중심의 SW 비즈니스 모델이 필요하게 되었으며 이는 곧 고객 관점에서 IT 인프라의 구축 비용을 절감할 수 있는 방안으로 SaaS 모델이 등장하게 되었다.

기존 ASP, xSP 등의 사업 모델이 갖는 위험성을 제거해 줌으로써 보강해

주는 역할도 하게 된다. 그리고 그보다 진화되었던 서비스 사용을 측량해서
과금하고자 했던 Utility Computing, On-demand 등 다양한 ITO 모델 등장
이 등장한 것도 SaaS의 등장을 야기했다. 그리고 무엇보다 기업에서 자원에
대한 투자 ROI를 고려하면서 IT 자원에 대한 TCO 최소화에 대한 요구가 강
하게 생겨났기 때문이다. 장비뿐만 아니라 고용 인력 축소, 관리비 축소로 이
어져서 기업은 해당 기업이 갖는 본연의 업무에 집중할 수 있는 환경을 만들
어 줄 수 있는 것이다.

〈표 26-1〉 SaaS 모델의 가치(출처: 한국정보산업연합회)

정량적 가치	정성적 가치
IT 인력의 활용 폭 확대 통합된 IT 운용으로 IT 관리를 수행하는 인력을 복수 사용자 간 공용 가능	베스트 프랙티스 실현 효율적인 업무 프로세스를 제안하는 최신 소프트웨어에 액세스할 수 있음
유지/보수 불필요 소프트웨어를 소유하지 않으므로 소프트웨어 갱신이나 기술 퇴화에 대한 우려 없음	실제 운용까지의 시간 단축 필요에 따라 커스터마이징이 요구되나 보통 사용자가 즉시 이용할 수 있는 상태로 제공
인프라스트럭처 공용 복수 기업이 고용해 데이터 센터 처리 데이터 스토리지 면에서 규모의 경제 실현 가능	선택의 자유 SaaS 모델에서 솔루션 제공업체에 속박되지 않으므로 기업의 선택 폭이 커짐
비용 면의 혜택 소프트웨어 도입 시 셋업 비용 감소해 IT 기술의 채택, 실행에 빠른 ROI 달성 가능	

- ● SaaS(Software as a Service)의 정의

하나 이상의 공급 업체가 원격지에서 소프트웨어를 보유, 제공, 관리하는
방식으로 공급업체는 하나의 플랫폼을 이용해 다수의 고객에게 소프트웨어
서비스를 제공하며 사용자는 이용한 만큼 지불하는 서비스이다. 소프트웨어를
제품 중심이 아닌 서비스 형태로 제공한다는 것으로 최근 소프트웨어 업계에
서 주목받고 있는 새로운 트렌드이다.

Software와 Service를 Network를 통해 제공한다. 그러므로 SaaS는 기존의
패키지 소프트웨어가 중요하게 여겼던 소유와 사용의 개념을 분리함으로써

또 다른 라이선싱의 형태를 갖게 된 것이다. SaaS는 제공하는 서비스 대부분 온 디멘드(On Demand) 형식으로 제공한다.

서비스 제공자 입장에서 불법 복제 방지가 가능하며, 개별 고객에 맞춤형 서비스 가능하다. 소비자 입장에서는 초기비용을 줄이면서 합리적인 구매가 가능하다. 소프트웨어 전체가 아닌 부분 기능 사용이 가능하다. 기존에 몇 차례 사용하지 않는 경우에도 고비용을 지불해야 했던 것과는 달리 저렴한 비용으로 이용 가능한 장점이 있다.

예) Windows Live Service와 구글에서 제공하는 서비스

서비스를 호출할 때마다 돈을 받는 트랜잭션 기반의 가격 정책

일정한 기간을 두고 소프트웨어 사용 권한을 주는 Subscription 정책

서비스는 무료지만 광고 기반의 수익을 벌어들이는 방법

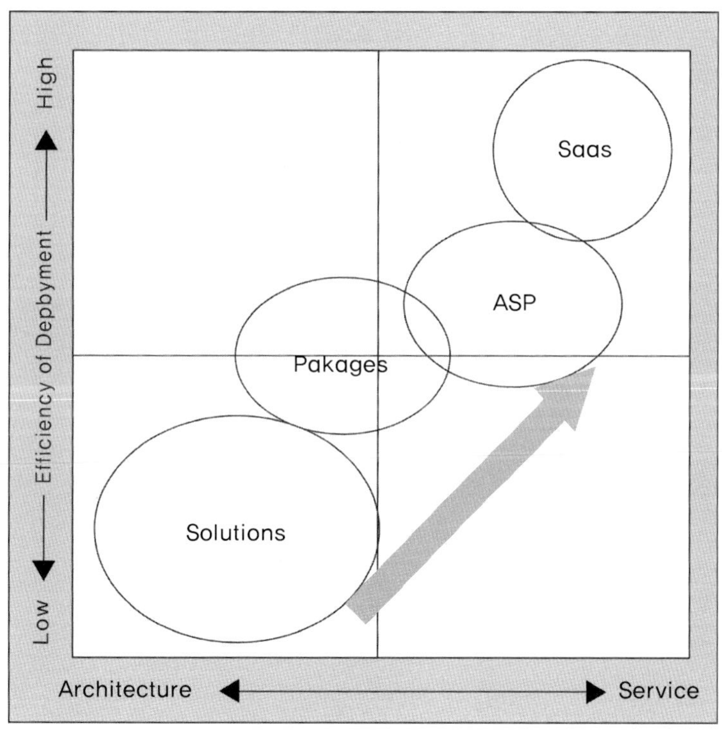

〈그림 26-2〉 소프트웨어 유통 패러다임 발전 단계(출처: 한국정보사회진흥원)

- SaaS(Software as a Service)의 향후 서비스 형태 분류

Enterprise LOB(Line of Business) SaaS
기존의 B2B 영역에서 ASP 시장을 대체 및 확장할 것으로 보고 대형 IT 벤더에 적용(CRM 기반-세일즈 포스 닷컴-앱익스체인지(AppEx Change) 제공, MS-Dynamic CRM 서비스 제공)

- 웹 2.0을 기반으로 한 일반 사용자들을 위한 SaaS

실제 B2C 사용자들을 위한 웹 2.0 기반의 SaaS이다. 인터넷을 기반으로 제공되는 PC 기반의 수많은 유틸리티가 여기에 해당된다.

전통적인 소프트웨어들과 서비스 조합
웹 2.0 기반의 SaaS와 기존 소프트웨어들과 서비스를 결합하는 방식이다. 일반적으로 오피스 제품군 등에 CRM과 같은 서비스들을 결합함으로써 기존 사용자의 경험을 존중하고 플러그인(Plug-in) 형태로 추가 기능을 제공할 수 있다.

워드 프로세스의 진화에 있어서도 기존의 MS-Word 형태에서 구글 Docs 같은 형태로 온라인으로 작성 관리할 수 있고 언제 어디서든 접근할 수 있는 형태의 소프트웨어가 더 사용성을 높이고 있다. 접근성과 기능성의 선택이다.

- SaaS의 기술 SSOD(On-demand Software Streaming)

운영체제(OS)의 가상메모리 개념을 확장하여 인터넷 서버에 저장된 응용 프로그램의 실행 모듈을 클라이언트 PC에서 내려받으면서 실행시키는 기술이다. 기존의 응용 프로그램들이 PC에 설치된 이후에야 수행되는 것에 비해, SSoD에서는 설치 과정은 서버에서만 이루어지고 클라이언트는 단지 해당 페이지들만 내려받아 수행하므로 최소의 자원으로도 설치 시와 동일한 효과를

얻을 수 있는 장점이 있다.

인터넷 서버에 페이지 단위로 인덱싱되어 탑재된 응용 프로그램들은 사용자에게는 클라이언트 PC에 설치된 것과 동일한 효과를 가지며, 프로그램의 다운로드, 설치, 배포, 유지보수가 시스템적으로 이루어지기 때문에 사용자는 설치형 프로그램을 수행하는 것과 동일하게 사용할 수 있다.

운영체제(OS)의 가상메모리 개념을 확장하여 인터넷 서버에 저장된 응용 프로그램의 실행 모듈을 클라이언트 PC에서 내려받으면서 실행시키는 기술. 기존의 응용 프로그램들이 개인용 컴퓨터(PC)에 설치된 이후에야 수행되는 것에 비해, 온 디맨드 소프트웨어 스트리밍(SSoD)에서는 설치 과정은 서버에서만 이루어지고 클라이언트는 단지 해당 페이지들만 내려받아 수행하므로 최소의 자원으로도 설치 시와 동일한 효과를 얻을 수 있는 장점이 있다. 인터넷 서버에 페이지 단위로 인덱싱되어 탑재된 응용 프로그램들을 사용자에게는 클라이언트 PC에 설치된 것과 동일한 효과를 가지며, 프로그램의 다운로드, 설치, 배포, 유지보수가 시스템적으로 이루어지기 때문에 사용자는 설치형 프로그램을 수행하는 것과 동일하게 사용할 수 있다.

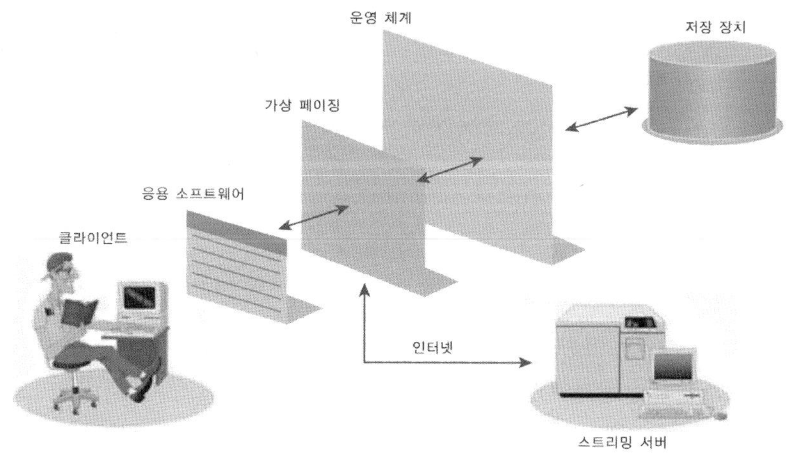

〈그림 26-3〉 SaaS 서비스의 기본 원리

- ASP와 SaaS의 비교

ASP가 특정 고객의 요구에 맞춰 애플리케이션을 구축한 후 이를 지속적으로 유지보수 하면서 필요한 기능은 추가 개발하는 모델이라면, SaaS는 특정 영역의 서비스들을 미리 구축하고 구축된 서비스를 사용자에게 제공하는 모델이다. 이러한 예가 Salesforce.com인데 CRM(Customer Relationship Management) 분야의 웹 애플리케이션을 미리 구축한 후 사용자들에게 CRM 관련 서비스들을 제공함으로써 전문적인 서비스를 원하는 사용자들에게 높은 수준의 서비스를 제공한 좋은 모델이다.

ASP는 사용자가 직접 ASP 애플리케이션에서 제공하는 기능 외에 다른 기능을 추가하거나 삭제할 수 없다. 즉 사용자는 단순히 ASP 애플리케이션에서 제공하는 기능에 대한 수정이 필요한 경우 ASP 사업자에게 수정 요구를 한 후 수정된 ASP 애플리케이션을 사용만 할 수 있다. 하지만 SaaS는 사용자의 참여를 수용하고 반영할 수 있는데, 만약 특정 사용자가 자신의 요구에 맞는 추가 모듈을 개발하거나 수정하고 싶을 경우 이러한 요구를 지원함으로써 사용자의 참여를 높인다.

ASP의 과금 정책은 보통 커스터마이징 비용과 라이선스 비용을 초기 비용으로 받은 후 유지보수 비용 개념으로 월정액 등을 사용자에게서 받는다. 이는 사용자가 ASP 애플리케이션 전체에 대한 이용료를 월정액으로 나누어 내는 것이다. 반면 SaaS의 경우는 애플리케이션에서 제공하는 서비스를 선택한 후 사용하는 서비스 각각에 대한 비용을 합산해 월정액 등으로 납부하는 방식이다. 즉 SaaS 애플리케이션에서 기본적으로 제공하는 서비스 외에 부가 서비스를 이용하는 경우에는 각 부가 서비스를 추가할 때마다 부가 서비스에 대한 비용을 추가 납부하므로 서비스가 과금의 기본 단위가 된다.

ASP(Application Service Provider)는 각각의 사용자들이 모두 각자의 애플리케이션 인스턴스를 구동함으로써 사용자 증가에 따른 서버 비용 증가의

문제점을 기술적으로 극복하지 못함으로써 결국 시장에서 도태된 반면, SaaS
는 규모의 경제를 달성하기 위해 다중 사용자를 효율적으로 지원하는 데 필
요한 기술적 문제를 체계적으로 도출하고 구체적인 해결 방안을 제시하여 상
용화하는 단계에까지 도달하였다는 점에서 ASP 기술과 차별성을 가진다.

SaaS는 설계 단계에서부터 네트워크를 통하여 대규모 사용자에게 배포되어
사용되는 상황을 고려한다. ASP는 단순히 기존의 클라이언트/서버 모델에서 사
용자와 상호 작용이 일어나는 부분에서만 HTML 기술을 적용한 것으로서 성능
이나 버전 관리 측면에서 SW를 직접 설치하여 사용하는 것과 큰 차이가 없다.

〈표 26-2〉 ASP와 SasS의 비교

구분	SaaS	ASP
서비스 형태	- 단일한 플랫폼을 통해 모든 소프트웨어 영역의 서비스 제공 - 웹에서 단일한 플랫폼 기반으로, 동일 버전 어플리케이션을 모든 소비자에게 공급(1 : N 서비스 가능)	- 일부 어플리케이션을 온라인으로 공급 - 소비자 요구에 따른 Customizing을 하여 1 : N 서비스 불가 - 다른 소프트웨어와 연계/통합이 어려움
공통점	애플리케이션 성능 향상, 비용절감 통한 ROI 개선, 사내 IT 인력의 업무 감소 인터넷을 통해 고객(사업자, 개인)에게 어플리케이션을 제공 어플리케이션을 인터넷을 통하여 제공(구매 비용 절감)	

ASP도 일종의 소프트웨어를 임대하는 방식이므로 SaaS라 할 수 있으며,
ASP와 SaaS는 유사하게 보일 수 있지만 ASP의 발전된 개념이 SaaS라고 볼
수 있다. SaaS는 전통적으로 ASP보다 SOA, Web Service 등 신기술 등에
접목하여 고객이 원하는 서비스 단위의 프로그램을 제공하는 개념이다.

● SaaS(Software as a Service)의 주요 특성

✓ 네트워크를 기반으로 한 소프트웨어 접근
✓ 고객별 사이트가 아닌 중앙에서 웹을 통해 애플리케이션에 대한 접근 관리
✓ 아키텍처, 관리, 과금 체계, 파트너 관계 등에 있어서 일대일이 아닌 일대

다의 모형을 기반으로 하는 애플리케이션 배포

✓ 다운로드를 통한 SW 패치나 업그레이드가 아닌 중앙에서 일괄적인 SW
버전 관리

〈표 26-3〉 SasS의 주요 특성

특징	내용
확장성(Scalability)	SW의 실행 시 동시성을 최대화함과 더불어 애플리케이션 지원을 보다 효율적으로 사용하는 것을 의미
다중 사용자 지원 (Single instance multi-tenancy)	단일한 솔루션이 여러 가입자 사이에 공유되어 자원의 효율적 활용을 도모하는데, 이는 다수의 사용자들이 가상적으로 분리된 자신만의 고유 데이터를 통해 동일한 SW를 실행하는 기술
용이한 환경 설정 (Configurability)	기존의 ASP 또는 패키지 SW가 사용자의 요구사항을 만족하기 위하여 SW 코드 변환(Customizing) 작업을 수행했던 것과 달리, 소스 코드의 수정 없이 메타데이터에 기반을 두어 애플리케이션의 설정을 사용자에 맞게 변경할 수 있는 기능을 의미

- SaaS 기반 어플리케이션에 필요한 핵심 기술

1) 메타데이터 지향적 설계

고객의 다양한 요구사항을 쉽게 반영하고 변화에 유연하게 대응하기 위해서 메타데이터 구조로 구조화한다. 다이내믹하게 실시간으로 발생될 수 있는 것들에 대응할 수 있어야 한다. XML 설정 파일 등의 메타데이터를 활용하여서 런타임 시에 변화에 적응할 수 있는 AOM(Adaptive Object Model), Reflection, Component Configurator와 같은 메타데이터 아키텍처가 SaaS의 핵심 기술 중 하나이다.

2) AOM 아키텍처

메타데이터로 객체, 속성, 관계, 행위 Business Rule 등을 표현함으로써 Runtime 시에 변화하는 요구사항들을 시스템의 중지 없이 동적으로 적용할 수 있는 시스템을 구축하는 것이다. AOM의 핵심은 기존의 객체 지향적인 구조를 어떻게 메타데이터 지향적으로 잘 표현하고 모델링하느냐에 있다. 관리와 확장을 위해서 관리할 수 있는 유저인터페이스를 제공하는 것이다.

3) Component Configurator 적용

HTTP 프로토콜로 메시지를 주고받기로 설정해 놓은 값이 있다고 할 때 이 것을 FTP 프로토콜로 바꿔야 하는 경우에 이러한 상황을 Runtime 시에도 대응하기 위해서 프로그램 내에서 외부 값을 받아들여서 처리하는 것이다.

4) Composite Message Pattern

송신자가 메시지를 보낼 때에 또 다른 레이어를 통해서 Header와 Packet 정보를 추가함으로써 최종 메시지를 구성할 수 있다. 다음 레이어에서는 암호화 기술을 이용해서 데이터를 암호화할 수 있다. 수신자 측도 마찬가지로 이러한 레이어를 통해서 처리할 수 있다.

5) 사용자를 고려한 Customization

개별 맞춤형이 가능하도록 설계하는 것이다. Multi User Interface를 지원할 수 있도록 메타데이터 기반의 XAML이 있다.

- ● SaaS(Software as a Service) 어플리케이션 아키텍처

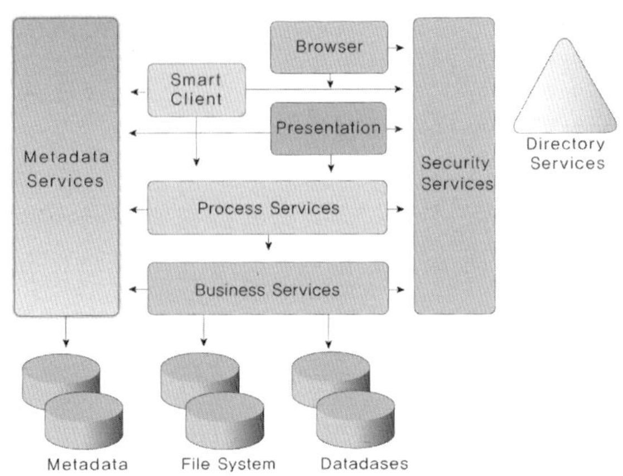

〈그림 26-4〉 SasS 어플리케이션의 아키텍처

〈표 26-4〉 SasS의 아키텍처 상의 구성 요소

구성 요소	내용
Metadata Service	고객이 필요한 애플리케이션을 사용하기 위한 설정 및 커스터마이징 정보를 저장, 사용자 인터페이스, Workflow와 비즈니스 규칙, 데이터 모델의 확장, 접근 통제 등의 정보 보관
Security Service	허가된 사용자가 허가된 서비스에 전할 수 있도록 인증(Authentication)과 인가(Authorization)를 수행
Monitoring / 과금	서비스 이용 현황을 모니터링하고 잘못된 접근 시도 및 보안 파악 사용로그 분석을 통해 개선사항 도출 및 과금 정보 생성

- ● SaaS(Software as a Service)의 플랫폼

소프트웨어적인 측면에서 플랫폼은 여러 소프트웨어의 계층 구조에서 개발자들이 솔루션을 만들고 확장하는 데 필요한 기반을 제공하는 계층으로 솔루션이나 콘텐츠가 개발될 수 있도록 제공되는 인터페이스의 집합이라고 정의할 수 있다. SaaS 플랫폼은 SaaS 애플리케이션을 개발하기 위하여 공개되는 인터페이스의 집합으로 정의할 수 있다. SaaS 플랫폼이 가지는 일반적인 기능으로

는 SaaS 애플리케이션 다중 사용자 기능 지원, 사용자별 데이터 분리 기능, SaaS 애플리케이션의 확장성 지원, 모니터링 및 사용량 측정 기능 그리고 보안성 지원 기능 등이 있으며 SaaS 플랫폼의 개략적인 구조는 아래와 같다.

　플랫폼의 중요성은 플랫폼을 통해 시장에서 지속적인 성장과 가치 제공의 기반을 제공한다는 사실에 있다. 즉 API 공개와 이를 제공하는 공개된 사이트를 기반으로 개발자들과 이용자들을 자신의 비즈니스 로직과 데이터 속으로 끌어들임으로써 시장의 지배력을 강화하고 이를 통해 지속적인 이익을 창출하는 것이다. 이러한 플랫폼 전략이 성공하기 위해서는 소비자, 개발자, 관련 기업들을 참여시키는 다양한 관계의 네트워크를 구축하여야 한다.

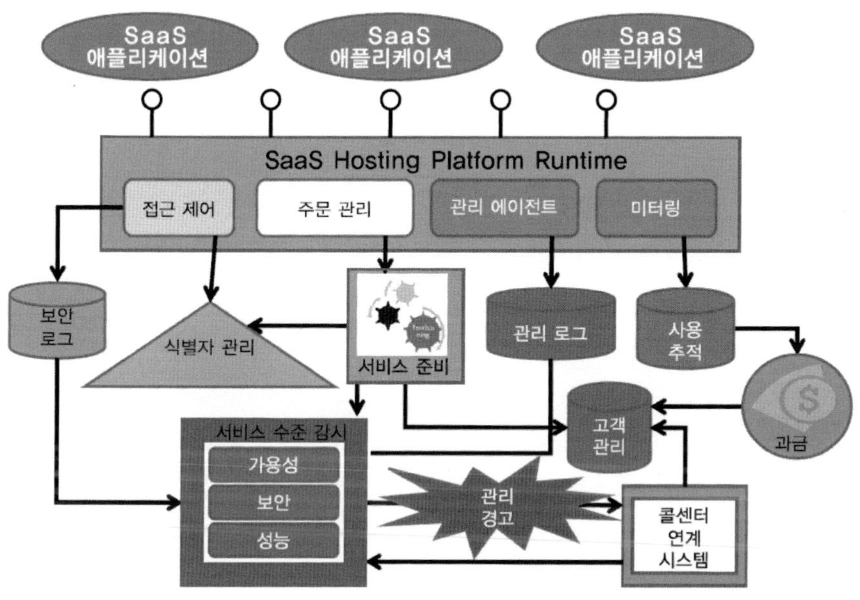

〈그림 26-5〉 SasS 플랫폼의 구조도

- SaaS(Software as a Service)의 기술 진화 4단계

1) 제1세대(기본적인 효용성 제공)

현재 중소기업이 이용하는 가장 보편적인 서비스 영역으로 세금, 회계와 같이 특정한 영역에 일반화된 기능만을 제공하므로 특별한 설정 변경이나 통합의 기능성을 제공할 필요가 없다.

2) 제2세대(기본적인 기능적 효용성 제공)

최근 빠르게 확산되고 있는 서비스 영역으로 사용자의 요구에 따른 기본적인 환경 설정 및 데이터와의 통합 등을 지원한다.

3) 제3세대(기업 내부 통합 서비스 지원)

SOA에 기반을 둔 모형과 연동되어 개별 부서가 필요로 하는 서비스를 원하는 형식으로 지원할 수 있다.

4) 제4세대(비즈니스 생태계 지원)

다양한 애플리케이션을 통해 광범위한 수준의 기능성이 제공되고, 이러한 기능과 애플리케이션들은 회사 내부 프로세스뿐만이 아니라 외부 파트너를 포함한 전반적인 비즈니스 생태계 시스템을 지원할 수 있어야 한다.

● SaaS(Software as a Service)의 모델의 서비스 형태 분류

〈표 26 - 6〉 SaaS의 모델의 서비스 형태 분류

서비스 형태	내용
Net - Native	전용 어플리케이션을 직접 개발 네트워크를 통해 다중 사용자에게 서비스 ASP 사업 형태 예) 특정 기업용 ERP의 ITO 사업
Web - Native	순수 Web 기반 어플리케이션 개발 웹 서비스 또는 웹 어플리케이션 형태로 제공 예) 구글 맵
Software on demand	상업용 소프트웨어의 인터넷을 통한 서비스 기반 판매 예) MS 오피스를 이용한 ASP 사업

● SaaS(Software as a Service)의 과금 방식

〈표 26 - 7〉 SaaS의 과금 방식

방식	내용
계약 중심	서비스 제공자와 사용자와의 계약에 의한 과금(정액제)
트랜잭션 중심	트랜잭션의 양에 의한 종량제 과금
광고 노출	소프트웨어는 무료, 대신 광고 삽입

● SaaS(Software as a Service)의 구현 조건

〈표 26 - 8〉 SaaS의 구현 조건

구현 조건	내용
Multi - Tenant, Shared Systems	하나의 애플리케이션의 동일한 인스턴스로부터 다양한 사용자의 요구를 만족시키는 서비스를 제공
Trusted Reliability & Performance	99.9%의 가용성과 거래당 300ms 이하로 이루어지는 트랜잭션의 성능으로, 보안과 투명성에 대한 신뢰가 형성
Democratization of Enterprise Apps	사용자 규모에 상관없이 높은 수준의 안정성과 성능 보장
Metadata - Driven Customization	고객의 추가적인 노력 없이 Meta - Customization을 통해 업그레이드가 용이
Web Services - Based Integration	표준 웹서비스 API를 통해 사용자가 원하는 통합이 이루어져야 하며 모든 통합 쉽게 가능
Mash - Ups	다른 기종의 웹 서비스를 하나의 애플리케이션에서 제공하는 매시 업이 가능
Development as a Service	애플리케이션 중단 없이 개발 환경을 복제해 효율성을 높여야 한다. 또한 자동적으로 복제하고 변화 관리
Multi - Application Delivery	애플리케이션 공유로 언제든 원하는 애플리케이션을 사용
Application Exchanges	멀티 애플리케이션 실행 가능
Multi - Device Delivery	브라우저뿐만 아니라 모바일이나 PDA 등 다종의 디바이스에서도 사용
Scalability	사용자 증가를 고려한 확장 가능한 구조 고려

- SaaS(Software as a Service)의 어플리케이션 성능 향상을 위한 고려사항

〈표 26-9〉 SaaS의 어플리케이션 향상을 위한 고려 사항

고려사항	내용
Stateless	HTTP는 상태 정보를 지속적으로 유지할 수 없으므로, 웹기반을 감안하여 Stateless한 상태에서 성능을 극대화할 필요
비동기 I/O	비동기 I/O 기술인 닷넷의 APM(Asynchronous Programming Model)과 자바 NIO를 활용해 기존 동기 모델에 비해 성능 향상 고려
리소스 풀링	리소스를 Pooling 구조를 통한 동시 접속자 제한이나 처리에 대해서 구조화하여 효율성 향상 고려
Throughput	동시 접속자에 대한 처리에서 불필요한 로그, 락킹을 제거하여 동시 접속자 수를 최대화

〈표 26-10〉 SaaS의 플랫폼에서 제공해야 하는 대표기능

기능	내용
SaaS 개발자를 지원하는 기능	서로 다른 다양한 SaaS 애플리케이션에서 공통적으로 필요로 하는 기능들을 컴포넌트화하여 SaaS 애플리케이션 개발자에게 제공하는 기능
기존 비즈니스 애플리케이션과 연동하는 기능	기존에 설치된 기업용 애플리케이션과의 SaaS 애플리케이션 사이의 효율적인 연동을 지원하는 데 필요한 기능
SaaS 애플리케이션 사이버 마켓을 지원하는 기능	SaaS 플랫폼을 통하여 개발된 다양한 SaaS 애플리케이션들이 효과적으로 유통되고 더 나아가 이러한 SaaS 애플리케이션들이 서로 유기적으로 연동하는 데 필요한 기능

- 글로벌 기업에 대한 대응 과제

지속적 정책 지원과 육성 공급 시장 및 사용자 수요 기반 확충을 통해서 대응한다.

〈표 26-11〉 글로벌 기업의 대응 과제

적용시장 확대	공급자 경쟁력 제고
- 신뢰 기반의 확충	- 신규 BM 개발 지원
- 소비자 인식 확대	- SOA 기반 BM 개발
- 공공 부문 적용 확대	- 신기술 개발 인력 육성
- 영세/소상공인 지원	- 표준화(SOA/웹서비스)
- 요구사항 반영	- 기존시스템과 연동 통합 지원

기존 클라이언트 - 서버 기반 응용시스템에서의 집중화된 구조에서는 자원 병목 현상 및 악의적 공격에 대한 대처가 어려우며, 기존 구조하에서 이를 보완하기 위해서는 복잡성 및 고비용의 문제가 제기된다.

Peer - to - Peer(P2P)는 기존의 인터넷에서 사용되던 클라이언트 - 서버 환경의 단방향 특성을 극복하고, 서버의 문제로 인해 사용자들이 서비스를 받지 못하게 되는 single point of failure 문제를 해결하기 위해 고안된 분산 컴퓨팅 모델에 기반을 둔 네트워킹 기술이다. 인터넷 대역폭이 광대역화되고 고속화됨에 컴퓨터들이 단말 간의 연결이 활성화될 수 있었고 일반 사용자들의 성능이 고도화됨에 따라서 실현 가능한 환경이 된 것이다.

- **P2P(Peer to Peer)의 정의**

기존의 서버와 클라이언트 개념이나 공급자와 소비자 개념에서 벗어나 개인 단말끼리 직접 연결하고 검색함으로써 모든 참여자가 공급자인 동시에 수요자가 되는 형태이다. 컴퓨터와 다른 디바이스 간에 서버 없이 직접적인 교환을 통해 디지털 자원(예: CPU, 하드디스크, 파일 등)을 공유하는 기술이다. 기존 회사 내 LAN 환경에서 직원들의 PC에 있는 파일들을 서로 이용하던 기법을 인터넷이라는 공간을 통해 다수의 익명인 사람들과 디지털 자료를 상호 공유, 교환토록 확장한 것이다. 메신저, 파일 공유, 전자상거래 등의 서비스를 사용자에게 제공하는 서비스이다. 미래의 인터넷 기반 애플리케이션에는 다음과 같은 3가지 요구사항이 대두된다.

<표 27-1> P2P의 특징

항목	내용
확장성	다수 사용자로부터 대역폭, 저장 및 프로세싱 능력 등 지원 요구에 대한 유연한 대처 필요
보안 및 신뢰성	집중화 구조 기반 시스템에 대한 악의적 공격(denial-of-service) 대처, 익명성 보장 및 해킹 대처 능력 요구
유연성 및 QoS	새로운 서비스에 대한 신속하고 용이한 대응 능력

저작권이나 보안상의 많은 문제를 안고 있지만 이러한 미래 인터넷 요구를 만족시키며 진화하고 있는 네트워크 인프라가 P2P이다.

● P2P(Peer to Peer)의 특징

클라이언트-서버 구조에서 서버가 아예 없어지거나 클라이언트의 역할이 강화된다는 가장 본질적인 특징이다. 클라이언트 프로그램은 사용자의 지정된 디렉터리로부터 파일의 이름을 읽고, 이를 인덱스 서버에 보내며, 다운로드의 요청이 오면 이를 보내 주는 일종의 서버 역할까지 수행하고 또한 파일 검색 요청을 보내고 특정 파일의 다운로드 역할을 요청하는 클라이언트로서의 역할도 수행한다.

인터넷상의 정보를 검색엔진을 거쳐 찾아야 하는 기존 방식과 달리 인터넷에 연결된 모든 개인 컴퓨터로 검색 및 다운로드가 가능하다. P2P는 중앙에 Server 없이 개인을 연결하는 것이며, 현재는 Server를 사용해서 정보의 위치를 알려 주는 비즈니스 모델의 경우도 P2P에 포함시키고 있다. 하이브리드형은 검색용 색인 관리를 위한 DBMS가 서버에 존재, Pure형은 DB가 불필요하다. Pure형은 시스템 관리 불필요, 각 서벤트에서 개별적인 인증정책을 사용하므로 이용자의 도덕성에 의존한다. Pure형은 보안이 불안정한 면이 있다.

- ● P2P(Peer to Peer)의 유형 모델

  P2P는 크게 2가지 방식으로 구별되는데, 하나는 어느 정도 서버의 도움을 얻어서 개인 간 접속을 실현하는 방식(hybrid P2P)이고, 다른 하나는 클라이언트 상호간에 서버 없이 직접 연결하는 방식(pure P2P)이다.

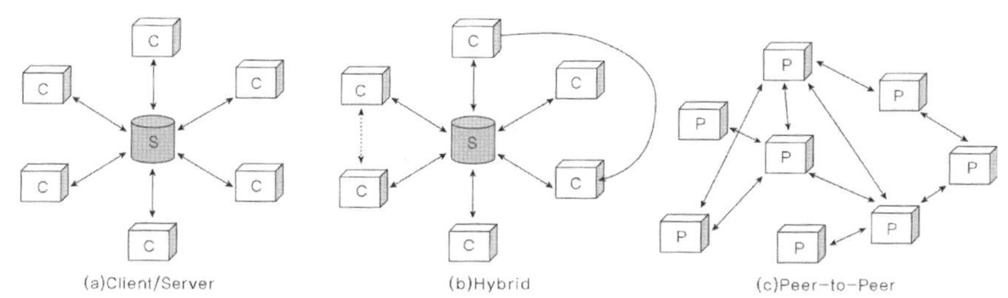

〈그림 27-1〉 P2P의 유형 모델

1) Client/Server Peer-to-Peer

  서버 중심, 서버에 DB 및 Business Logic을 보유하고 검색과 저장을 서버에서 수행한다. Peer에는 조회기능만 존재하는 방식이다.

  서버는 전형적인 C/S 구조를 갖는다. Peer의 요청을 들어주는 모든 것은 서버에 존재한다. 모든 자원이 중앙의 데이터베이스에 저장된다. 요청 트래픽이 상승하게 되면 서버에 병목 현상 발생이 가능하다. 서버가 데이터 관리, 저장, 모든 요청을 처리하므로 많은 비용이 소모된다. 단일지점에 기인한 고

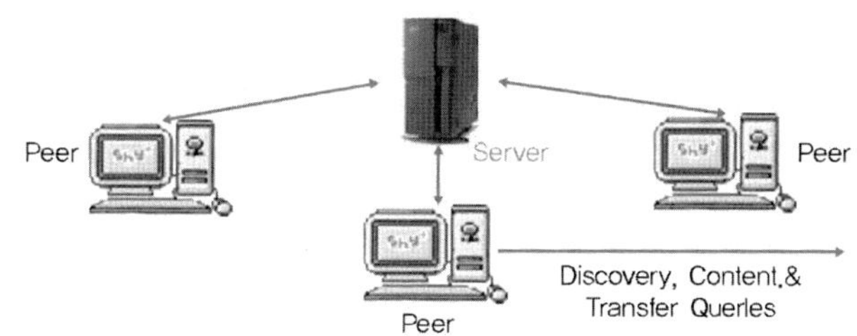

〈그림 27-2〉 P2P의 유형 모델(Client/Sever Peer-to-Peer)

장발생 가능성이 높고, 이는 전체 시스템에 큰 영향을 미친다.

2) Hybrid Peer-to-Peer

서버에 DBMS 보유, Peer에는 DB 및 Business Logic 보유, 검색은 서버에서 수행하고 저장은 Peer에서 구현하는 방식이다.

서버는 접속하는 Peer에 이미 접속된 Peer의 이름을 제공한다. 서버는 단지 Peer들에 접속된 Peer들의 목록만을 제공하여 Peer들에게 도움을 준다. 접속을 수립하는 것과 통신을 수행하는 것은 Peer들의 몫이다. 순수한 P2P 모델에 비해서 우월하다. 많은 수의 Peer들을 조회할 수 있는 가능성이 높다. 최근 들어 많은 P2P 모델이 이 유형이다.

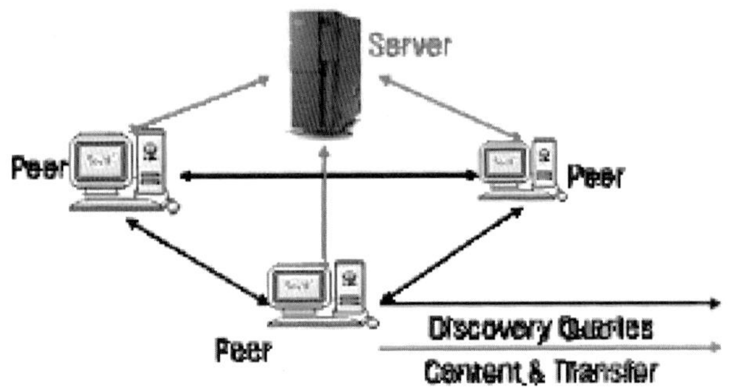

〈그림 27-3〉 P2P의 유형 모델(Hybrid Peer-to-Peer)

3) Pure Peer-to-Peer

Peer에 DB 및 Business Logic 구현, 모든 기능을 Peer에서 실현하며 모든 컴퓨터가 Servant 기능을 수행한다.

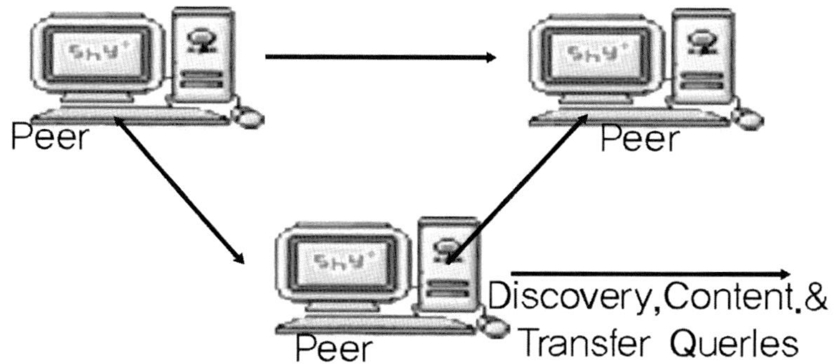

〈그림 27-4〉 P2P의 유형 모델(Pure Peer-to-Peer)

중앙 서버의 의존 없이 작동하며 검색엔진은 개별 클라이언트들이 구동한 프로그램에 설치한다. 네트워크에 접속된 Peer를 동적으로 찾는다. 파일에 업로드/다운로드, Online 수행, 요청/응답 등의 데이터를 전달한다. C/S의 관습적 통신 방법 탈피, 사용자가 규칙적 지정, 자신의 네트워크 환경 설정, 상호 대칭적으로 의사소통한다. Peer들에 대한 검색이 네트워크상에서 이루어지는 단점이 있다.

● P2P(Peer to Peer)의 주요 특성

1) 분산 자원 공유 측면

관심 대상 자원은 분산된 형태로 이용되며 Peer에 가까운 네트워크 종단에 위치한다. 피어 집합 내 각 Peer는 상대 Peer가 제공하는 자원을 이용하며, 대상 자원은 오디오/비디오 데이터, 애플리케이션, 컴퓨팅 파워, 연결성 및 presence 정보 등이다. Peer는 네트워크로 상호 연결되며, 지구상 전역으로 분산 가능하다. 이동성을 기반으로 하는 유비쿼터스 환경에서 각 Peer들의 접근과 자원 공유가 가능해야 한다.

2) 분산 자율 조직 측면

공유 자원 이용을 위하여 별도의 중앙 집중형 제어 또는 중재 없이 피어 간에 직접 상호 작용한다. 따라서 집중화 구조의 병목 현상은 피하지만 클라이언트 – 서버 구조에 비하여 종단 시스템의 가용도 감소에 대비해야 한다. 성능 측면에서 완전 분산 개념의 P2P 시스템에 집중화 요소를 도입해야 할 경우가 있으며, 이를 하이브리드 P2P 시스템이라 한다.

● P2P(Peer to Peer)의 기술 이슈

1) 서비스 검색 및 라우팅

이동성을 가진 네트워크 기기들은 네트워크 구조에 잦은 변경을 발생시키고, 이에 따라 네트워크에 존재하는 서비스 및 기기들을 검색하는 서비스 검색 알고리듬과 네트워크에서의 데이터 전송을 책임지는 라우팅 알고리듬에서도 네트워크상의 변화에 빠르게 대처할 수 있는 능력이 필요조건 중 하나가 되었다. P2P에서도 이런 추세에 따라 잦은 변화에 빠르게 적응할 수 있는 서비스 검색 및 라우팅 기능을 지원해야 한다.

2) 애플리케이션 계층 멀티캐스트

한 Peer 노드가 여러 개의 Peer 노드들과 다중 통신을 하기 위해서 각각의 모든 노드들과 연결된 노드 수만큼의 통신 소켓을 열어야 했다. 이 경우 각 노드가 부담해야 하는 부하가 커지고 또한 동일한 정보가 반복되어 네트워크 공간을 이동하기 때문에 네트워크 이용의 효율성도 저하된다. 이에 따라, 멀티캐스트를 통한 네트워크 자원의 효율적인 사용과 한 노드가 관리해야 하는 연결의 수를 줄임으로써 시스템의 전반적인 성능을 향상시키는 방법을 고안하였다. 각각의 모바일 기기들이 멀티캐스트 전송 방식을 지원할 수 있도록 하는 애플리케이션 계층 멀티캐스트(application layer multicast) 기술에 대한 요구가 생기게 되었다.

3) 통합 네트워크 연결 기술

다양한 신기술들이 개발됨에 따라 이러한 신기술들을 적용한 다양한 종류의 네트워크가 구성되게 되었다. 네트워크의 다양성은 사용자가 동일한 작업을 하고 있음에도 서로 다른 네트워크로의 연결 기능을 가진 애플리케이션을 필요로 하는 경우를 발생시켰고, 서비스 제공자에게 이러한 애플리케이션 개발의 부담을 전가하게 되었다. 예를 들면, 블루투스와 무선랜 그리고 CDMA를 이용한 네트워크 연결이 가능한 PDA를 사용할 때, 각기 다른 네트워크 인터페이스를 이용할 경우 새로운 애플리케이션이 요구된다. 따라서 미래의 P2P 애플리케이션에서는 이러한 단일 네트워크만을 위한 인터페이스가 아닌, 모든 네트워크 인터페이스를 통합한 통합 인터페이스가 필요할 것이다.

4) 서비스 품질(QoS)

QoS는 사용자가 서비스를 사용하는 데에 있어서 만족하느냐 마느냐를 결정하는 중요한 요소이다. 따라서 P2P 네트워크를 기반으로 하여 서비스를 사용하는 사용자들의 욕구에 충족할 수 있도록 다양한 QoS 지원이 필요하다. 예를 들면 네트워크 영역의 변경에 따라 발생하는 서비스의 지연 및 손실을 최소화할 수 있는 기능이 요구된다.

5) 에너지 절약

모바일 기기의 경우, 유선을 통해 전원을 공급받는 것이 아닌, 배터리를 이용하여 서비스를 사용하게 된다. 이 경우 서비스를 이용하는 데 잦은 통신이나 많은 로컬 자원을 사용하게 되면 그만큼 소모되는 전력이 많아지고, 이로 인해 서비스의 사용 가능 시간이 짧아질 수밖에 없다. 따라서 서비스 지속 가능 시간을 늘려 사용자에게 편의를 제공하기 위해서는 서비스를 사용하는 데 필요한 전력 소모를 최소화해야 할 것이다.

6) 인증 및 과금을 위한 부하분산

기존의 서비스들은 사용자 인증과 이용료 과금을 위한 서버를 따로 두어 사용하고 있으나, P2P 네트워크에서는 이러한 서버가 존재함으로써 P2P의 취지에 맞지 않는 중앙에 집중된 부하가 존재하게 되고 또한 시스템 전체의 확장성에 영향을 주므로 분산화된 인증 및 요금 결제 방법이 필요하다.

● P2P(Peer to Peer)의 과금 방식

P2P에서의 서비스 이용은 각각의 사용자들이 상호간의 자원을 공유하거나 주고받는 형태를 띠고 있어 기존의 클라이언트 – 서버 기반 구조를 기반으로 한 서비스들이 사용하던 과금 방식을 적용하기가 용이하지 않다. 이에 따라 P2P 서비스들을 위한 새로운 과금 방식이 요구되었고, 기존의 방식을 변경 적용하는 방식과 더불어, 그 이외의 다양한 과금 방식들이 제안되었다. 제안된 과금 방식들은 다음과 같다.

1) 현행 과금 방식

Pruna, Afreeca, Skype 등과 같은 대부분의 P2P 기반 서비스들이 취하고 있는 과금 방식은 중앙에 있는 인증 서버에 대금 결제 여부를 저장해 두고, 서비스 이용 시에 서버를 통해 일련의 인증 과정들을 거친 후 서비스를 제공하는 아래와 같은 네트워크/서비스 구조를 가진다.

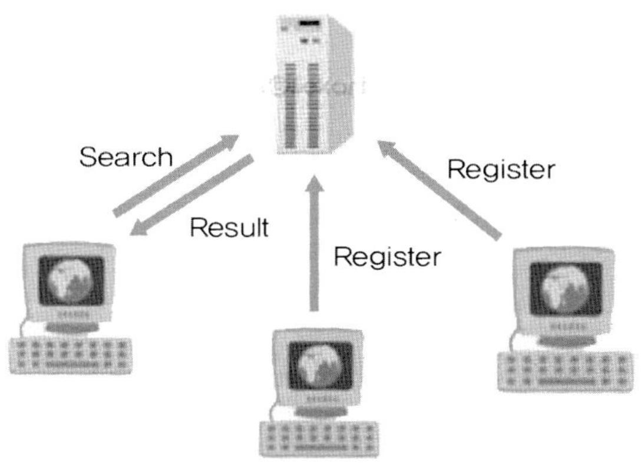

〈그림 27－5〉 서버 기반 과금 방식

서비스의 과금을 실시간으로 수행하기에는 중앙 서버에 집중되는 부하가 크기 때문에 서비스의 사용량에 따른 과금보다는 일정 기간을 이용하는 데 대해서 이용료를 수금하는 형태의 정액 서비스를 제공하고 있다. 이에 따라 각각의 사용자들이 자신의 자원을 공유하는 데 대한 이점이 존재하지 않기 때문에 P2P 서비스의 활성화 정도가 미비한 실정이다. 이에 추가로 서버에 문제가 발생했을 시에 전체 시스템의 서비스 제공에 문제가 발생할 수 있기 때문에 이를 해결하기 위해서는 분산화된 과금 방식이 필요하다.

2) 원격 과금 방식

원격 과금 방식은 사용자가 사용하는 Peer의 계정 정보를 네트워크상에 존재하는 타 Peer들에 저장하여 사용자의 비합법적인 계정 정보 수정을 막고 또한 실시간으로 과금을 할 수 있도록 하는 방식이다. 본 방식에서는 사용자와 서비스 제공자 간의 자원 공유와 그에 따른 과금을 제삼자에 해당하는 중개 노드를 통하여 수행하게 하여 사용자가 서비스 제공자가 상대방에 의하여 불이익을 당하는 경우를 배제하고 또한 각각의 계정 정보가 타 Peer들에 존재하므로 각자 자신의 계정 정보를 수정하는 행위를 용인하지 않고 있다.

이러한 원격 과금 방식은 다양한 네트워크 구조에서 수행 가능하나, P2P

서비스의 경우 그 특성에 따라 분산 방식이 가장 적합하며, 개인의 P2P 서비스 거래 참여도를 향상시켜 P2P 서비스를 활성화시키고 이를 기반으로 보다 다양한 수익 모델과 보다 많은 이익을 창출할 수 있다.

3) 토큰 기반 과금 방식

토큰 기반 과금 방식에서 사용하는 토큰은 네트워크상에서 사용할 수 있는 사이버 화폐의 개념이라기보다는 영수증/수표와 같은 역할을 한다. 즉 실제 화폐처럼 주고받으며 교환하는 것이 아닌, 거래 이후에 그 거래 내용에 대한 증거로 존재하게 되는 것이다. 토큰 기반 과금 방식에서는 토큰의 암호화를 통한 비합법적인 정보의 변경을 막고, 토큰 정보 처리의 신뢰도를 높이기 위해 다음과 같은 두 가지 프로세스에 중점을 둔다.

- **P2P(Peer to Peer)의 서비스 동향 범주**

⟨표 27-2⟩ P2P 자원 공유 동향

기능	내용
분산 파일 시스템	분산 해시 테이블을 기반으로 하여 네트워크상에 존재하는 저장 공간의 주소와 사용 가능한 여유 공간의 크기 등의 정보를 확인하고 사용하는 개념
파일 콘텐츠 공유	Napster와 Overnet 기반으로 하는 eDonkey, 푸르나 등의 서비스 eDonkey - 중앙 서버를 기반으로 한 파일 공유 응용
클라이언트-클라이언트 통신	TCP 연결을 통해 실제 파일 공유를 수행하기 위한 통신 기능이 수행 여러 개의 송신 측이 존재할 시에는 수신 측에서 다수의 TCP 연결을 생성하여 여러 개의 다운로드 링크를 생성함으로써 다운로드 속도를 높이는 방법 적용
서버-클라이언트 통신	클라이언트가 새로운 파일을 다운로드하기 위한 검색 쿼리를 전달하고 결과를 받을 때 사용. 콘텐츠 검색 과정이 중앙 서버를 통해 수행되므로 논리 연산자를 이용하여 파일 사이즈나 클라이언트 속도 등의 항목들을 고려하는 복잡한 쿼리에 대한 연산이 가능

- P2P(Peer to Peer)와 Grid 상호 연관성

  ✓ Grid Computing 상용화에 근거한 P2P의 사용량 증대
  ✓ Grid의 취지와 P2P의 활성화 목표의 공통점
  ✓ 공통의 개방과 표준 정립: P2P, 메타 컴퓨팅(GRID)
  ✓ 개방형 Grid 서비스 체계(OGSA: Open Grid Service Architecture)
  ✓ P2P 응용영역 Grid의 내 PC와 다른 컴퓨터의 자원을 수평적으로 공유
    하는 개념

- P2P(Peer to Peer)의 응용 서비스 동향

P2P는 다양한 응용 분야에서 자원(presence 정보, 파일, 대역폭, 저장소 및
프로세서 사이클 등)을 관리하는 대안을 제시하고 있다.

1) 정보 공유 분야

〈표 27-3〉 P2P의 적용 사례(정보 공유)

응용 분야	내용
정보 공유 분야	Presence 정보 - P2P 기반 자율 구성 조직 내에서 피어 및 자원의 존재 여부 정보 (presence information) 제공은 P2P의 기본 기능 Skype는 중앙 국설 교환기 없이 presence 서비스를 이용하여 자신의 buddy list에 등록된 피어 간 인터넷 전화 서비스를 제공
문서 관리	P2P 네트워킹을 이용하여 각 피어에 분산된 로컬 데이터를 통합 연결하는 리포지터리 생성 기능을 제공 분산된 데이터 자원의 연결뿐 아니라 정보의 통합 및 자율 조직형 P2P 지식 네트워크 구성 서비스에도 활용 가능
협업	클라이언트-서버 기반 그룹웨어와 달리 P2P에서는 별도의 중앙 관리 체계 없이 구성원 간 협업(collaboration) 서비스를 제공 Groove Virtual Office는 대표적인 협업 서비스 응용으로서, ad-hoc 기반 가상팀을 위한 공유 작업 환경(인스턴트 메시징, 파일 공유, 통지, 공동 브라우징, 화이트보드, 음성 회의 및 실시간 동기 데이터베이스)을 지원

2) 파일 공유 분야

파일을 다운로드받은 클라이언트 Peer는 다른 Peer에도 해당 파일을 제공
함으로써 서버 역할을 겸하게 된다. P2P 파일 공유 서비스는 원하는 파일을
검색하는 방식에 따라, flooded 요구 모델(Gnutella), 중앙 디렉터리 모델
(Napster), 문서 라우팅 모델(Freenet) 등으로 분류된다.

〈표 27-4〉 P2P의 적용 사례(파일 공유)

파일 검색 방식	내용
Flooded 요구 모델 Gnutella	- 인접 Peer로 검색요구를 flooding시켜 원하는 파일을 찾는 방법 - 사전에 피어 검색 범위를 정의함으로써 검색요구 메시지의 flooding이 제한 - 검색 피어 범위에 따라 검색 메시지가 지수 함수적으로 증가하므로 큰 규모의 망에서는 비효율적
문서 라우팅 모델 Freenet	- 파일이 의도적으로 별도의 Peer에 저장되어 익명에 의하여 파일이 저장되고 접근 - 각 파일과 Peer에는 고유의 식별자가 할당되고, 파일 생성 시 해당 파일 식별자와 산술적으로 가장 근접한 식별자를 가진 Peer에 파일이 저장

3) 대역폭 효율화 분야

기존 클라이언트-서버 형태의 중앙 구조에서는 서버로 트래픽 집중으로
인한 병목 현상 및 queuing 지연 문제점을 내포하지만, P2P 구조에서는 각
피어로 분산된 트래픽 루트를 이용 가능하게 함으로써 효율적인 부하분산이
가능하다.

〈표 27-5〉 P2P의 적용 사례(대역폭 효율화 분야)

분야	내용
부하분산	다수의 피어에 파일이 복제된 상태에서 P2P 방식으로 효율적인 부하분산을 이용하는 개념은 미디어 스트리밍 및 VoD 분야에 많이 적용된다. PeerCast, Peer-to-Peer-Radio, SCVI. Net, 사내 eLearning 교재 배포, antivirus 데이터 갱신, 컴퓨터 게임 업그레이드 등에 활용
다운로드 속도 개선	대용량 파일을 다수의 작은 블록으로 분할하여 다수 Peer로부터 동시에 수신하고 수신된 블록을 조합하여 원래 파일을 구성하게 함으로써, 소스 Peer로의 대역폭을 다수의 피어가 공유할 수 있게 하여 다운로드 속도를 향상

316

4) 데이터 스토리지 분야

망 내 컴퓨터 클러스터로 구성된 P2P 저장 네트워크를 이용하여 각 컴퓨터에서 제공 가능한 저장 공간을 사용함으로써, 기존 저장 시스템에 비해 저장 공간 활용 및 관리 측면에서 효율화가 가능하다.

- P2P(Peer to Peer) 보안 위협에 따른 대응 방안

1) Whitewashing

P2P 네트워크는 기본적으로 Peer의 자유로운 참여로 조성되는 네트워크 구조다. 이러한 특징은 각 Peer의 익명성(anonymity)을 보장하는 장점이 되는 반면에 Free-rider인 Peer들이 손쉽게 저렴한 비용으로 사용 실체에 대한 검증 없이 새로운 ID를 가지고 P2P 네트워크에 참여할 수 있는 기회를 제공하는 문제점을 안고 있다.

대응 방안
- ✓ Persistent Peer ID 보장
- ✓ Strict Model(Central Trusted Authority) 활용
- ✓ Reputation Model을 통한 Cost vs Penalty 기법 적용

2) ID Spoofing

본 공격은 악의적 Peer가 바로 자기 자신의 식별정보(Identity, ID)를 속여 다른 대상 시스템을 공격하는 기법이다. 공격자는 획득한 식별 정보를 Target Peer에 접근하는 ID로 사용하거나 두 Peer 사이의 통신과정에서 Responder Peer인 척함으로써 비인가된 통신을 지속할 수 있다.

대응방안

- ✓ 접근 제어(Access Control) 기법 활용
- ✓ 패킷 필터링을 통한 접근 제어
- ✓ 취약점 서비스 사용의 제거
- ✓ 암호화 프로토콜 활용

3) MITM(Man in the Middle)

Peer 간에 상호 인증을 통해 보안적으로 신뢰성 있는 통신 채널이 생성되더라도 중간자 공격(이하 MITM) 방법을 통해 통신 채널에서 전송되는 데이터들의 악의적 수집이 가능하다.

대응방안

- ✓ 상대 객체에 대한 안전한 인증 서비스
- ✓ 인증된 객체만이 패킷을 복호화함
- ✓ 교환되는 메시지의 수정 여부 탐지
- ✓ 각 객체마다 Firewall, Anti-Virus 탑재
- ✓ 등록된 데이터의 위치 정보 오류 탐지

4) Privacy

P2P 분산 환경에서는 개체(사용자 또는 Peer) 간의 정보를 어떤 기준에 의해 사용/공유할 수 있는지에 대한 정의가 없으며 관리의 주체도 존재하지 않으므로 개인의 정보가 더 쉽게 노출될 수밖에 없는 상황이다.

대응방안: PKI 사용, 분산 환경에 적합한 자치적 관리 구조

- ## P2P(Peer to Peer) 프레임워크 보안 관리

P2P 프레임워크의 보안은 신뢰정보(credential)를 관리하는 주체가 누가 되는가에 따라 중앙 집중형과 분산형 두 가지로 구분할 수 있다.

중앙 집중형 신뢰정보 관리 방식은 신뢰할 수 있는 서버가 정보의 생성/분배/인증/폐기 등 보안과 관련된 일련의 과정에 개입하는 형태를 의미한다. 반면에 분산형 신뢰정보 관리 방식은 중앙 서버의 도움 없이 네트워크상에 분산되어 있는 노드 간의 협업을 통해서 신뢰정보를 관리하는 형태를 뜻한다.

1) 중앙 집중형 신뢰정보 관리

〈표 27-6〉 P2P의 중앙 집중형 신뢰 정보 관리

관리 방법	내용
PKI 기반의 인증 모델	- 공인된 서버로부터 신뢰 정보를 부여받는 형태 - 인증서의 발급, 갱신, 폐기 등과 같은 PKI를 구성하는 요소 제약 사항으로 작용 가능
신뢰정보 관리 및 사용자 인증 기법	- 사용자 인증 기법을 채택 - Napster와 같은 파일 공유 P2P 응용 서비스와 VoIP 분야에서 Skype
신뢰정보와 사용자 인증	- P2P의 보안 모델은 상대방에 대한 인증 없이 아이디에 대한 신뢰를 높이는 것

2) 분산형 신뢰정보 관리

〈표 27-7〉 P2P의 분산형 신뢰 정보 관리

관리 방법	내용
아이디 신뢰성	- 다수의 아이디 생성 및 그와 관련된 공격 기법 보안
아이디 소유권 증명 기법	- CGV 방식에서 아이디를 소유(ownership)하고 있으며 배타적(exclusiveness)으로 사용하고 있다는 것을 검증하는 방법을 제공 - 생성된 아이디가 가질 수 있는 범위 축소 IP 값과 Hash(ID, Key, IP) 값으로 결정
아이디 기반 암호화 및 전자서명 기술	- 공개키 기반 암호 기법을 사용하는 데 있어 발생하는 문제점인 키 인증 문제 검증해야 하는 절차와 이를 위하여 사용자의 공개키를 수집하거나 디렉터리에 보관해야 하는 문제점을 해결하기 위하여 제안된 방법
임계 암호 기반 보안 기술	- 비밀 분산(secret sharing)을 구현하기 위한 방법으로 하나의 사용자가 수행하던 작업을 다수의 사용자에게 나누어 공동 작업을 수행할 수 있도록 하는 방식

- **P2P(Peer to Peer) 기반의 유비쿼터스 홈 모델**

유비쿼터스 컴퓨팅 환경에서는 센서 및 사용자기기 등 자율적 기기가 다수 존재하며 지역적으로 도처에 분산된다. 유비쿼터스 애플리케이션의 전형적인 특징은 P2P 네트워크 및 시스템이 기반으로 하는 원칙, 즉 자율 조직 구성, 자원 공유, 독립 기기 간 협업을 통한 보다 큰 시스템 구축 등과 일치한다. 따라서 P2P 기술은 유비쿼터스 컴퓨팅 애플리케이션을 위한 미들웨어로 활용이 가능하며, 주요 응용 분야는 통신 인프라 구축이다. 그러나 P2P 네트워크 구성을 위해서는 다수의 신호 메시지 교환이 필요하여 저전력 기반 유비쿼터스 기기에서는 많은 전력 소모를 요구한다. 또한 IP 기반 고대역폭을 가진 PC를 대상으로 하므로, 다양한 통신장애 유형으로 불안정한 네트워크 연결과 초당 수 비트의 낮은 무선전송속도를 가진 유비쿼터스 센서 등에는 적용하기 어렵다. 따라서 유비쿼터스 환경의 역동성 및 불확실성에 적절히 대처하도록 전통적인 P2P 솔루션에 수정이 필요하다.

- ✓ 자원이 부족한 기기를 위하여 자원 및 서비스 탐색 등 제반 알고리즘에 대한 성능 개선
- ✓ 익명의 기기 간 상호 인증, 통신 보안 및 프라이버시 보장을 위한 메커니즘 구축
- ✓ 저속 저전력 기기에서 고성능 서버 등 다양한 기기 플랫폼 환경, 네트워크 접속 및 가용 대역폭이 불확실한 무선 네트워킹 환경에 적합하도록 응용 및 통신 절차의 최적화
- ✓ 백만 또는 수억 개의 대규모 기기로 구성된 유비쿼터스 인프라에 대처하기 위한 시스템 확장성

- **P2P(Peer to Peer) 기반의 유비쿼터스 홈 구축**

다양한 개인 단말기기(휴대폰, PDA, PMP, 자동차 텔레매틱스 단말, 센서

등) 보급이 가속화됨에 따라 홈 내 서비스와 콘텐츠의 지역적 분산 및 동적
변화가 가속화되고 있다. 또한 단말기기의 고성능화에 따라 각 단말은 자원의
소비뿐 아니라 제공이 가능해짐에 따라 서버와 클라이언트의 역할을 겸하게
된다. 홈-to-홈에서도 개인형 서비스 및 콘텐츠 제공이 증가함에 따라 서비
스와 콘텐츠를 용이하게 광고 및 검색하는 방법이 요구되고 있다. 이러한 상
황에 대처하기 위하여 <그림 27-9>와 같이 댁내외에 분산된 개인기기 및
홈-to-홈 간 seamless 연결을 제공하는 가상 오버레이 네트워크를 구성하
고, 본 네트워크상에서 P2P 방식으로 단말 간 자유로운 자원 공유 및 협업을
제공하는 유비쿼터스 홈 모델이 제시되고 있다.

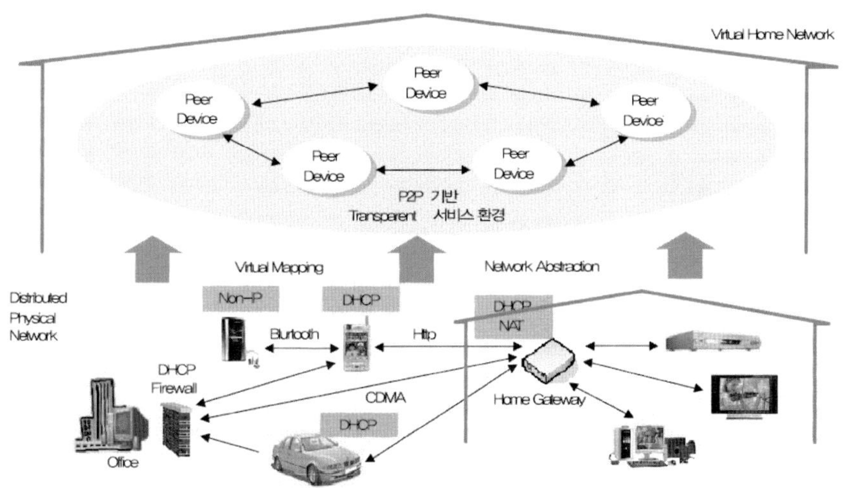

〈그림 27-6〉 P2P 기반의 유비쿼터스홈 개념도

● 그리드 컴퓨팅(Grid Computing)의 정의

인터넷 인프라상에서 이기종 플랫폼 환경의 가용한 모든 자원들을 공유할 수 있게 해 주는 분산 컴퓨팅을 위한 개방형 표준 기술이다. 지리적으로 분산된 고성능 컴퓨터, 대용량 DB, 첨단장비 등의 정보통신 자원을 고속 네트워크로 연동하여 상호 공유하고 이용할 수 있는 인프라를 의미한다. 하나의 요소 기술이 아니라 인터넷을 포함한 IT 인프라 구조 전체를 다루는 기술이다. 서버부터 PC까지의 모든 컴퓨팅 자원을 연결하고 이들의 자원을 공유하여 활용하며 동시적인 처리를 통한 고속의 컴퓨팅이 가능한 환경을 의미한다. 최근 기초과학 및 산업체 연구력 증강, 컴퓨터의 고속연산, 대량의 데이터 처리, 첨단장비 공유 등의 이슈로 많이 부각되고 있다.

● 그리드 컴퓨팅(Grid Computing)의 특징

✓ 초고속 네트워크에 기반을 둔 차세대 인터넷 서비스
✓ 분산 컴퓨팅을 위해 개방형 표준을 지향
✓ 텍스트 중심의 공유에서 벗어나 글로벌 리소스의 공유 가능
✓ 웹서비스와 결합되어 어플리케이션의 공유까지 가능하게 하는 IT

● 그리드 컴퓨팅(Grid Computing)의 목표

✓ Advanced Network: 에러감지의 자동 복구
✓ Advanced Computer: 슈퍼컴퓨팅 계산
✓ Advanced Application: grid middle, NT, BT

✓ Advanced Human Resource: 가상조직협업인력

● 그리드 컴퓨팅(Grid Computing)의 프로토콜 구조

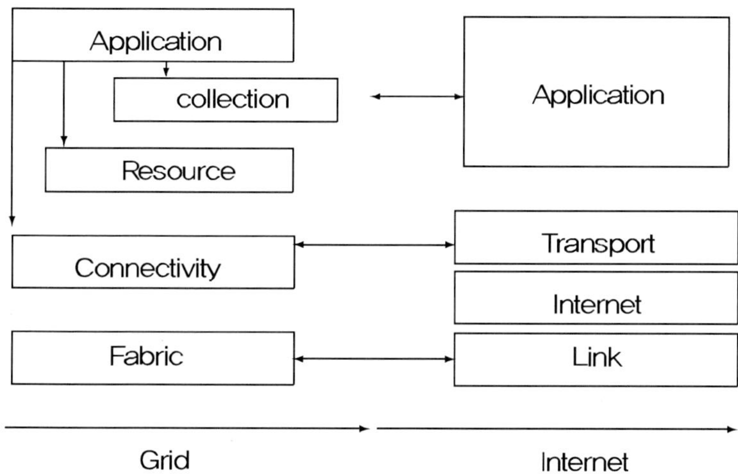

〈그림 28-1〉 그리드 컴퓨팅의 프로토콜 구조

〈표 28-1〉 그리드 컴퓨팅의 구성 요소

구성요소	설명	비고
Fabric Layer	- 계층 자원들 간의 데이터 교환을 활성화하고 인증 프로토콜은 사용자와 자원의 식별을 검증하는 암호화 보안 메커니즘을 제공 - 그리드 프로토콜에 의해서 제어되는 공유 액세스에 자원을 제공하는 역할을 담당	PC, 고성능 컴퓨터, 클러스터 시스템 등과 다양한 파일 시스템, 메타데이터 카탈로그, 네트워크 센서
Connectivity Layer	- 통신을 위한 프로토콜은 IP, DNS, Routing 등에 의해서 이루어지며, 보안에 관련된 사항은 GSI(Grid Security Infrastructure)에서 제공 - 그리드에 한정적인 네트워크 트랜잭션 처리를 위해서 요구되는 핵심적인 통합과 인증 프로토콜을 정의	인증과 권한설정, Single Sign-On 서비스 지원, 공개키, SSL, X.509, GSS API 지원
Resource Layer	- Grid 자원 할당 관리(Grid Resource Allocation Management, GRAM)에 의해서 원격 할당, 자원에 대한 예약, 관리 및 제어 - 개별적인 자원만 한정되면 전역적인 상태와 분산 집합체상의 개별적인 활동은 무시함	GridFTP 프로토콜 Grid 자원 정보 서비스(Grid Resource Information Service, GRIS)

구성요소	설명	비고
Collective Layer	- 사용자의 입장에서는 하나의 Community로 보이도록 Index Servers 및 Metadirectory Services를 제공하며, 자원 할당에 대한 중재를 위하여 Broker가 있으며 원하는 자원을 찾고 할당하기 위한 서비스를 제공하고, 자원의 중복에 대한 정보(Replica Catalogs)를 제공 - 자원의 집합을 통한 상용 작용에 관련된 서비스와 SDK 및 프로토콜을 포함, 디렉터리 서비스, 스케줄링, 모니터링과 분배 시스템	중복 서비스와 Co-reservation, Co-allocation services 및 Workflow management services를 지원

• 그리드 컴퓨팅(Grid Computing) 구성

〈표 28-2〉 그리드 컴퓨팅의 구성

구성요소	설명
지능화된 네트워크	보안, 가상현실, 원격협업, 고가장비등을 위한 미들웨어
고성능 컴퓨터와 첨단장비	고속 연산 기능의 컴퓨터, 대용량 멀티미어, 정보처리 능력 제공 (CAD/CAM 시스템 등)의 첨단 장비
차세대 응용과제	실질적인 프로젝트의 산출물 도출 Ex) 인간 게놈 분석, 항공기 구조 설계, 신소재 개발 등
과학 전문 인력	그리드를 개발하고 구축하며 운영할 수 있는 인력 (정부 출연 연구소, 산업체와 대학 등의 과학 전문 인력)

• 그리드 컴퓨팅(Grid Computing)의 구성별 역할 및 기능

〈표 28-3〉 그리드 컴퓨팅의 구성별 역할 및 기능

그리드 구성요소	구성요소별 역할	기능
그리드 APP	어플리케이션	과학 분야, 공학 분야, 협업 분야, 문제해결 환경
그리드 툴	어플리케이션 개발 환경	언어, 라이브러리, 디버거, 모니터링 툴, 리소스브로커
그리드 미들웨어	분산자원 연결 서비스	통신환경, 인증 및 보안, 자원정보, 프로세스관리, 데이터관리, QOS
그리드 기반 요소	로컬 리소스 관리	운영체제, 큐잉시스템, TCP/IP, UDP
	네트워크 자원 연결	컴퓨터, 클러스터, 저장장치, 데이터, 과학실험

● 그리드 컴퓨팅(Grid Computing) 미들웨어의 역할

〈표 28-4〉 그리드 컴퓨팅 미들웨어의 역할

역할	내용
자원 검색 서비스	그리드로 연결된 유휴 자원들을 찾아내는 서비스
스케줄링 서비스	할당된 작업들의 처리 순서를 결정하여 분산시키는 서비스
그리드 보안 서비스	시스템의 안전을 위한 서비스
사용자 계정 서비스	컴퓨터 자원들을 이용할 때 비용 처리를 위한 서비스

● 그리드 컴퓨팅(Grid Computing)의 핵심 기술

〈표 28-5〉 그리드 컴퓨팅의 핵심 기술

핵심 기술	내용
Application, Programming Models, Environment	- 특정 분야에서 어떤 문제를 풀기 위한 환경을 제공하는 시스템 - 그리드 환경을 지원하기 위한 보안 서비스, 정보 서비스, 스케줄링 서비스, 데이터 전송 서비스를 지원, 그리드 미들웨어의 다른 영역과 연동 협업 개발 환경, 시각화 및 원격 제어와 같은 개발 환경 지원
Architecture	- 다양한 IT 인프라 환경에서 사용자들이 쉽게 접근할 수 있도록 하는 그리드 분야의 통합된 아키텍처 모델로서 그리드의 여러 서비스들의 상호 관계와 그리드 동작의 전체 구조에 대한 개념적 프레임워크를 정의하기 위한 영역 Open Grid Service Infrastructure(OGSI-WG): 데이터의 변화를 여러 애플리케이션에 자동으로 반영토록 함으로써 e비즈니스를 간편하게 하려는 웹서비스 분야 Service Management Frameworks(JINI-RG): 그리드 컴퓨팅 환경에서 동적으로 서비스의 등록과 해제에 필요한 요구사항들을 지원하기 위하여 JINI 기술을 그리드 환경에 적용시키는 방법을 연구
Data	- 그리드 액세스 그룹에서 연구하고 있는 분야로서 그리드 환경에서 데이터 액세스 처리를 위한 모든 부분들을 제공 - Data Access and Intergration Service: 그리드상에서의 데이터베이스의 액세스와 통합에 중점 - Data Replication: 분산된 대용량의 여러 데이터의 복제를 처리하기 위한 프레임워크 제공
Information Systems and Performance(ISP)	- 그리드 정보시스템 및 성능 영역은 그리드에 관련된 정보를 제공하거나 소비하는 서비스에 중점을 두고 있음 - 그리드 기반 컴퓨팅에 필요한 정보 서비스를 위한 요구 사항을 정의하고 상호 운영 모델과 메커니즘 개발을 용이하게 하기 위해 활동
Peer-to-Peer	- 네트워크로 연결된 컴퓨터 간에 동등한 관계로 대상 업무 처리 - 기존 클라이언트/서버 시스템에서는 서버에 부하가 집중되는 것을 피할 수 없지만 P2P를 통해서 분산 처리 가능

핵심 기술	내용
Scheduling and Resource Management(SRM)	- 그리드 환경 내에서 이기종의 자원들을 검색하여 각각의 다른 관리 영역의 사용자가 자원을 이용할 수 있도록 하는 일련의 과정과 분산되어 있는 이기종의 자원들을 효과적으로 관리하기 위해 요구되는 상호 운용성을 구현하기 위한 분야

● 활용 형태에 따른 그리드 컴퓨팅(Grid Computing) 분류

〈표 28 - 6〉 활용 형태에 따른 그리드 컴퓨팅의 분류

분류	기능	분야
계산 그리드 (Computing Grid)	분산 컴퓨터를 연결하여 한 대의 고성능 컴퓨터처럼 사용	분산 슈퍼컴퓨팅, High - Throught 컴퓨팅 초생산성 컴퓨팅
데이터 그리드 (Data Grid)	대용량 데이터를 공유하기 위한 그리드, 대용량 DB 고성능 컴퓨터를 사용자 중심으로 연결	분산 파일 시스템, 이기종 데이터 통합, 유전자 정보 처리 분야
액세스 그리드 (Access Grid)	분산된 지역의 공동 프로젝트를 진행할 수 있는 협업 환경 제공	On - Demand 협업 환경 그리드, 멀티미디어 그리드

● 서비스 수준에 따른 그리드 컴퓨팅(Grid Computing) 분류

〈표 28 - 7〉 서비스 수준에 따른 그리드 컴퓨팅 분류

분류	분류별 기능	사용계층
지식 그리드	정보 그리드가 한층 더 발전된 형태로서, 정보를 조합하여 가치 있는 지식을 창출 데이터 마이닝 같은 기술을 이용하여 사용자에게 정보를 제공하는 그리드	정보 활용을 원하는 사용자
정보 그리드	기존 데이터를 조합하여 새로운 정보를 생성할 수 있는 차세대 데이터 그리드 정보에 대한 위치, 분석을 위한 도구, 가시화 등 쉽게 할 수 있는 환경을 제공하는 그리드	과학기술 분야 종사자
기반 그리드	고성능 컴퓨팅 자원과 대용량 저장장치를 네트워크상에서 사용할 수 있도록 연결만 해 놓은 상태의 그리드 컴퓨팅 자원, 저장장치, 초고속 네트워크를 그래도 제공하는 그리드	그리드 관리자, 정보 그리드 개발자, 자원 제어

- 구축 범위에 따른 그리드 컴퓨팅(Grid Computing) 분류

〈표 28-8〉 구축 범위에 따른 그리드 컴퓨팅의 분류

구분	설명	조직범위	파트너 관계	클러스터
인트라 그리드 (Intra Grid)	- 가장 단순한 구성형태 - 주로 단일 조직 내에서 구축, 복잡도 낮음	단일 조직 내	파트너 없음	단일 클러스터
엑스트라 그리드 (Extra Grid)	- 여러 개의 인트라 그리드가 하나로 뭉치거나 외부의 파트너를 포함하여 통합한 구성 형태	다중 조직 간	파트너와 통합 관계	다중 클러스터
인터 그리드 (Inter Grid)	인터넷상에서 모든 조직들 간에 어플리케이션 자원 및 서비스들이 동적으로 결합되어 공유되는 형태	다수의 조직들	다수의 파트너와 관계	다수의 클러스터

- 모바일 그리드 컴퓨팅(Grid Computing) 방식

슈퍼컴퓨팅과 고속 네트워크 개념을 확장하고 급속히 발전하고 있는 무선 이동 통신망 기술을 이용하는 그리드 서비스를 의미한다. 그리드의 자원 모델을 무선 모바일 네트워크로 확대한 개념이다. 유비쿼터스 모바일 장비를 이용하여 그리드 시스템에 접근하는 것을 허용한다. 무선 센서 네트워크를 이용하여 정보를 모으는 것이 가능하다.

〈표 28-9〉 모바일 그리드 컴퓨팅의 방식

방식	모바일 에이전트 이용 방식	프락시 기반의 방식
개념 및 특징	이동 단말을 이용하여 그리드 코어 하부구조망에 액세스하기 위한 방안을 에이전트 기반의 접근에 기초하여 설계	여러 곳에 있는 PDA나 인터넷에 연결된 무선 이동 단말의 강용성을 염두에 두고 이런 자원들을 그리드 컴퓨팅에 사용하기 위한 방안
장점	에이전트가 서버로 이동 수행한 작업의 결과를 필터링하고 압축하여 전송이 가능 이질적인 플랫폼 간에 이동이 가능	이동 단말들이 자신의 정책에 따라 자유로이 그리드 세션에 참여 및 탈퇴가 가능함

- 그리드 컴퓨팅(Grid Computing)과 WWW 비교

〈표 28-10〉 그리드 컴퓨팅과 WWW 비교

기능	인터넷	그리드
개발자	Tim Berners-Lee 외 다수	Ian Foster 외 다수
개발연도(상용화)	1989년(1994년)	1998년(2004년 예정)
전송 구조	서버 클라이언트 구조	P2P 구조
미들웨어	어플리케이션에서 제공	Globus, Legion, Condor 등
정보(수단)	정적 정보 제공(DNS)	동적 정보 제공(LDAP)
보안(수단)	비단일 인증 가능(HTTPS)	단일 인증(SSO) 가능
아키텍처	단일 계층	다층 계층
서비스(유형)	정적(ISP 중심)	동적(가상 사용자 중심)

- 그리드 컴퓨팅(Grid Computing)과 클러스터 컴퓨팅 비교

〈표 28-11〉 클러스터 컴퓨팅과 그리드 컴퓨팅 비교

구분	클러스터 컴퓨팅	그리드 컴퓨팅
처리방식	병렬 컴퓨팅	분산 컴퓨팅
응용 프로그램	소스코드의 병렬형	순차적인 소스코드
작업 PC 간 통신	PC끼리 상호 통신	전혀 없음
운영체제	리눅스	OS와 무관

- 그리드 컴퓨팅(Grid Computing)과 P2P 비교

〈표 28-12〉 그리드 컴퓨팅과 P2P의 비교

특성	그리드	P2P
목적	컴퓨터 자원의 공유와 활용	대체로 파일 공유
활용	계산 / 데이터 / 협업	파일 공유 시스템
통신 환경	P2P를 활용 노드 간 통신 수행	P2P를 활용 노드 간 통신 수행
사용자	그리드 인증을 통하여 사용	일반 사용자들이 쉽게 사용 가능
활용 및 발전	연구 프로젝트의 진행을 통한 차세대 인터넷으로 발전 가능	인터넷상의 파일 공유 및 Ad-hoc Networking에서의 활용

- 그리드 컴퓨팅(Grid Computing)과 P2P의 발전

그리드의 구축을 위한 중요한 통신 프로토콜로서 P2P의 활용성이 커질 것으로 예상된다. 현재의 클라이언트-서버 형태의 컴퓨팅 구조를 개선하여 즉시적인 네트워크가 형성되는 AD-HOC 형태로의 발전 가능성이 있다. 그리드를 통한 유틸리티 컴퓨팅 활용이 가능하다. 분산된 네트워크를 활용하여 자원의 효율적인 활용과 On-Demand한 업무처리가 가능한 유비쿼터스 컴퓨팅의 핵심기술로서의 중요성이 커지고 있다.

- 그리드 컴퓨팅(Grid Computing) 프로젝트 사례 -Korea@HOME

인터넷에 연결되어 있는 수많은 컴퓨팅 자원을 이용하여 단일 컴퓨터로는 수행하기 어려운 대량의 정보를 분산처리 하여 결과를 얻고자 하는 프로젝트이다.

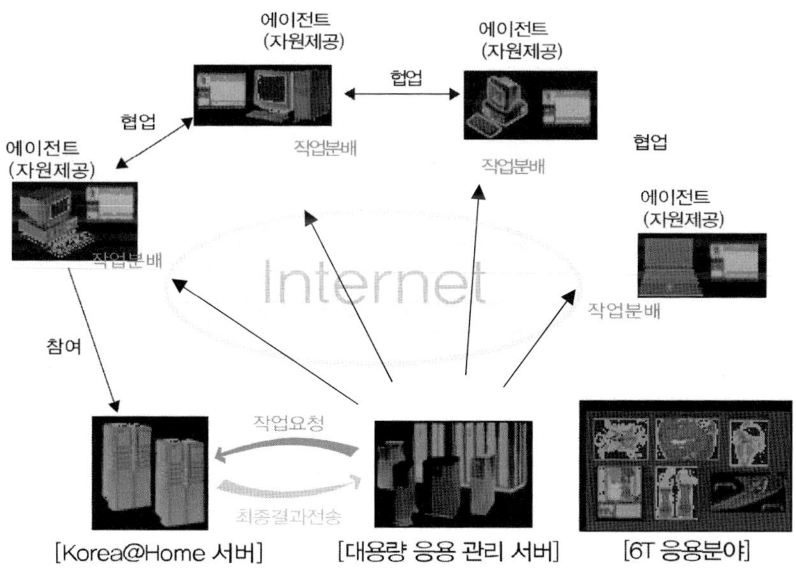

〈그림 28-2〉 그리드 컴퓨팅 프로젝트 사례

① 작업 요청자가 응용작업을 요청하면 korea@home 서버에서 작업을 분
   배하여 에이전트에 실행을 요청
② 에이전트는 작업의 일부를 분배받아 계산을 수행하고 결과를 리턴
③ 에이전트로부터 받은 결과를 수합하여 최종결과를 요청자에게 전송

문제발생소지 해결방안
 - 그리드 수행서버로 위장하여 파일을 전송할 가능성
 - 공개키 암호화 인증방식을 통한 통신(인증서 사용)
 - 서버와 사용자 간의 통신을 가로채는 경우 - SSL을 이용한 데이터 전송
   (데이터의 암호화로 해석 불가)

- **그리드 컴퓨팅(Grid Computing)과 기술적 이슈 및 해결 방안**

1) 기술적 이슈

네트워크 속도 보장을 위해 시스템 동적 구성 및 명명법을 적용하여 서로
다른 시스템 간을 동적으로 연결 및 관리하기 위한 기술이 필요하다. 이기종의
다양한 컴퓨팅 환경을 수용하고 협업 환경을 구축하기 위해서는 그리드 미들
웨어 분야의 연구 및 개발이 요구된다. 원격지에 위치한 복수의 컴퓨터 자원들
을 유기적으로 연결하고 관리하기 위한 관리기술과 과금기술이 필요하다.

2) 해결과제

그리드 기술이 보편적으로 활용되기 위해서는 공급업체들이 보다 완벽한
솔루션을 출시해야 하며 특히 미들웨어와 통합기술을 포함하고 있는 패키지
형 어플리케이션들이 활발하게 출시되고 있다. 컴퓨터 자원을 공유하는 개념
이므로 각 개별 자원에 대한 보안정책이 보장된다. 원활한 협업을 위하여 공
개용 그리드 미들웨어를 사용하는 등 표준이 정착되어야 한다.

- 그리드 컴퓨팅(Grid Computing) 표준화

그리드 컴퓨팅은 IT와 관계된 수많은 개발자, IT 업체, 연구기관 등이 공유해야 할 표준과 그 프로토콜을 동시에 정립해야 하는 숙제를 안고 있다. 한편으로는 계속해서 그리드 기술의 발전에 맞는 프로토콜을 발전시키고 있는 것이다.

그리드 컴퓨팅의 표준 아키텍처인 OGSA(Open Grid Service Architecture) 및 그 구체적 사양서(Specification) OGSI(Open Grid Service Infrastructure)를 발표하고, 이에 따른 각 계층별 프로토콜을 제정하고 있다.

OGSA의 기본 계층은 하드웨어인데 '이기종 IT 환경 내에서 자원의 공유'라는 그리드 컴퓨팅의 목적 중 하나를 구현하기 위해서는 각 하드웨어 제조업체가 하나의 표준을 따르는 것이 반드시 필요하다. 그리드 컴퓨팅의 표준은 대다수가 XML, SOAP, WSDL, UDDI, LINUX 등의 웹서비스 표준 및 개방형 표준을 따른다. 이러한 표준 프로토콜들을 집대성하고 하나의 구체적인 형태로 보여 줄 수 있는 것이 바로 그리드 컴퓨팅을 구현하도록 도와주는 미들웨어인 글로버스(Globus) 혹은 글로버스 툴킷(Globus Toolkit: GT)이다. 글로버스 툴킷은 GGF에서 만들었는데 모든 사람들이 상에서 자유롭게 다운받아 쓸 수 있도록 하고 있다.

- 그리드 컴퓨팅(Grid Computing) 표준 아키텍처 - OGSA

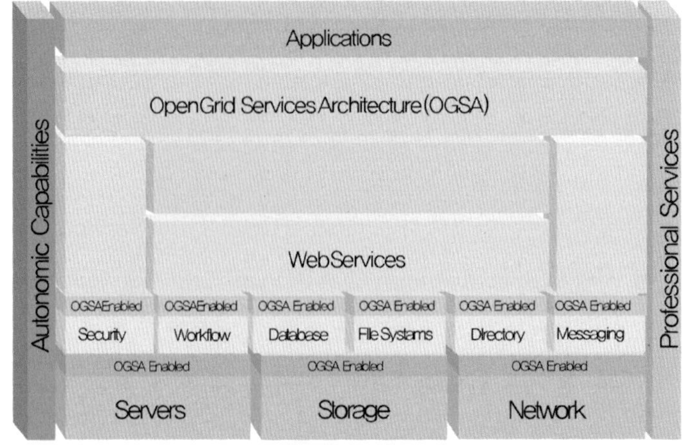

〈그림 28-3〉 그리드 컴퓨팅 표준 아키텍처

- 그리드 컴퓨팅(Grid Computing)과 웹서비스의 발전 모델

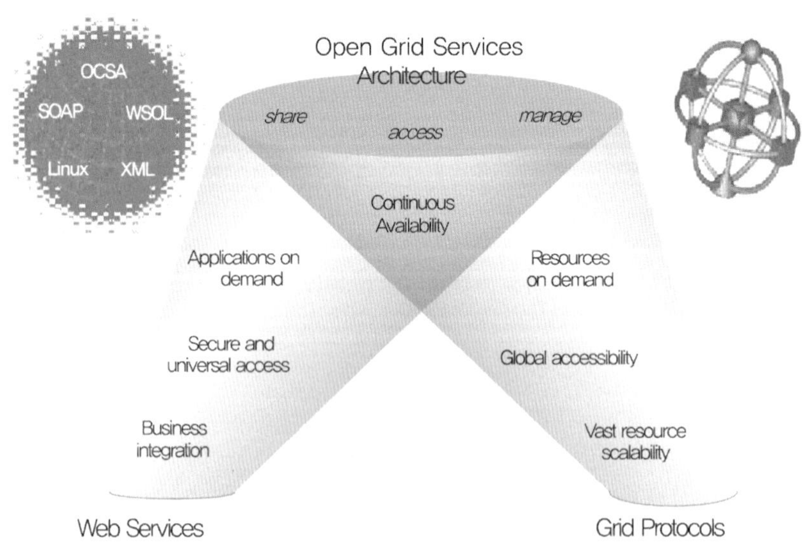

〈그림 28-4〉 그리드 컴퓨팅과 웹서비스의 발전 모델

- 그리드 컴퓨팅(Grid Computing) 기술 트렌드

주요 IT 업체들의 그리드 솔루션 개발·공급으로 인해 일반 기업 환경에
빠르게 적용되고 있다. 실제 시장에 나와 있는 상용 그리드 솔루션들은 다음
과 같다.

- ✓ 기업 내에서 사용할 수 있는 컴퓨팅 자원에 대한 가상화
- ✓ 기업 환경에서 사용할 수 있는 데이터베이스 가상화
- ✓ SAN 환경에서의 스토리지 가상화
- ✓ 웹 애플리케이션을 제공하는 계층(Layer)에서 서버 가상화

개방형 표준을 통한 '기업 IT 환경 전반에 대한 논리적 통합'의 개념으로
발전하고 있다. 그 시작은 소위 데이터 그리드 물리적 스토리지의 가상화에서
부터 파일 시스템 수준의 분산 파일 시스템(Federated File System) 그리고
DB를 포함해 데이터 형태에 무관하게 다양한 이기종 데이터를 단일 뷰로 통
합하는 데이터 연합(Data Federation)의 3단계로 이루어진다. 원본 데이터의
형태나 물리적인 위치 혹은 가공방법(DBMS의 종류) 등에 구애받지 않으면서
사용자가 원하는 때에 원하는 형태로 조회하고 사용·가공할 수 있는 정보
그리드(Information Grid)라는 형태로 발전해 적용되고 있다.

이러한 정보 그리드는 '의사결정 지원' 측면에서 많은 장점을 제공한다. 그
리드 컴퓨팅의 서비스 구조 자체가 웹서비스와 결합함으로써 기업의 IT 환경
을 빠르게 그리드화하도록 가속도를 내고 있다.

- 그리드 컴퓨팅(Grid Computing) 기술 표준의 발전 SOA

IT 관련 기술과 여러 차원에서 접목해 다차원적으로 진보하고 있다. 즉 그
리드 컴퓨팅의 진보는 서비스 중심구조(SOA: Service Oriented Architecture),

지식 그리드(Knowledge Grid) 그리고 유비쿼터스(Ubiquitous)의 기반 기술로 입지를 다질 전망이다.

SOA는 지금까지 통합 컴퓨터 시스템을 만들기 위해 소위 아키텍처라는 것을 만들어 가면서 혁신적인 개념으로 생각했던 객체 지향적 방법론(Object Oriented)에서 컴포넌트 중심적 방법론(Component Based Development)과 모델 기반의 접근 방법론(Model Driven Architecture)의 연장선상에 있는 가장 포괄적이고도 현실적인 서비스 설계 개념으로 인식되고 있다. IT 차원에서 말하는 통합(Integration)이란 일반적으로 프로그램과 프로그램의 통합, 기계와 기계의 통합을 의미하지만 좀 더 근원적인 것은 IT에 의한 비즈니스끼리의 통합을 의미한다. 이처럼 비즈니스의 통합을 위해 중간 매개체로 인터넷이라는 테크놀로지를 사용하려는 발상이 바로 웹서비스다. 웹서비스가 지닌 가장 큰 특징은 '서비스' 개념에 충실하다는 것이다. 웹 서비스는 SOA라고 통칭되는 개념 아키텍처에 충실한 대표 선수로 볼 수 있다.

● 그리드 컴퓨팅(Grid Computing) 인프라 발전 데이터 그리드 -〉 정보 그리드 -〉 지식 그리드

IT 자원을 보다 효율적으로 사용할 수 있어야 하며 보다 통합된 인프라 구조로 전환돼야 한다. 따라서 이기종 간의 논리적 통합 단계로 확대해 복잡한 IT 환경을 보다 효율적으로 단순화시켜야 한다. 이러한 요구사항을 가진 기업이 그리드 환경을 도입하려고 할 때 권장하는 접근 방법으로 이미 상대적으로 구현이 쉽고, 투자 효과가 뛰어난 데이터 그리드가 널리 채택이 되고 있으며, 진일보해 정보 그리드 또한 선진기업들에서는 적용이 되고 있는 상태다. 이러한 데이터 및 정보 그리드라는 인프라 위에 비즈니스 애플리케이션 로직이 적용돼 단순한 데이터를 의미 있는 정보로 변경할 수 있는 자가 가치 창출형(self value - creating) 정보 그리드로 변환돼야 한다. 최종적으로는 정보 그리드에서 만들어지는 수많은 정보들을 가공해 의사결정에 도움을 줄 수 있

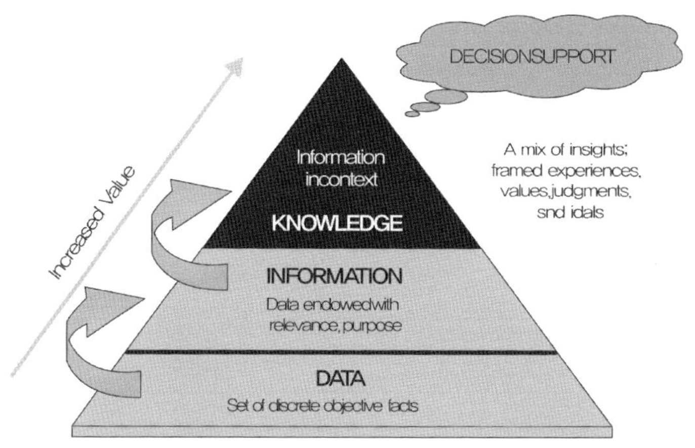

〈그림 28-5〉 그리드 컴퓨팅의 발전 모델

는 지식 그리드(Knowledge Grid)로 변환돼야 한다. 따라서 데이터 그리드에서 정보 그리드, 지식 그리드로 올라 갈수록 생성되는 가치는 증가하게 된다.

● 그리드 컴퓨팅(Grid Computing)의 적용 효과

유휴 자원을 활용함으로써 자원의 활용도 증대될 수 있다. 초대규모 프로젝트 구현이 가능하다. 거대 과제들을 위한 비용 경제적이고, 시간 효과적인 접근 방법을 제공할 수 있다. 정보의 공유 협업 환경 구현이 가능하다. 분산된 여러 지역 간에 데이터를 공유하게 함으로써 지식 가치의 재창출을 가속화할 수 있다. 글로벌 리소스의 통합(Grid + Web Services)이 가능하다. 조직 내의 모든 리소스의 통합을 시도해 볼 수 있다.

● 그리드 컴퓨팅(Grid Computing)의 전망

향후 인터넷 교통량의 상당 부분을 그리드 컴퓨팅에 바탕을 둔 P2P나 S2S (Server to Server)가 차지할 것으로 예측된다. 웹서비스 기술과 그리드 기술

을 통합한 OGSA(Open Grid Service Architecture)가 차세대 인터넷 모델로 기대된다.

〈표 28-13〉 그리드 컴퓨팅과 P2P의 비교

분야	그리드 응용 프로젝트	활용 분야
IT	암호 알고리즘 설계, 무선 전자기장 분석, 몰입형 가상현실, 병렬 컴퓨팅	정보 보호, 무선인터넷, 원격서비스 등
NT	고분자 소재, 극세 섬유, 초정밀 기계	자동차, 선박, 항공 등
BT	한국인 게놈 지도, 단백질 기능, 구조 분석	의료, 제약 등
ET	지구 관측, 천문, 기상, 전국 4대강 수계	일기예보, 지질 탐사 등

- 국가 그리드 구성 개념도

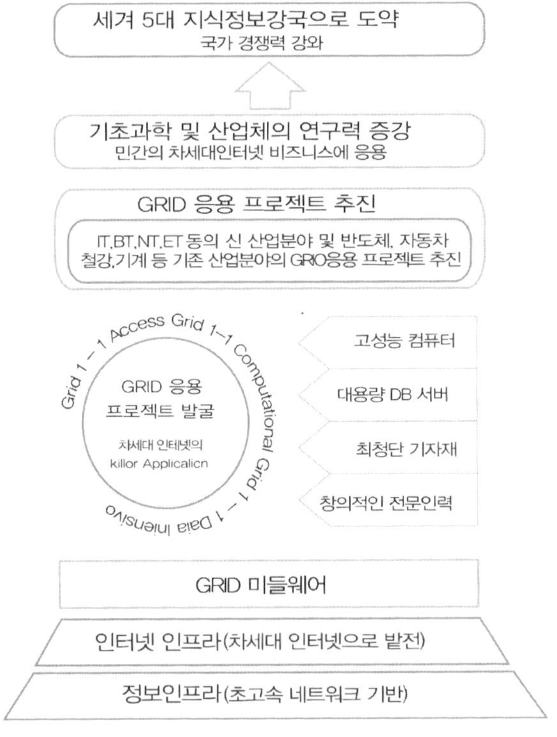

〈그림 28-6〉 국가 그리드 구성 개념도

- 유비쿼터스 시대를 여는 그리드 인프라

유비쿼터스 네트워크와 그리드 인프라가 유기적으로 결합된 형태는 진정한 온 디맨드 서비스를 제공할 수 있는 역량을 가진 온 디맨드 인프라로 한 단계 더 발전될 수 있다. 이런 단계에서 누구라도 필요에 따라 어디에서 원하는 컴퓨팅 파워와 저장 공간 및 데이터에 대한 검색 능력을 얻을 수 있다. 최종 사용자가 원하는 것은 컴퓨터 혹은 디스크가 아니라 각자가 원하는 컴퓨팅 서비스이기 때문이다. 조만간 가정 내에서 사용하는 전기처럼 손쉽게 사용할 수 있는 날이 멀지 않았다.

 클라우드 컴퓨팅(Cloud Computing)

● 클라우드 컴퓨팅(Cloud Computing)의 정의

클라우드 컴퓨팅은 개인 컴퓨터 또는 개개의 응용서버가 컴퓨터들의 구름으로 옮겨 간 형태를 의미한다. 이를테면 개인용 컴퓨터(PC)나 기업의 서버에 개별적으로 저장해 두었던 모든 자료와 소프트웨어(프로그램)를 중앙 시스템인 대형 컴퓨터에 저장하고, PC, 휴대폰과 같은 모바일 기기 등을 이용해 원격으로 원하는 작업을 수행할 수 있는 사용 환경을 말한다.

클라우드 컴퓨팅(Cloud Computing)은 복수의 데이터 센터를 가상화 기술로 통합해 사용자에게 각종 소프트웨어와 보안 솔루션, 컴퓨팅 능력까지 온디맨드 방식으로 제공하는 기술이다.

● 클라우드 컴퓨팅(Cloud Computing)의 출현 배경

새로운 컴퓨팅 플랫폼으로 진화해 가고 있는 인터넷 환경에서는 이기종의 브라우저 기반 클라이언트를 지원하기 위한 거대 규모 동적 Cloud 인프라에 대한 수요가 계속 증가하고 있다.

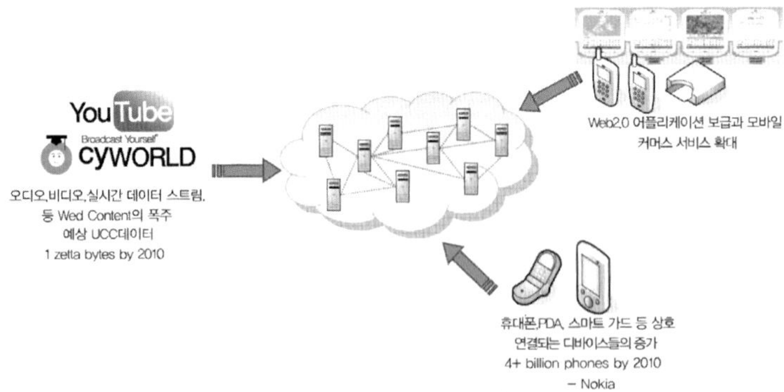

〈그림 29 - 1〉 클라우드 컴퓨팅의 출현 배경

- 왜 클라우드(Cloud)인가

클라우드는 말 그대로 '구름(Cloud)'을 의미한다. 구름은 셀 수 없이 많은 물방울들이 서로를 연결하는 어떤 힘에 의해 흩어지지 않고 응집되어 있는 것이다. 서비스를 위한 시스템 구성도에서 누구나 한 번쯤은 구름을 봤을 것이다. 흔히들 Public Network(인터넷)를 표현할 때 구름을 사용하는데 그것은 곧 거대한 집합체를 표현하기 위해 거대한 구름의 의미를 차용한 것이다. 사용자가 원하는 모든 데이터가 하늘의 구름에 존재하고, 사용자는 어떤 형태로든 단말(컴퓨터에서부터 휴대폰에 이르는)을 통해 언제 어디서나 해당 데이터에 접근해 이용할 수 있다는 것이다.

- 클라우드(Cloud) 컴퓨팅의 장점

모든 데이터와 소프트웨어가 중앙에 집중되기 때문에 손쉽게 다른 PC로 이동할 수 있어 장비 관리 업무가 크게 줄어든다. 또한 컴퓨팅 자원을 사용자의 필요에 따라 적당하게 할당할 수 있어 유휴 PC나 서버 자원 등을 크게 줄일 수 있다. 기업들은 키보드와 모니터, 마우스를 갖추고 통신 포트만 연결하면 소프트웨어를 개발할 수 있다.

- 클라우드 컴퓨팅(Cloud Computing)의 구조

기본 구조는 클라우드 서버들(cloud servers)이 서로 연결된, 마치 병렬적으로 동작하는 그리드(Grid) 같은 커다란 규모의 네트워크이다. 때로는 각 서버들의 컴퓨팅 파워를 극대화시키기 위해 가상화 기술이 사용되기도 한다.

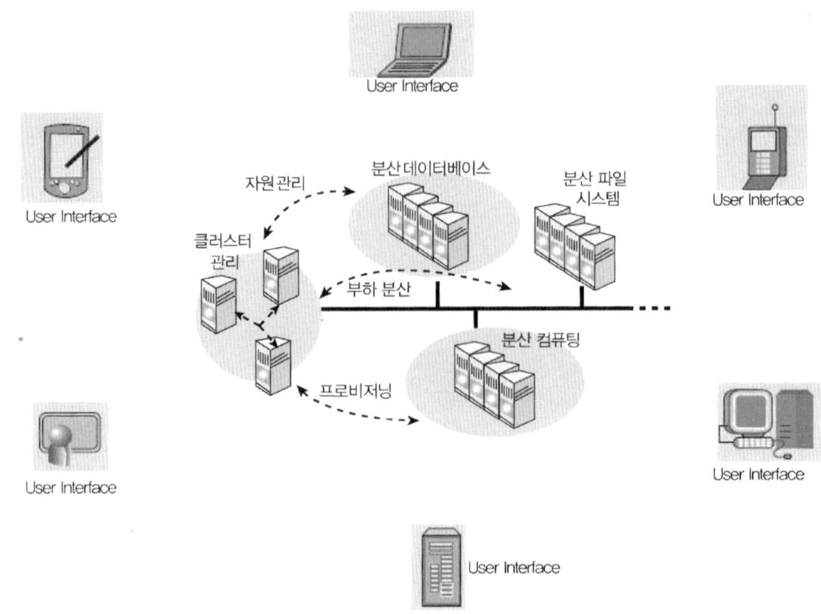

〈그림 29-2〉 클라우드 플랫폼 구성도(출처: 마이크로소프트)

앞단(front-end)의 사용자 인터페이스(User Interaction Interface)를 통해 사용자는 서비스 카탈로그(Services Catalog)에서 필요한 서비스를 선택한다. 사용자의 요구에 맞게 시스템 관리(Systems Management) 모듈이 그에 맞는 시스템 자원을 찾아낸다. 이어서 클라우드로부터 필요한 만큼 자원을 할당하는 프로비저닝(Provisioning) 서비스를 호출한다. 결국 호출된 프로비저닝 서비스가 요청된 소프트웨어 스택 및 웹 애플리케이션을 배치(deploy)하게 됨으로써 사용자에게 필요한 서비스를 담당하게 되는 것이다.

- 클라우드 컴퓨팅(Cloud Computing)의 구성 요소

〈표 29-1〉 클라우드 컴퓨팅의 구성 요소

구성 요소	구성 요소별 기능	비고
User Interaction Interface	사용자와 클라우드가 서로 교신할 인터페이스	표준 프로토콜
Service Catalog	사용자가 요청 가능한 서비스의 목록	권한, 인증 필수
Provisioning Tool	요청된 서비스를 위해 클라우드에서 필요한 만큼의 자원을 가져온다(Carve out).	가상화 지원
Monitoring & Metering	사용된 자원이 특정 사용자에게 특화(Attributed)될 수 있도록 클라우드 사용에 관한 전반(Usage)을 모니터링한다.	Sync 및 Push
Servers	서버는 시스템 관리 도구에 의해 관리되며, 가상 또는 실제 서버가 될 수 있다.	Cloud Storage와 연동

- 클라우드 컴퓨팅(Cloud Computing)의 기술 요소

〈표 29-2〉 클라우드 컴퓨팅의 기술 요소

기술요소	정의	내용
분산 데이터 저장기술	분산 파일시스템으로 네트워크상의 여러 서버에 데이터를 블록 단위로 나눠 관리	메타 정보를 관리하는 마스터 서버와 실제 데이터가 저장되어 있는 슬레이브 서버로 구성 CODA, Andrew, Lustre, 아파치 Hadoop, Redhat GFS
분산 컴퓨팅 기술	네트워크에 연결된 컴퓨터들의 처리능력을 이용해 거대한 계산문제를 빠르게 처리해 주는 기술	P2P, 병렬처리, 그리드(Grid) 컴퓨팅과 유사 병렬 컴퓨팅 모델 - 메시지 전달 방식 - 분산 공유 메모리 모델 - 데이터 병렬 모델
클러스터 관리 기술	고가용성(HA) 클러스터 부하분산(Load-Balancing) 클러스터	- 서비스 프로비저닝(Service Provisioning): 동적 자원 할당 기술 - 작업 스케줄링(Job Scheduling): 분산된 네트워크 환경에서 효율적으로 우선순위 실행

- ● 클라우드(Cloud) 컴퓨팅의 효과

〈표 29 - 3〉 클라우드 컴퓨팅의 효과

주요 기능	기능 설명	비고
IT 관리 복잡성 감소	- 컴퓨터에 대한 인식 '개인'에서 '집합'으로 변화 - 사용자들이 PC에 저장해 왔던 자료들이 데이터 센터의 PC에 저장되며, 각종 소프트웨어도 별도의 저장 없이 온라인상에서 사용하는 환경이 조성됨	패러다임의 전환
비즈니스 적응력 향상	- 작업의 요구 사항에 맞게 맞춤형으로 연산 시간과 메모리, 디스크 용량 등이 할당 가능 - 해당 PC에 문제가 발생했을 경우 사용자 컴퓨팅 환경이 단순한 형태의 잘 포장된 이미지의 형태로 언제든지 손쉽게 다른 PC로 이동 가능	안정성 강화
IT Resources 투자 효율 증대	- 이메일 확인, 웹 서핑 등 간단한 작업만 진행 중인 사용자의 컴퓨팅 환경은 가상화를 이용해 특정 PC 리소스에 집중시켜 실행 가능 - 대규모 메모리 용량이 필요한 멀티미디어 작업의 경우 데이터 센터 내에서 메모리가 더 많은 PC로 실시간에 이동해 손쉬운 확장성을 제공함	자원 활용 최적화
IT 기업의 제품 개발 지원	- 소프트웨어 개발자, 인터넷 서비스 개발자들도 모니터, 키보드, 마우스만으로 인터넷을 통해 연결하여 데이터 센터 PC를 마치 회사 내에 있는 서버를 사용하듯 사용 - 기업은 사용한 만큼만의 비용을 클라우드 컴퓨팅 제공 회사에 지급	유틸리티 컴퓨팅

- ● 클라우드(Cloud) 컴퓨팅과 그리드 컴퓨팅

그리드 컴퓨팅이 수많은 컴퓨터를 하나의 컴퓨터처럼 묶어 분산처리 하는 방식으로 병렬 처리되는 단위의 태스크를 분할해서 다수의 개별 서버에서 처리하는 기술로서 기상예측이나 우주적 문제 등 대규모 연산에 사용돼 왔다면, 클라우드 컴퓨팅은 애플리케이션의 병렬성보다는 가상화된 컴퓨팅 자원을 사용하는 개념의 기술이다. 중앙의 대형 데이터 센터의 컴퓨팅 자원을 필요한 이들에게 필요한 순간에 적절하게 배분해 공급하는 방식이다.

- 메인프레임과 클라우드(Cloud) 컴퓨팅

메인프레임이 물리적인 자원의 뒷받침을 통해 미션 크리티컬(mission-critical)한 프로세스를 처리하는 데 중점을 둔다면 클라우드 컴퓨팅은 할당(Allocation)과 모니터링(Monitoring) 등으로 분산 및 이기종 환경을 지원하는 것이 핵심이다. 클라우드 컴퓨팅은 가상화(Virtualization)의 범주에서 메인프레임 자체도 클라우드 컴퓨팅의 한 가지 적용 대상이 될 수 있다.

- 데스크톱 가상화와 클라우드 컴퓨팅

클라우드 컴퓨팅도 가상화 기술의 일부로서 애플리케이션이나 데이터를 중앙화해서 사용자들에게 온 디맨드 형태로 전달하고, 그 결과 로컬 PC에 일일이 애플리케이션을 설치하지 않아도 언제 어디서나 쓸 수 있게 한다는 점이 유사하다. 언제 어디서나 동일한 환경의 PC를 사용하고자 하는 것은 가상화와 더불어 클라우드 컴퓨팅 기술이 시대의 요구를 반영하는 부분이기도 하다.

- 데스크톱 가상화와 애플리케이션 가상화

애플리케이션 가상화는 사용자가 데스크톱 애플리케이션을 PC나 랩톱, PDA 혹은 그 외의 다른 개인 디바이스 등 다양한 물리적 환경에서 사용하려고 할 때 그 각각에 일일이 설치하지 않고도 사용할 수 있게 하는 기술로서 실제로는 애플리케이션을 중앙 서버에 설치하고 가상의 인터페이스만 네트워크를 통해 보내는 것이다. 사용자가 애플리케이션을 사용하면서 키보드로 입력하거나 마우스로 클릭한 정보는 다시 네트워크를 통해 서버로 보내지게 되고, 이에 따라 스크린은 사용자 디바이스에 업데이트된 정보를 전달하게 되어 실제로는 그 어떤 데이터도 사용자 디바이스에 저장되지 않는다. 데스크톱 가상화는 최종 사용자의 작업(또는 인터랙션)과 물리적인 데스크톱을 분리한다. 사용자는 PC나 씬 클라이언트(Thin client) 등의 로컬 디바이스와 웹을 통해 중앙화된 데스크톱에 언제 어디서나 접속하고 그 데이터와 리소스를 활용할 수 있다.

- 씬 클라이언트(Thin Client)와 클라우드 컴퓨팅(Cloud Computing)

기존의 씬 클라이언트와 유사한 개념인데, 단말기의 경우 속도나 크기의 한계가 있었지만 클라우드 컴퓨팅은 인터넷 접속만 가능하면 고성능 기기가 아니어도 원격으로 하고자 하는 작업을 수행할 수 있다. 즉 단말기의 한계를 인터넷 통신망을 통해 보완할 수 있을 만큼 네트워크 대역폭이 크게 증가했기 때문에 가능한 기술이다.

- SBC(Server Based Computing)과 클라우드 컴퓨팅

SBC란 고성능의 서버 컴퓨터를 자신의 PC처럼 이용하는 기술로, 서버에서 소프트웨어를 실행해 그 결과만 PC 화면에 출력하는 방식이다. 각종 데이터와 기업용 애플리케이션은 중앙 서버에 집중시켜 놓고 단말기에는 어떤 애플리케이션도 설치할 필요가 없다. SBC용 단말기는 현재의 노트북처럼 고사양일 필요가 없고 PDA나 스마트폰 같은 모바일 기기나 저사양 노트북으로도 충분하기 때문에 이를 씬 클라이언트(Thin Client)라고 부른다. 클라우드 컴퓨팅 기술의 출발지와 같은 기술이기도 하다.

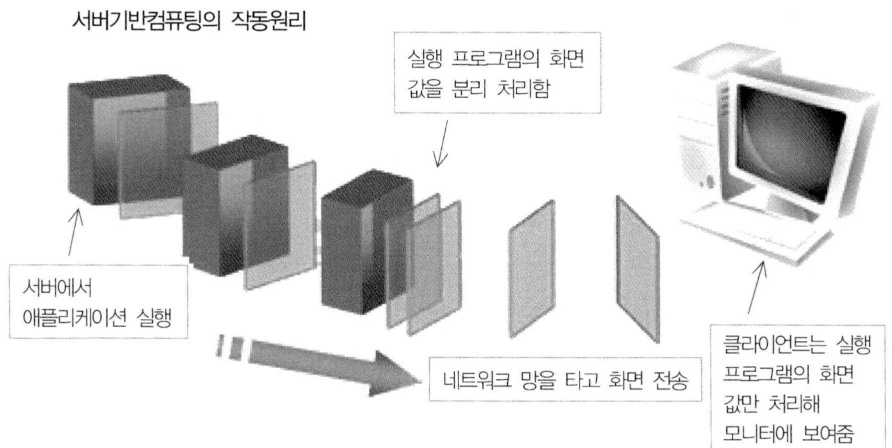

〈그림 29-3〉 서버 기반 컴퓨팅의 작동 원리

클라우드 컴퓨팅은 과거 메인프레임이 지배하던 클라이언트/서버 환경처럼 모든 정보가 중앙에 집중된다. 가끔 대규모 개인정보가 유출돼 문제가 발생한 사례가 보도되곤 하는데, 만약 클라우드 컴퓨팅이 보편화된 상태에서 중앙 정보 보안에 문제가 발생할 경우 그 파급력은 상상을 초월할 것이다.

● 클라우드 컴퓨팅 기반의 SaaS

클라우드 컴퓨팅은 인터넷망을 이용해 분산된 자원을 효과적으로 통합하는 것으로 서비스로서의 소프트웨어(SaaS)가 대표적이다. SaaS(Software as a Service)는 사실 클라우드 컴퓨팅의 하위 개념으로 볼 수 있다.

소프트웨어 기반을 벗어나 처음부터 네트워크 인프라와 데이터 관리 기술을 결합해 자체 데이터 센터를 통해 웹 호스팅과 스토리지, 데이터베이스(DB) 서비스를 제공하려는 아마존과 구글의 출현으로 SaaS 모델을 건너뛴 클라우드 컴퓨팅 서비스가 앞당겨질 전망이다.

통신 사업자들도 웹호스팅 관점에서 클라우드 컴퓨팅에 많은 관심을 보이고 있다. 통신 사업자들은 클라우드 컴퓨팅의 라이트 버전인 SaaS에 초점을 맞추고 있다. 통신 사업자는 자체 보유한 네트워크 기술력을 바탕으로 안정적인 대역폭을 제공할 수 있고 위치정보, 유저 ID, 빌링, 주문처리과정, 호완료 등과 같은 네트워크 서비스 API를 공개해 서비스 영역을 확대할 수 있기 때문에 미래 클라우드 컴퓨팅 시장에서 핵심적인 역할을 하게 될 것으로 예상된다.

● 클라우드 컴퓨팅의 서비스 PaaS(Platform as a Service)

클라우드 컴퓨팅 시장에서 플랫폼 개념이 중요한 이유는 향후 서비스 시장이 PaaS(Platform as a Service) 개념을 기반으로 해 본격화되기 때문이다. 클라우드 컴퓨팅이 서비스로 실현되기 위해서는 탄탄한 웹 기반 플랫폼과 고성능 분산 컴퓨팅 플랫폼 기술이 뒷받침돼야 한다. 구글의 검색을 비롯한 다양한 서비스가 웹 데스크톱 역할을 수행할 수 있는 것은 그 하부의 구글 서버 플랫폼 덕분이다.

중요한 것은 하드웨어적인 클라우드 컴퓨팅 환경을 구현할 수 있도록 해주는 분산 컴퓨팅 플랫폼 능력이다. 즉 데이터를 효율적이고 안전하게 저장하고 대용량 데이터를 병렬 처리하며, 사람의 도움이 없어도 알아서 관리되도록 해야 한다. 또 서비스 개발도 쉽게 이루어질 수 있도록 공통 모듈을 제공하는 것과 같은 스마트한 기능들이 제공되어야 한다.

● 클라우드 컴퓨팅의 서비스 예, Google

구글에서 서비스하고 있는 일정관리 서비스인 'Google Calendar'나 문서작업을 위한 'Google Docs'가 클라우드 컴퓨팅의 전형적인 예이다. Google Calendar를 이용하는 모든 사용자들의 일정은 사용자의 PC가 아니라 구글 서버의 데이터베이스에 저장된다. 이후 필요할 때마다 웹 브라우저를 통해 일정을 생성, 수정, 삭제하면서 일정을 관리하고 다른 사람들과 공유해 이용할 수 있다. 물론 권한 관리도 가능한데, 이 모든 서비스를 담당하는 애플리케이션 역시 일정 데이터와 마찬가지로 PC가 아니라 구글의 서버에 존재한다. 즉 사용자에게 필요한 것은 오직 브라우저 기능이 탑재된, 즉 네트워크에 연결된 디바이스뿐인 셈이다. 마찬가지로 'Google Docs'를 이용하면 PC에 큰 덩치의 오피스 프로그램을 설치하지 않아도 프레젠테이션(presentation), 스프레드시트(spreadsheet), 텍스트 도큐먼트(text document) 등의 문서를 편집하는 기능을 활용할 수 있다. 이미 구글의 경우는 웹사이트뿐만 아니라 이미지, 논문, 책, 심지어 지도와 같은 방대한 데이터를 중앙 집중적인 데이터베이스로 구축했고 위와 같은 사용자 중심의 애플리케이션들을 통해 클라우드 컴퓨팅을 시도하고 있다.

● 엔터프라이즈 환경에서의 클라우드 컴퓨팅

클라우드 컴퓨팅은 메인프레임, C/S 환경, 웹 환경을 거쳐 진화해 왔다. 클라우드 컴퓨팅은 개념 내부적으로는 이전 환경의 요소를 개선하고 발전시킨 형태이다. 현재 기업의 정보시스템 환경은 수많은 내/외부 시스템과의 연계를 필요로 하고 있으며 많은 시스템에 대한 유지보수 비용도 크게 증가하고 있다. 또한 빠른 비즈니스 변화와 갖가지 변경 사항에 대한 즉각적인 대응을 필요로 하고 있다.

클라우드 컴퓨팅은 가상화 기술을 활용해 복잡한 시스템을 논리적으로 하나의 시스템처럼 보이게 할 수 있다. 기술의 복잡한 구조 및 요소를 숨겨서 단순하고 사용이 쉽도록 지원하는 것이다. 사용자들은 통합이나 연계의 문제를 클라우드 컴퓨팅의 내부적인 처리에 맡기고 단일한 시스템을 사용하는 것처럼 활용할 수 있다. 따라서 클라우드 컴퓨팅이 본격적으로 활용되면 지금의 정보시스템이 가지고 있는 많은 숙제들이 해결 가능할 것으로 기대된다.

1) 메인프레임에서 C/S 환경으로의 전환

메인프레임은 비싼 유지보수 비용과 제한된 애플리케이션을 제공한다는 한계를 지녀 PC의 정보 자원을 적극적으로 활용하는 C/S 환경으로 전환되었다. C/S 환경은 상대적으로 저렴하면서 고사양인 PC의 보급과 더불어 등장한 것으로, 일정 컴퓨팅 자원을 클라이언트에서 활용하고 서버에서는 중앙 집중적인 데이터 처리가 수행되도록 하는 형태이다. 1990년 말에 파워빌더, 델파이 등의 많은 비주얼 개발 툴이 활용되어 관련 애플리케이션이 제작되었으며 안정적이고 검증된 애플리케이션 활용이 가능한 이점 덕분에 지금도 금융권을 중심으로 활용되고 있다.

2) C/S 환경에서 웹으로의 전환

C/S 환경은 비즈니스 로직을 가지는 애플리케이션이 클라이언트에 위치하기 때문에 애플리케이션의 설치와 유지보수가 어려운 단점이 있었다. 물론 DB 처리에서 Stored Procedure를 활용해 비즈니스 로직을 중앙에 두려는 노력도 있었지만, 문제점을 모두 해결하기에는 어려움이 많았다. 또한 사용자가 늘어날수록 성능 문제가 발생해, 대규모의 사용자가 활용하는 환경을 지원하지 못했다. 대규모의 사용자가 정보 자원에 쉽게 접근할 수 있도록 웹 서버와 웹 브라우저를 활용하는 웹 환경으로 전환되었다. 최근에는 웹 환경과 C/S에서의 편리한 사용자 인터페이스를 활용하도록 지원하는 RIA 환경으로 변화되고 있다. 현재도 적은 사용자가 정교한 데이터를 처리하는 경우에는 C/S 환경이 많이 쓰이고 있다.

- 엔터프라이즈 시스템의 과제

현재 개별 기업에서 가장 어려움을 겪는 문제 가운데 하나가 바로 시스템 통합의 문제이다. 시스템 통합은 인프라 자원인 서버부터 데이터, 애플리케이션, 업무 프로세스까지 다양한 대상을 바탕으로 시도가 이루어지고 있다. 이를 해결하기 위해 가상화(Virtualization) 기술, EAI(Enterprise Application Integration), BPM(Business Process Management)에 대한 관심이 증가했고, 이를 바탕으로 많은 시도들이 이루어져 왔다. 중앙에서 모든 처리를 수행하는 메인프레임 방식에 비해 분산된 컴퓨팅 환경에서는 여러 시스템 간의 통합에 많은 어려움이 발생한다. 기업의 정보시스템도 ERP, 그룹웨어(Groupware)를 포함한 다양한 시스템을 가지게 되었고, 외부 파트너 및 고객 채널과의 실시간 연동이 필요하게 되었다. 활용 기술 및 플랫폼에 따른 통합의 문제점뿐만 아니라 업무 변경에 유연하면서 빠르게 대응할 필요도 생겨난 것이다.

1) 이기종 플랫폼 및 통신 환경

하나의 기업 내부에서도 사용되는 시스템의 플랫폼 및 활용 기술이 다르고, 같은 솔루션을 활용하더라도 버전에 따라 차이가 발생하기도 한다. 따라서 이기종 플랫폼의 통합을 위해 개별 애플리케이션에 알맞은 어댑터(Adaptor)를 개별적으로 활용해야 한다. 웹서비스(SOAP)를 활용해 표준화된 통신 환경을 구현하기 위한 방안이 시도되고 있다. 수많은 플랫폼이나 활용 기술을 지원하기 위한 다양한 어댑터가 활용되고 있으며 이들은 복잡하게 연결된다.

2) 복잡한 인터페이스 환경

정보시스템이 단일하게 업무를 처리하는 환경에서 현재는 다른 시스템과의 인터페이스를 통해 업무를 처리하는 경우가 많아졌고 이를 위해 DB, File, 웹서비스, 전문 등의 다양한 방법을 활용해 인터페이스를 하고 있다. 또한 실시간적인 동기 처리, 비동기 처리, 배치 처리 등으로 처리 방법도 매우 다양하다. 최근에는 SOA(Service Oriented Architecture)의 관점에서 ESB(Enterprise Service Bus)를 활용한 인터페이스 통합이 시도되고 있다.

3) 확장의 한계

정보시스템에 대한 사용자 및 활용 애플리케이션이 증가함에 따라 유연한 확장이 요구되고 있는데, 시스템의 증설과 해당 애플리케이션의 통합 부분에서 문제가 발생한다. 예를 들어 DB를 증설해야 하는 경우에는 서버 설치와 데이터 마이그레이션 수행 애플리케이션의 수정이 필요하므로 전체적인 확장에 소요되는 시간과 자원이 늘어난다.

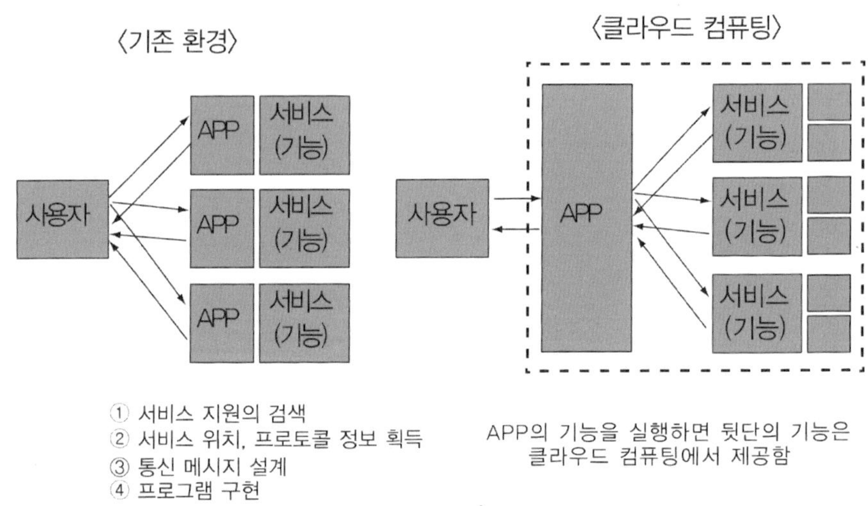

(출처: 마이크로소프트)

〈그림 29-4〉 클라우드 컴퓨팅에서의 비즈니스 통합 환경 구현

● 클라우드 컴퓨팅을 통한 SaaS(Software as a Service) 지원

시스템 및 애플리케이션의 추상화(활용 기술 및 플랫폼 독립성)

사용자는 시스템과 애플리케이션의 구성을 고려하지 않고 외부에 노출된 서비스 인터페이스만으로 접근할 수 있다. 클라우드 컴퓨팅 환경의 내부에는 수많은 시스템들이 존재하고 있으며, 이들이 서로 유기적으로 결합되어 하나의 시스템처럼 동작한다. 내부적으로는 구름에 가려 있고, 복잡한 구성을 쉽게 단순화해서 외부에 제공하고 있다. 이는 객체 지향 환경에서 얘기하는 은폐화나 추상화의 개념과 비슷하다.

편리한 사용자 접근성

서비스 사용자는 자신이 사용하는 시스템의 종류나 운영체제, 개발 플랫폼에 독립적으로 접근해 활용할 수 있다. 사용자가 활용하는 기술에 관계없이 공통적으로 실행 가능한 인터페이스를 통해 필요한 요청과 응답을 받을 수 있다.

유틸리티 컴퓨팅(Utility, On-Demand Computing) 실현

가상화 기술을 활용해 정보시스템들이 연결되어 하나의 시스템처럼 구성되어 있으므로, 필요한 정보 자원에 대한 즉각적인 접근과 활용을 지원한다. 컴퓨팅 자원의 확장과 변경이 자유로울 뿐 아니라, 가정에서 전기를 사용할 때 미터기에 기록된(사용한) 만큼만 비용을 지불하는 것처럼 컴퓨팅 환경에서도 사용한 리소스에 해당하는 금액만을 계산해 지불하는 환경이 실현된다.

● 클라우드 컴퓨팅 적용 사례

〈표 29-4〉 클라우드 컴퓨팅 적용 사례

사례	적용례
ASP의 동적 SW 개발 환경 구축	SW 개발 단지 조성-중국 WuXi City SW Park 사례
신기술 테스트 베드 환경 구축	Google and IBM's University Initiative 사례
IT 혁신(Innovation)을 위한 Infrastructure	IBM의 TAP Infrastructure 사례

● 클라우드 컴퓨팅의 적용 시 고려 사항

1) 개인 정보 침해 방지의 보장

개인 정보를 외부에 저장한다는 점은 사생활 침해 가능성을 완전히 배제할 수 없어 보안에 대한 확실한 보장이 이루어져야 서비스의 확산 및 사용 저변의 확대가 이루어질 것으로 평가되고 있다.

2) 안정적 서비스 보장

안정적인 서비스 역시 클라우드 컴퓨팅의 성패를 좌우할 수 있는 핵심적인 요소로 받아들여지고 있다. 클라우드 컴퓨팅의 구현을 위해서는 서비스 안정성에 대한 고객의 확신을 확보해야 하며, 시스템에 연동된 수많은 사이트의 불안요소들을 사전에 감지하고 통제할 수 있는 높은 수준의 관리 능력이 필요하다.

별첨

Tip. 기술사 시험의 답안 작성 가이드

필자가 생각하는 기술사 시험의 답안 작성 Tip을 제시하면 아래와 같다.

1. 문제의도 파악

1교시 문제로 'Smart phone'이 나왔다면 그 문제의 의도가 무엇인가를 고민해 본다. 시험시간에는 고민할 시간이 없다. 그 전에 충분히 고민을 해 봐야 하고 그 시간에는 고민했던 흔적을 남기는 것이다.

2. 사고의 구조화

MECE(Mutually Exclusively, Collectively Exhaustive: 상호 배타적 포함 관계) 단어로 설명이 되는 이 사고의 구조화는 어떤 것을 풀어 갈 때에도 적용이 가능하다. Smart Phone 보완 문제가 나왔다면 그 관점을 네트워크 관점, 운영체제 관점, 데이터 관점 등에서 상호 배타적으로 답변해 가는 것이 논리적으로 정리할 수 있는 방법이다.

3. 사고의 확장

임베디드 소프트웨어는 대두되는 IT의 핵심 기술 중에 하나로 언제든지 문제화될 수 있다. Embedded 시스템 문제가 나왔다고 했을 때 Embedded 시스템의 구조만 생각할 것이 아니라 Embedded 소프트웨어에 대한 개발방법론(XP)이나 테스트 방법을 어떻게 해야 할지를 고민해 보고 문제를 여러 관점에서 확장해 보는 것도 중요하다. 이러한 사고의 확장을 위해서 공부하고 있는 토픽들에 대해서 연관을 지어 보는 것이 필요하다.

참고문헌

API로 배우는 Windows 구조와 원리, 저자: 야스무로 히로카즈, 번역: 김용준, 출판사: 한빛 미디어

Windows 구조와 원리 그리고 Codes, 저자: 정덕영, 출판사: 가남사

온디맨드 소프트웨어 스트리밍 기술현황 및 개발방향 - 한국전자통신연구소, 최완, 허성진, 김원영, 김준, 남기혁, 김명준, 송동호, 박세영

SaaS, 이상과 현실의 충돌 - 경영과 컴퓨터

SaaS 기반의 애플리케이션 이해 - 마이크로소프트웨어, 장선진

SaaS로 가는 길 - 마이크로소프트웨어, 손영수

SaaS의 기술 및 표준화 동향 - 한국전자통신연구소, 허성진, 최완 - 국민대학교 김영만

공공안전 재난구조 통신망 구축 기술 - 한국전자통신연구소, CEO Information

임베디드 소프트웨어 최근 기술 동향 - 한국전자통신연구소, 김홍남, 박승민 - 건국대학교 김두현

임베디드 소프트웨어 - 정보통신표준백화서

P2P 서비스 응용 및 과금 기술 동향 - 한국전자통신연구소, 이일우, 박호진

P2P 표준화 및 기술 동향 - 한국전자통신연구소, 권혁찬, 문용혁, 구자범, 고선기, 나재훈, 장종수

P2P 기술 동향 및 홈네트워크 응용 - 한국전자통신연구소, 박호진, 박광로

Peer to Peer 시큐리티 - 코코넛 정보보안 연구소, 심봉권

그리드 컴퓨팅의 오늘과 내일 - 한국 IBM, 김상진

기업 스토리지의 열쇠 'iSCSI' - 네트워크 어플라이언스, 박경순

관리 효율성, 가용성 요구에 '가상화'가 해결책 - 네트워크 어플라이언스, 김성태

유틸리티 컴퓨팅 시대를 여는 가상화 기술 동향 - ITFind 주간기술동향, 김진미, 배승조, 정영우, 심규호, 고광원, 우영춘

클라우드 컴퓨팅에서의 비지니스 통합 환경 구현 - 마이크로소프트웨어

윤지현 ─────────────────────────────────

現) 삼성 SDS 소속
전자 계산 조직 응용 기술사(78회)
지아이에스 기술사 양성반 지도(2008년)
대한무역투자진흥공사 소프트웨어 수출자문위원

웹메일 시스템 개발 및 운영
LG PC Sync 프로그램 개발
LG 핸드폰 펌웨어 업데이트 사이트 개발
유마일 동영상 변환 프로그램 기획
삼성 바다 플랫폼 구축 QA
삼성 바다폰 어플 개발자 공모전 수행

블로그: http://brainwave.tistory.com
이메일: alec.youn@gmail.com

키워드로 풀어본
컴퓨터 구조

초판인쇄 | 2010년 12월 3일
초판발행 | 2010년 12월 3일

지 은 이 | 윤지현
펴 낸 이 | 채종준
펴 낸 곳 | 한국학술정보㈜
주　　소 | 경기도 파주시 교하읍 문발리 파주출판문화정보산업단지 513-5
전　　화 | 031) 908-3181(대표)
팩　　스 | 031) 908-3189
홈페이지 | http://ebook.kstudy.com
E-mail | 출판사업부　publish@kstudy.com
등　　록 | 제일산-115호(2000. 6. 19)

ISBN　　978-89-268-1693-6　13560 (Paper Book)
　　　　978-89-268-1694-3　18560 (e-Book)

이담 Books 는 한국학술정보(주)의 지식실용서 브랜드입니다.